生命天书

无尽的探索

李 斌 / 主编

北京联合出版公司
Beijing United Publishing Co.,Ltd.

图书在版编目（CIP）数据

生命天书：无尽的探索 / 李斌主编 . -- 北京 : 北
京联合出版公司 , 2024. 9. -- ISBN 978-7-5596-7945-1

Ⅰ . Q343.1

中国国家版本馆 CIP 数据核字第 2024NW9743 号

生命天书：无尽的探索

主　　编：李　斌
出 品 人：赵红仕
责任编辑：高霁月
版式设计：豆安国
封面设计：豆安国
责任编审：赵　娜

北京联合出版公司出版
（北京市西城区德外大街 83 号楼 9 层　100088）
北京华景时代文化传媒有限公司发行
北京中科印刷有限公司印刷　　新华书店经销
字数 319 千字　　　710 毫米 × 1000 毫米　　1/16　　24 印张
2024 年 9 月第 1 版　　2024 年 9 月第 1 次印刷
ISBN 978-7-5596-7945-1
定价：68.00 元

编委会

登珠峰有"极"，对生命天书的探索则是无极的

王　石

2003 年非典后，我在金山岭长城进行登山训练时，认识了华大集团创始人、董事长汪建和华大年轻的科学家团队。这一晃，就 21 年了。

那之后，我和汪老师一起登珠峰、徒步罗布泊，结下"兄弟情"，成了生死之交，互相敬重，互相帮助，互相竞争，互不服气。我在公开场合不止一次说过"我对汪老师从事的事业衷心佩服"。我对汪老师的欣赏，更多源于他是一个公共卫生专家。他的理想追求非常纯粹，就是为公共卫生事业做事情。中国传统士大夫的家国情怀，在汪老师身上体现得淋漓尽致。

"当全部基因组序列测定完毕时，我们将拥有一本用象形文字书写的揭示生命本质的'天书'……'天书'解密的过程将十分艰巨，需要穷集所有科学家的辛勤劳动和智慧。"英国皇家学院院士、2002 年诺贝尔生理学或医学奖得主约翰·苏尔斯顿在《共同的生命线：人类基因组计划的传奇故事》一书中这样写道。

人类基因组"天书"的绘制，荟萃了包括中国科学家在内的多国科学家的劳动和智慧。正因为如此，主要由华大人参与的"我国科学家成功破译人类 3 号染色体部分遗传密码"字样被铭刻在中华世纪坛青铜甬

1

道上，还在 2019 年庆祝中华人民共和国成立 70 周年大型成就展上"榜上有名"。

如汪老师所说，历经"九伤一生"的华大正在走向世界，中国基因技术和产品跨山越海，已服务全球上百个国家和地区。中国国产高通量测序仪等装备和平台正"武装"越来越多国家及地区的实验室、医院、疾控中心，辐射海关、司法、文物、环境检测等众多领域，成为新的中国名片、中国骄傲。

2003 年和 2010 年，我两次登顶珠峰，还曾用 4 年时间完成"7+2"（登顶七大洲最高峰，徒步到达南极点和北极点）。登珠峰有"极"，对生命天书的探索则是无极的。汪老师和全体华大人对生命科学的探索，仿佛在攀登一座没有尽头的生命"天梯"。

登珠峰和攀登科学高峰有些类似，必须不畏艰难，甚至不惧生死。我两次登珠峰都是死里逃生。最开始登山时，因为高原反应强烈，我不是没有想过放弃。这是先天身体素质的弱势，完全可以选择回避，但我没有回避，而且最终克服了弱势，超越了自己。

超越自己，超越生命。一个人可以如此，一个组织也可以如此。很高兴看到华大的事业后继有人，在无数磨砺中，团队已经成长起来，不少人成了新锐、中坚力量甚至"顶梁柱"。《生命天书：无尽的探索》就收录了对华大部分新锐、中坚力量以及"顶梁柱"的深度访谈，仔细品读这些原汁原味的对话，很受启发，让人对华大的未来也充满信心和期望。

翻阅这本《生命天书：无尽的探索》，尤其是看到汪老师的深度访谈，不禁让人感慨万千。汪老师年少时的挨饿等经历，我也经历过。他"当时的一个切身感受，变成了一种执念、一颗痴心、一颗初心，这么多年没变过"，这个执念，就是"我能做什么，能不能让残疾人不再'残疾'、天下人不再饿肚子，其实就是很简单的一个想法，这一晃就60 多年了"。这些年来华大在汪老师、杨焕明院士等创始人带领下，在生命科学道路上孜孜以求、义无反顾，我从内心理解、尊重和佩服。

华大，究竟是一个怎样的机构？作为全球生命科学前沿机构，它是如何"长大"的？华大，能否成为"百年老店"？究竟怎样才能加快基因技术的应用，更快更广泛地造福人类？……这一切问题的答案，都可以在《生命天书：无尽的探索》一书中寻找。

无尽前沿，无尽探索。希望 25 岁的华大继续以开放的姿态联合全球科学家不断前行，造福更多人……

是为推荐序。

2024 年 5 月于深圳

王 石

1951 年出生。1984 年在深圳创立万科公司。2000 年前后，相继成为"中城联盟""阿拉善 SEE 生态协会""壹基金"等社会组织的创始人之一。

2003 年和 2010 年，两次登顶珠峰。2005 年完成"7+2"。2010 年至 2019 年，先后赴哈佛、剑桥、希伯来等大学访学。

推荐序二

了解人，才能了解企业

厉 伟

进入 21 世纪，科技似乎又进入了一个大爆发的时代。人类基因组图谱的绘制完成，标志着生命科学领域迎来了前所未有的变革。华大集团作为全球生命科学研究的领航者，对基因组学、合成生物学、精准医学等领域的探索与突破，不仅拓展了科学的边界，更为人类健康与疾病治疗开辟了新的道路。《生命天书：无尽的探索》一书，汇集华大集团科学家们的智慧与经验，不仅记录了华大集团 20 多年来的辉煌历程，更有对生命科学过去、现在与未来的深刻思考。

华大集团的故事，是一部关于创新、勇气与坚持的史诗。当汪建老师等人以破釜沉舟的决心、背水一战的勇毅率领华大人参与人类基因组计划，解读 1% 人类基因组时，华大便在生命科学领域占据了举足轻重的地位。这本书详细叙述了华大集团如何从一个小科研机构成长为影响全球生命科学发展的重要力量。从汪建董事长的"一种执念、一颗痴心、一颗初心"，到刘斯奇监事长的"科学，本来就是年轻人创造天地的地方"，再到尹烨 CEO 的"对生命有敬畏"，华大集团的创业者们以非凡的视野和坚定的信念，为全球生命科学研究树立了新的标杆。

我与华大相识于 2008 年，华大彼时刚刚搬到深圳不久，蜗居在深圳盐田区北山道与平盐铁路间的一处"三来一补"("来料加工"、"来件装配"、"来样加工"和"补偿贸易")工业区的老旧厂房之中。楼上楼下制鞋机的鼓噪声混合着北山道上川流不息的货运集装箱拖车喇叭以及偶尔路过的货运火车的轰隆声,很难让人联想到其将来会成长为在中华世纪坛青铜甬道上留下印记的科技公司。然而,我就是在这个不断被噪声干扰的环境下,被汪建老师"洗脑"的。这十几年下来,华大在探索生命科学前沿的路上,筚路蓝缕;而恰恰是汪老师的"执念、痴心与初心",感动、感化了一批同心者支持华大,感召、吸引了一批同行者加入华大,孵化、培育了一批科学探索者成就华大。

集体的风格形象,通常是领导者风格的映射。了解华大,离不开了解华大的灵魂人物汪建老师,只有从不同的角度了解汪老师,才能更好地了解华大、读懂华大、理解华大。我第一次单独约汪老师是去打高尔夫球。下场之后,才知道他是第一次打高尔夫球,如果锻炼身体,他更愿意爬山和骑车上坡。果然,后来陪他雨夜翻越400米菠萝山、一个上午爬遍华大时空中心的楼梯……这些仅仅是谈事时的附带锻炼。他是一个不愿意浪费生命的人!

华大落地深圳17年,已经拥有两家上市公司,汪老师并没有自己独立的办公室,在深圳也没有私人住宅。我问过他怎么没有买房,政府不是要根据他的贡献奖励他住房吗,他回答道:"华大骨干没有解决住房前,我不解决!"他是一个先天下而后自己的人!

松禾与华大合作的第一个商业化项目是克隆猪项目,希望用克隆技术帮助中国节省引进种猪的费用。项目技术进展顺利,但是十几年前的反转基因风潮,连带克隆技术一并被妖魔化,项目投资失败。几年之后,华大测序板块准备上市,汪老师指示华大集团以投资额两倍的价格还回我们的投资,转成即将上市的股份。他是一个不愿亏待合作伙伴的人!

2020年1月,新冠疫情骤起。大年初一,汪老师带队逆行武汉,他在去武汉的路上打电话给我，告诉我情况很严重，必须行动起来，一起帮助国家战胜病毒。他在武汉期间，远程指挥我们这些同行者采取各种行动，与国家一起共克时艰。他是一个敢负责、有担当的人！

2020 年 5 月 28 日，我成功登顶珠穆朗玛峰。在行走 24 小时后，终于在 29 日凌晨回到海拔 6500 米的前进营地。早上醒来，不知为什么，有个声音告诉我，今天一定要下到海拔 5200 米的大本营。看到我如此坚持，登山队同意我放弃休整，先一天下山。在傍晚下到 5400 米时，竟然见到了前来迎接的汪老师，这就是我要下山的冥冥之由。他专门从深圳过来接我，一天前刚刚进藏。见面没有多久，汪老师出现了严重的高原反应，喜相逢变成生死下撤，几经周折大家终于安全回到大本营。他是一个重情重义的人！

2022 年 8 月，汪老师陪黑龙江省省委书记许勤到西藏日喀则看望黑龙江援藏工作队，赶上日喀则疫情，日喀则领导恳请汪老师能够留下帮助指导抗疫。汪老师义无反顾答应了，结果一留就是两个月，中间还染上了新冠病毒，高热数日。华大的加入，帮助西藏很好地控制了疫情的扩散。他是一个讲义气、守承诺的人！

2024 年 4 月，汪老师步入古稀之年，而他却给自己树了一个新目标：攀登珠峰，探索高海拔生命的奥秘。华大的登山队员将攀登珠峰的路途变成了研究低压缺氧医学试验的现实场所，逐日逐海拔采集各登山队员人体各项数据，为探索生命奥秘不懈努力。他是一个永不停止探索的人！

《生命天书：无尽的探索》不仅是一部关于华大集团的专著，更是对生命科学深邃思考的结集。通过对不同风格的华大人的访谈，勾勒出华大不同角度的画面。华大的每一位骨干，背后都有非常精彩的故事，汪老师则是华大精彩故事的集大成者。

《生命天书：无尽的探索》是一部深度访谈录，其中的对话是 2023 年进行的——正值人类基因组计划完成 20 周年之际，这是一个具有里程碑意义的时刻。华大集团在这一历史进程中扮演了重要角色，其在基因测序、基因编辑、细胞治疗等前沿领域的研究成果，为全球生命科学研究提供了新的思路和方法。

我们有理由相信，在华大群英的参与和带动下，生命科学研究将继续以其独特的魅力和巨大的潜力，为人类的健康和未来开辟更加广阔的道路。我真诚希望《生命天书：无尽的探索》能够激励更多的人投身于生命科学的研究，共同探索生命的奥秘，共创人类的美好未来。

华大为挑战而生，必将在探索生命科学的道路上不断发起挑战。最后，我以 2023 年 7 月在华大集团年中总结会上所作的一首调笑令作为推荐序的总结：

调笑令·汪建

汪建，汪建，

奇思妙想无限。

能上珠峰探奇，

敢下龙宫欢喜。

喜欢，喜欢，

一生发起挑战。

2024 年 6 月

厉 伟

北京大学理学学士、经济学硕士、高级工商管理硕士

松禾资本创始合伙人、松禾创业投资有限公司董事长

北京大学名誉校董

北京大学创业训练营理事长

中国技术创业协会副会长

中国证券投资基金业协会私募股权及并购投资基金专业委员会委员

深圳市政协委员、经济委员会副主任

深圳市政府决策咨询委员会专家委员

深圳市引导基金管委会专家委员

深圳私募基金业协会副会长

松禾成长关爱基金会理事长

设计发行中国大陆证券市场第一张可转换债券和第一张中长期认股权证

策划操作中国大陆证券市场第一起上市公司收购案——深圳宝安收购上海延中

读懂新的生命科学研究范式，从读懂华大开始

李建会

2022 年国家社科基金重大项目有一个招标课题叫"大数据驱动下的生命科学研究范式的变革研究"。由于我一直从事生命科学哲学和计算主义哲学研究，因此，在诸多同行学者的支持下，我开始申请这个项目。

在组建研究团队的过程中，时任新华社北京分社副社长兼总编辑（现任华大集团董事、副总裁）李斌先生主编的著作《生物经济：一个革命性时代的到来》引起我极大的兴趣。我在很短时间内读完这本书，书中的观点引起我的强烈共鸣。我决定邀请李斌先生共同申请课题，他不仅答应担任子课题"生物经济时代的到来：大数据驱动下的生命科学的社会经济影响研究"的负责人，还介绍了华大生命科学研究院院长徐讯先生加入课题团队，担任子课题"平台化科学的兴起：大数据驱动下的生命科学研究的组织模式研究"的负责人。我们一起获得了国家社科基金重大项目的支持。

因为看到了生命科学尤其是多组学的爆发式发展、其对人类生产生活生存带来的巨大潜在影响，以及健康中国建设、科技强国建设的紧迫需求，李斌先生 2023 年初从新华社辞职加入华大集团。2023 年是生命

科学史上极其特殊的一年——这一年是薛定谔发表"生命是什么"系列演讲 80 周年、DNA 双螺旋结构发现 70 周年、人类基因组图谱完成 20 周年。2023 年又恰逢华大这个一开始就为绘制人类基因组计划"中国卷"诞生的组织成立 24 周年——这一切是那么巧合。华大抓住契机，站在历史的交汇点上设计问题，组织团队对创始人、同行者进行深度访谈，访谈中所蕴含的对基因组学乃至生命科学的思考，对华大之路、华大发展模式的思索，对人类每个个体命运的惦念、牵挂，都极具启示意义，经过认真整理和梳理，于是有了读者眼前的这本原汁原味的深度访谈录——《生命天书：无尽的探索》。

作为一家知名机构，华大一直颇受社会关注。在我看来，《生命天书：无尽的探索》这本书的出版，犹如一扇窗打开，使社会公众有机会走近华大人，仿佛面对面进行交流；也有机会走进华大人的内心，品读一部华大的发展史，感知华大这家全球领先的生命科学前沿机构特有的精神气质。读懂华大，有助于读懂当今的生命科学，甚至读懂新的生命科学研究范式。

"基因组学、表型组学，都是在将生命数字化。从人类基因组计划绘制最底层的基因组图谱开始，再到后来的人类单体型图谱、'千人基因组计划'、人类细胞图谱，以及基因的转录的表达和蛋白质图谱等，我们不断建立各种各样像参考地图一样的基础数据和信息库，逐步形成了生命科学领域的数据基础。""大数据正在使生命科学发生范式的变革。"正像《生命天书：无尽的探索》一书中华大生命科学研究院金鑫博士所说，21 世纪以来，一系列与大数据相关生命科学研究的突破在推动生命科学本身迅猛发展的同时，也把人类社会推进一个新的时代：生物大数据时代。今天，高通量基因测序、自动化数据分析以及数字可视化技术正在逐渐席卷生命科学几乎所有研究领域。面对高通量基因测序时代生物学数据的爆炸式增长，生命科学研究越来越多地需要借助数学、计算机科学、人工智能和分子工程学等手段对这些大数据进行分析而获得关于生命本质的认识，生命科学研究也越来越多地变成以大数据为中心的研究。这种以大数据为中心的研究方式也被称作"大数据驱动的研究"（或"数据驱动的研究"）。

数据驱动的生命科学研究不仅在认识论和方法上区别于以往的以实验、假说驱动的研究，其在研究的组织模式、研究的社会经济影响、研究涉及的伦理法律问题方面也都跟以往的研究不同。在认识论和方法论上，数据驱动的生命科学研究越来越依赖大数据技术分析，尤其是深度学习的人工智能方法；在研究的组织模式上，数据驱动的生命科学研究使原有的生命科学组织模式变为一种新型的平台化和生态化的新科学组织模式；在对社会经济的影响上，新的生命科学研究作用巨大：一个新的经济时代，即"生物经济时代"已经来临；数据驱动的生命科学研究也产生了新的有关数据安全、数据知识产权、数据隐私保护、数据共享等方面的伦理、法律和社会问题（ELSI）。这四个方面的问题，即生命科学研究的新的认识论和方法论（科学认识论和方法论问题），新的平台化组织模式（科学组织社会学问题），新的巨大的科技与经济的互动影响（科学功能社会学问题），以及新的 ELSI 问题（科技伦理和科技法学问题），成为大数据驱动下的生命科学研究新范式的主要内容。

2022 年出版的《生物经济：一个革命性时代的到来》一书敏锐指出，生命科学研究已从"实验驱动"迈向"数据驱动"，进入"大数据、大平台、大发现时代"，我们对生物经济这一革命性时代的到来充满信心和憧憬。

《生命天书：无尽的探索》一书，通过与华大集团的主要创建者和参与者进行深度对话，为社会公众清晰地呈现出华大集团的发展以及华大人在大数据驱动的生命科学研究新范式方面的成功实践和巨大贡献。

华大和合作伙伴一起，绘制了迄今全球已绘制动植物基因图谱的近40%；旗下华大生命科学研究院组建运维的深圳国家基因库是全球领先的综合型国家基因库；仅华大一家企业就为超过 3400 万人次提供基因检测服务，包括无创产前基因检测（NIFTY）、遗传性耳聋和地中海贫血基因检测等。海量数据，甚至以"T（10的十五次方）级"来计算的大数据，犹如一座沉睡的金矿，亟待挖掘、开发、运用。

这些基因组学数据乃至多组学数据和临床数据之间究竟要怎样进一步结合？怎样从海量基因检测数据中进一步挖掘致病变异？怎样进一步开发解读数据的工具和软件？在当下人工智能突飞猛进的时代，究竟怎样加快数据的工程化、智能化、规模化解读？大科学时代来了，究竟应该怎样按照"大数据驱动下的生命科学研究范式"进行机制创新，更好地把科研力量组织起来？究竟哪些科研力量，该按照这种新范式组织并且更有效率？……许多问题和挑战，不仅横亘在科学家尤其是中国科学家面前，也同样横亘在决策者面前。在国际地缘政治日益复杂的背景下，任务艰巨，竞争激烈，我们亟待增强紧迫感和目标感，时不我待，只争朝夕。

强烈推荐这本著作。读懂大数据时代生命科学研究的新范式，明晰未来之路，从读懂华大开始。

2024 年 6 月

李建会

北京大学哲学博士，北京师范大学哲学学院二级教授、博士生导师，北京师范大学 - 香港浸会大学联合国际学院教务长，珠海市香洲区人大代表。

曾任北京师范大学哲学学院副院长，兼任中国自然辩证法研究会生物哲学委员会理事长，北京市科学史与科学社会学学会副理事长，中国自然辩证法研究会国际交流委员会副主任，《中国社会科学》杂志评审专家，中国科协决策咨询专家。曾在美国哈佛大学、加州大学伯克利分校、威斯康星大学麦迪逊分校，英国牛津大学、剑桥大学李约瑟研究所，荷兰乌得勒支大学等国际名校学习和工作。

国家社科基金重大项目首席专家、教育部人文社会科学研究基地重大项目首席专家。研究成果获得教育部第七届和第八届"高等学校科学研究优秀成果奖（人文社会科学）"、北京市第八届和第十四届"哲学社会科学优秀成果奖"。教学成果获得北京市教学成果一等奖和广东省教育教学成果二等奖。

无尽前沿　无尽探索

——穿越时空的生命"对话"

李　斌

时间，犹如一把标尺。

用这个标尺，将昨天、今天、明天放在一起去"度量"，会有很多令人惊喜乃至惊奇的发现、思考。

（一）每一个人的必答题：认识生命，认识自己

2024 年，是非常有纪念意义的一年：新中国成立 75 周年，中国全功能接入国际互联网 30 周年……

2024 年，还是奥地利生物学家格雷戈尔·孟德尔（1822 —1884年）逝世 140 周年。140 年前，这位修道士用自己的一生，发现了生命的遗传规律，从而成为遗传学的奠基人，被后世誉为现代遗传学之父。

从 2024 年往前追溯 168 年——1856 年，34 岁的孟德尔就开始了长达 8 年的豌豆实验：在布鲁诺的修道院花园里，他用豌豆做实验，让很多不同品种的豌豆进行杂交，注意观察它们的第一代、第二代、第三代……从而发现了遗传规律。实验结果于 1866 年发表在《布鲁诺自然

1

研究会学报》上，孟德尔晚年曾充满信心地对好友说："看吧，我的时代来到了。"但他的论文发表后很快就被人遗忘，直到1900年——孟德尔逝世16年、豌豆实验论文正式发表34年、他从事豌豆实验44年后才被重新发现：有3个国家的科学家同时独立地"重新发现"孟德尔遗传定律，遗传学进入孟德尔时代。

历史，往往是最好的教科书，给人以启迪。穿越时空，回顾这段故事，令人不禁感慨万千——130多亿年宇宙史，40多亿年地球史，30多亿年生命史，数百万年人类史……放眼浩瀚宇宙，人类的历史显得极其短暂，仿佛"眨眼之间"。换句话说，如果将130多亿年宇宙史压缩到24小时，人类的历史就是几秒钟。

而对于人类乃至生命来说，无论是十年，还是百年尺度，毫无疑问更是极其短暂的。然而方寸之间有乾坤，就在这以十年或百年为尺度的时光里，自19世纪尤其是自孟德尔以来，人类对生命的认识发生了巨大的飞跃。

就在孟德尔论文发表前7年（1859年），达尔文的名著《物种起源》出版了。

而数十年后，物理学家薛定谔指出，遗传定律，对连续几代人来说，父母不同的特性，尤其是关于显隐性之间的重要区别，都应归功于如今享誉全球的奥古斯汀修道士格雷戈尔·孟德尔……他的发现在20世纪竟会成为一个全新科学领域的"灯塔"，无疑也是当今最有趣的学科之一。

"认识你自己！"古希腊阿波罗神殿石柱上的话，至今令人印象深刻。

作为最有趣和与生命健康最直接相关的学科之一，140年来，在生命科学领域，包括中国科学家在内，无数科学家无尽探索，不断深化对生命的认知。

认识生命，认识自己——这是历史和时代对每一个人提出的要求，不论你自觉还是不自觉、愿意还是不愿意，都必须做这道和生命、性命相关的必答题的"答卷人"。

（二）基因组学"赛场"上，世界多了一个选择

无尽前沿，无尽探索。放在时空的坐标系里观察，对于人类乃至生命来说，2023年是极其特殊的一年。

这一年，恰逢奥地利物理学家薛定谔发表"生命是什么"系列演讲80周年，也是DNA双螺旋结构发现70周年、人类基因组图谱完成20周年。

——"今天，基因是分子的推测，我敢说，这已成为共识"，1943年薛定谔的"生命是什么"系列演讲，以及之后相关"世纪巨著"在全球的一版再版，吸引了"诸多物理、化学、数学及其他学科的吾辈和晚辈投身到解码生命中来"（见杨焕明院士译《生命是什么（汉英对照）》书尾《编译说明》）。

——1953年4月25日，25岁的詹姆斯·沃森和37岁的弗朗西斯·克里克在《自然》（Nature）杂志发表了名为《核酸的分子结构——DNA的结构》的千字论文，标志着分子生物学的诞生。1958年，克里克首次提出"中心法则"——遗传信息从DNA传递给RNA，再从RNA传递给蛋白质，即完成遗传信息的转录和翻译的过程，也可以从DNA传递给DNA，即完成DNA的复制过程。这是所有有细胞结构的生物所遵循的法则。

——2003年，美、英、日、法、德、中6国科学家历经多年努力，共同绘制完成人类基因组序列图，人类第一次有了自身全基因组结构和序列的完整信息，催生了基因组学驱动的生物医学研究范式变革，催生了"精准医学"概念，开启了个性化医疗的临床实践。"第一次阅读人类DNA序列，是和第一颗原子弹爆炸以及第一次人类登月一个级别的大事。有人还说'人类基因组计划'甚至比原子弹爆炸和登月计划更为

重要，因为这次历险旨在我们自身，有机会给我们带来史无前例的健康福利。"曾任美国国家卫生研究院院长、国际人类基因组计划首席科学家的弗兰西斯·柯林斯在 2010 年出版的《生命的语言——DNA 和个体化医学革命》一书中这样写道。

从最初的 X 射线衍射图谱推衍出 DNA 螺旋结构，到获 2017 年诺贝尔化学奖的冷冻电镜技术阐明蛋白质三维结构的重大贡献，再到今天的蛋白质结构的 AI 预测；从 1977 年，沃尔特·吉尔伯特（Walter Gilbert）和弗雷德里克·桑格（Frederick Sanger）发明第一台测序仪，到如今测序仪在医院、科研机构、疾控中心等单位得到广泛应用，80 多年来，伴随技术手段、工具的进步，生命科学发展突飞猛进、日新月异，人类对生命的认识越来越深入，对"生命是什么"这个永恒的问题，也一直在持续寻找答案，不断收获新的认识。

生命犹如宇宙，无边无垠。

1945 年 7 月，二战即将结束之际，美国战时科学研究与发展局（OSRD）时任局长万尼瓦尔·布什的《科学：无尽的前沿》发表。作为没有止境的边疆，科学成为美国发展的新边疆、创造美国的新边疆。

无尽前沿，无尽探索，生命科学领域更是如此！

20 多年来，在"跻身"人类基因组计划过程中"应运而生"的华大集团科学家始终初心不改，坚持"基因科技造福人类"的大目标，在"生命天书"破译之路上不断开辟新的境界。

作为唯一发展中国家，成功"跻身"人类基因组"末班车"，拿到 1% 项目，短时间内高质量绘制人类基因组计划"中国卷"；引进、消化吸收、再创新，研制出自主可控的高通量测序仪，使中国成为全球"唯二"可以实现量产临床级高通量测序仪的国家之一，给全世界多一个选择；和国内外专家大联合，参与肠道菌群、万种植物、万种鸟类等诸多大的基因组计划，共同破译"生命天书"，参与甚至牵头迄今全球 40% 已知动植物基因图谱的绘制工作；自主研制时空组学技术，成为超大视场、超高精度的技术和平台；研制并规模化生产高通量基因合成仪……从跟跑到并跑甚至个别领域领跑，中国在基因组学领域走出了一条自立自强却异常艰辛且富有启示的道路。

多年前，习近平总书记深刻指出："16世纪以来，世界发生了多次科技革命，每一次都深刻影响了世界力量格局。从某种意义上说，科技实力决定着世界政治经济力量对比的变化，也决定着各国各民族的前途命运。""抓住新一轮科技革命和产业变革的重大机遇，就是要在新赛场建设之初就加入其中，甚至主导一些赛场建设，从而使我们成为新的竞赛规则的重要制定者、新的竞赛场地的重要主导者。"

从1999年英国伦敦国际人类基因组计划第五次战略会议"跻身"人类基因组计划、拿到1%项目份额，到如今，回顾25年来中国在基因组学领域的发展，不就是因为在基因组这个"新赛场建设之初就加入其中"，才使中国代表发展中国家成为新的竞赛规则的重要制定者、新的竞赛场地的重要主导者吗？正因为作为发展中国家的中国和发达国家站在了同一起跑线上，才有今天给世界多一个选择的可能。

（三）三个"世纪之问"，华大都在某种程度上作出了回答

回望历史，是为了更好地走向未来。

而展望明天，三个"世纪之问"，值得人们深思！

——"生命是什么？"这是80多年前的薛定谔之问："在一个生命体的空间界面上发生的时（间）空（间）事件，如何用物理学和化学来解释？"他指出，每套完整的染色体都包含完整的密码。当然，"密码本"一词太过简单了。因为染色体结构同时负责引导卵细胞按照它们的指令发育。也就是说，染色体是法律条文与执行能力的统一，打个比方，它集设计师的蓝图与建筑者的技艺于一身。

——"现在中国没有完全发展起来，一个重要原因是没有一所大学能够按照培养科学技术发明创造人才的模式去办学，没有自己独特的

创新的东西，老是'冒'不出杰出人才。这是很大的问题。"2005 年 7 月，面对前来看望的温家宝总理，病榻上的钱学森说出了这个"很大的问题"。这就是著名的"钱学森之问"。

——"我一直在思考，为什么从明末清初开始，我国科技渐渐落伍了。""明代以后，由于封建统治者闭关锁国、夜郎自大，中国同世界科技发展潮流渐行渐远，屡次错失富民强国的历史机遇。鸦片战争之后，中国更是一次次被经济总量、人口规模、领土幅员远远不如自己的国家打败。"这是习近平总书记之问。

···········

无尽前沿，无尽探索。过去 25 年来，华大这个极其特殊的产学研一体化组织、全球生命科学领先机构，对这三个"世纪之问"都在不同程度上进行了解答。

——"生命是什么"上，华大科学家联合国内外科学家一起，提出了时空组学理念，并在技术和工具上实现了突破，更联合国内外科学家在脑科学图谱、成年体细胞转化为全能干细胞、人工合成真核生物、DNA 存储等方面取得一系列突破。

——人才培养上，产学研一体化的培养模式，毫无疑问是华大持续发展、引领发展的核动力，从本科生起，就站在了世界生命科学最前沿，而且是通过工程化、组织化的方式实施。

——科技自立自强上，在大科学引领方面，持续的研发投入、先进的技术平台和领先的科技队伍保障了华大在全球生命科学领域的领先地位。2007 年华大落地深圳时设立的深圳华大生命科学研究院是深圳市首批设立的新型研发机构。2022 年，华大在《科学》、《自然》、《细胞》（Cell）三大学术顶刊及其系列子刊上联合发表论文 112 篇，其中包含顶刊封面文章 7 篇。《2023 年自然指数年度榜单》显示，华大在生物科学产业机构排名中位列全球第五，并已连续 8 年位居亚太地区首位。

在大工具方面，《"十四五"生物经济发展规划》要求"开展前沿生物技术创新。加快发展高通量基因测序技术，推动以单分子测序为标志的新一代测序技术创新，不断提高基因测序效率、降低测序成本。加强微流控、高灵敏等生物检测技术研发。推动合成生物学技术创新……"华大集团聚焦生命科学基础研究领域前沿方向和关键问题，成功解决了包含基因测序、生物合成等在内的生命科学领域多个"卡脖子"关键问题，把一个个不可能变成可能，实现了生命科学底层工具读、写、存贯穿式的自主可控，而且全球同步甚至领先。

在大平台建设方面，华大成功积累了丰富的公益性、开放性、引领性、战略性科技平台建设运营经验；旗下深圳华大生命科学研究院成功建设并运维了我国首个国家级综合性基因库——深圳国家基因库；走大开放、大合作之路，连续举办18届国际基因组学大会，促进中外学术交流；成功主办了专注于生命科学领域、最新影响因子达到9.2的学术期刊——*GigaScience*；启动筹建了前瞻性、探索性医院——深圳市华大医院。

在大产业发展方面，华大坚持面向世界科技前沿、面向经济主战场、面向国家重大需求、面向人民生命健康，以大科学为引领、以大平台为支撑，坚持自主发展道路，与产业链各方建立广泛的合作，将前沿的多组学科研成果应用于医学健康、药物开发、农业育种、资源保存、鉴证服务、环境治理等领域。同时，为精准医疗、精准健康等关系国计民生的实际需求提供自主可控的先进设备、技术保障和解决方案，推动基因技术日渐"飞入寻常百姓家"，系列基因检测产品覆盖生育健康、肿瘤与传感染防控、慢病管理等各方面，累计服务超过3400万人次。在基因治疗领域，在临床研究上取得显著成果，目前已有5例 β-地贫患者、1例 α-地贫患者经治疗后成功摆脱输血依赖。

1999年到2024年——历经25年发展，华大集团始终以大目标为导向、先进技术与平台为支撑，坚持产学研一体化，大平台、大工具、大工程、大资源、大合作、大场景、大数据、大科学、大产业、大人才"十管齐下"，成为全球领先的生命科学前沿机构，在基因测序、智能制造、生物合成、干细胞技术、遗传资源存储、极端环境微生物挖掘与应用等生物技术领域，实现了底层技术和核心工具的国产化、自主化，是当前全球唯二、中国唯一能够自主研发并量产从 GB 级至 TB 级低中高不同通量临床级基因测序仪的企业。

（四）穿越时空的"七问"：关于生命、"生命天书"和生物学世纪

2023 年 9 月 9 日，是华大诞生 24 周年纪念日。对于华大人乃至在生命科学领域不断耕耘、探索的人们来说，过去 24 年历程究竟有着怎样的艰辛、启示？华大人是怎样一次次把不可能变成可能的？我们决心静下心来，将华大历史放到生命科学史，尤其是现代遗传学发展历史的背景下衡量、观察，精心设计一系列问题，向奋战在生命科学产学研最前沿、基因产业竞争最前线的华大人请教，在对话、交流中互动、探讨。

有时候，提问比回答问题更重要。

一部分问题注重在今昔对比中探寻启示：

——薛定谔在"生命是什么"演讲中用"密码本"形容"等位基因"，现在怎么看这个"密码本"？

——70 年前 DNA 双螺旋结构的提出和发现，标志着人类在认识生命的道路上迈出了怎样的一步？

——在您眼里，DNA 双螺旋结构，是更像一条非常长的双轨火车道，还是生命天梯？

——怎么看人类基因组计划和"生命是什么"的关系？生命究竟是什么？

——人们常说，生命科学已经进入数据驱动时代，怎么理解？

——怎么就"突然"从"读"生命到了"写"生命的阶段了？华大

在"读""写"生命上有着怎样的布局和进展？

——在今天这个大数据时代，生命只是一堆冷冰冰的数据吗？

——宇宙130多亿年历史，地球40多亿年历史，生命30多亿年历史，而人类只有数百万年历史，究竟应该怎么看生命演化的历史？

——如果生命是一本"天书"，这本"天书"的破译，现在究竟到了哪个阶段？

——生命注定有始有终，生命的意义究竟是什么？

——人体是由数十万亿个细胞组成的，为什么拥有同一套蓝图的细胞们最终竟变得截然不同？

——从单细胞到多细胞，从原核到真核，生命将向何处演化？演化的尽头是什么？

——还能说21世纪是生物学世纪吗？

另一部分问题则和华大自身发展密切相关：

——华大有个"518"工程，关注生老病死、万物生长、生命起源、意识起源等，为什么关注"生命起源"？有哪些动作？

——如果说一个企业也是生命体，华大是一个怎样的生命体？

——如果有一种精神，叫华大精神，其核心要义是什么？

——华大人自始至终追求"基因科技造福人类"，为什么基因科技能"造福人类"？

——回顾华大创业24年，创始人汪建董事长说是"九伤一生"，极其不易，究竟怎么看这24年的创业史、发展史？

…………

带着60多个问题，我们走近华大集团创始人汪建老师、刘斯奇老师，走近一位位奋斗在基因技术产学研一体化最前沿也是最前线的管理者、科学家等，围绕"生命是什么"等核心问题、基本问题进行请教。

这是一位位华大人的认识和思考：

——一问：生命是什么？

汪建说，华大走过这么多年，围绕着人类的根本问题进行努力，就是少生病、不饿肚子，让大家活得更健康，让这个世界更美丽，让大家都不缺物质，围绕着减少出生缺陷、控制肿瘤和心脑血管病的发生、控制传染病的发生，不光是预防检测，在治疗上也做一些东西。更重要的是从我做起，精准防控，主动健康。在生态、双碳、沙漠改造、荒漠恢复、物种多年生、土壤改造等方面，华大都在努力实践，都在回答"生命是什么""生命应该是什么""生命意义是什么"。

梅永红认为，生命的奥妙，也许我们只知一二。这些年来，很多人认为我们在生命探索领域已经取得了非常大的进展，但实际上当我们深入生命底层的时候，人类已知的信息仍远不足以解释生命本身的现象。我们应当对生命多一些敬畏，应当以真正的科学之心、求知之心、敬畏之心来对待生命。

在徐讯看来，生命首先是一套信息系统，它实际上是一个信息载体；其次，生命又是物质的，里面涉及各种物质，包括不同的蛋白质、小分子，碳、氢、氧的有机系统和外界系统的交换等；生命又是一套能量体系，从生长发育到衰老的过程，就是能量不断积累，最后上升到极限后走向死亡的一套能量系统。

赵立见认为，"生命是什么"需要全面诠释。人类基因组计划的实施，以及随之而来的一系列科研成果，解决了部分问题。通过这样一项重大科学工程，我们得以解释生命的基本结构是什么，这是回答"生命是什么"这个问题最基本的前提。

"生命具有无限的可能性。"10多年来尝试通过合成生物技术"写"生命的沈玥博士认为，工具在变化，解读生命的方式在变化，人类一直在拓展对生命认知的深度和广度。生命一定是某一种形态吗？不是，它有太多太多的可能性还没有被挖掘。

陈奥认为，生命是一个可自我复制、自我调节、自我循环的个体，同时它也是一个相互配合、相互协作的群体。它能够自我繁衍、自我进化，它是宇宙当中不一样的存在。

侯勇"比较相信生命能够数字化"，生命是多样性的，是能够被数字化描述的，数字化描述为生命科学的进一步发展带来了非常重要的方向性的突破。每个人首先要认识自己是能够被数字化描述的，生命的数字化已经变成未来可以期待的一个方向。

…………

——二问："生命天书"解码到什么程度？

汪建诙谐一笑说，"字典"都没编完，"生命天书"的解码还早着呢。像脑科学，连"字典"都没有。人类基因组"字典"，到今年才算是"康熙大字典"出来，而且只是一些样本，还有很多地方都没有。现在主要是发展不充分、不平衡、不公平的问题。

刘斯奇认为，"生命天书"的解码"刚刚开始"，"与二十几年前比，其实人类对基因的认识没有太大的革命性改变"。

尹烨说，这本"天书"有多厚，大家都不知道，今天对生命的认知可能连 1% 都不到，未来需要解读的还有很多。探索人类思维的边界及宇宙的边界，唯一限制我们自己的，就是想象力。如果能够打开想象力，让人类的思想变成无尽的前沿，那么宇宙就变成无尽的前沿，生命当然也是无尽的前沿。我们永远在路上。

徐讯认为，相对于 80 年前而言，目前我们对"生命天书"差不多有了一个轮廓的认知。虽然很多局部细节并不是很清晰，但一个非常大的变化是，今天在"生命是什么"这个问题上，我们已经有了大量基础数据。在大数据和人工智能的基础上，我们也许可以将"生命是什么"这个问题从一个模模糊糊的认知，推进到一个更精准的公式化、理论化、系统化的认知，可能会有突破性进展。

赵立见说，自人类基因组计划实施以来，人类已经有了越来越多成熟的检测技术，但仍然有很多未知的东西。比如，通过基因编辑、基因治疗的手段去解决更多的疾病问题，尚需相对长的时间。这不仅是要解决方法学的问题，还需要进行大规模的临床验证。生命这本"天书"要彻底解释清楚，要能够读懂、用好，还需要很长时间。

杜玉涛认为，"生命天书"的破解已经取得了非常大的进步，但离破译"天书"还很远。这是全球科学家在共同努力做的事情。我们对生命奥秘的揭示，还只是九牛一毛。

张国成指出，生命就是一本"天书"，我们可能打开了"天书"的第一页和第二页，后面章节的走向和具体内容，我们虽然有一些预测、有一些认知，但是还远远没有真正揭开谜底。基因技术也罢，对基因检测出来的数据的分析判断也罢，现在都属于初级阶段，后期把这些数据很好地应用、开发起来，用在疾病诊疗、康复预后上，才能说掌握好了技术。

金鑫认为，现在我们基本上把这本"生命天书"上的每个"字符"都读出来了，但这些字符连起来到底是什么意思，答案还需要去探索，而这个探索的"钥匙"就是时空法则。我们要真正读懂"生命天书"，就需要将中心法则与时空法则结合。当有一天积累的数据足够多了，可能到时候用各种新的人工智能算法，最后会发现实际上生命的规律非常简单。

沈玥指出，生命不见得只是一本书，它也许有好几个系列。我们只是在"读"的方向上有了很多突破，能够有各种各样维度的解读，而在"写"的方向上还有很多事情没有做。相信不仅是 21 世纪，22 世纪、23 世纪也都是生命科学的时代，因为生命是永恒的话题，对生命的探索一定是无穷无尽的。

刘龙奇认为，"生命天书"的破译还在"非常早期的阶段"。这本"天书"DNA 序列的部分算是接近完成，但是这本"天书"大家都看不懂。对"生命天书"的破译才刚刚开始。

陈奥认为，生命这本"天书"我们现在是能看了，但是这本"天书"在不同细胞里是不同代码的组合，每一个细胞都承载着不同功能。

生命实际上是另一个维度的语言，如果与大语言模型相结合，是不是能够加速实现对"生命天书"的破译？

侯勇说，生命还是一个无尽的"天梯"。我们认知的基因、"天书"还仅仅是非常小的一部分，仅仅处在初步阶段，这部"生命天书"越读越厚，意味着我们还要有新的工具、新的技术，还要不断变革，才能把这本"天书"读得更清楚。

…………

——三问：人类基因组图谱完成后的 20 年里最大变化是什么？

徐讯认为，最大的变化之一就是成本。过去 20 年里，单个人的全基因组测序的成本下降了"8 个 0"，这是其他任何领域都不曾出现的成本下降速度。在这个过程中，数据量和通量也呈现爆发式的增长。这使得我们每一个人都有望在真正意义上拥有自己的基因组，用来解读自己生命的密码，精准管理自己的健康。过去这 20 年，生命科学领域变化所带来的影响是非常深远的，其中很核心的一点就是技术变革带来了从科研到产业的范式转变。

杜玉涛说，人类基因组计划完成以后的 20 年，"我们见证了科学发现、技术进步带来的成本下降和普惠大众。生命科学是一个朝气蓬勃且有无限想象空间的产业方向，但产业转化需要长时间的积累。比如，从参与人类基因组计划，到现在诊断试剂行业的蓬勃发展，需要 10 年甚至 20 年的持续积累和投入。这也让我坚信，以大科学工程的模式潜心钻研，最后就能够看到产业的开花结果"。

张国成认为，人类基因组计划是底层研究。从薛定谔提出"生命是什么"到沃森和克里克发现 DNA 双螺旋结构，我们会看到：人类基因组计划是后期研究疾病治疗、疾病防控等的底层、基础研究。华大本身就是为了参与这个项目成立的，除了做自己承担的工作，也为中国在整个基因测序技术、测序人才培养和基因测序行业占有一席之地发挥龙头作用。

刘龙奇说，人类基因组计划的成果不仅仅是完成了一个人的基因组测序，它首先推动了技术的革命，倒逼了工具的快速进步、迭代和成本的快速下降，同时也推动了各个领域科学研究和应用的快速发展，还培养了大量多学科交叉领域的人才。大科学工程不仅仅是一个项目，而是科学战略，带来的是从科研、技术、产业到人才的全面突破。

侯勇判断，人类基因组图谱完成，从工具上让生命科学研究特别是组学研究突飞猛进。在生命科学特别是组学这个领域里面，工具的迭代、科学的发现层出不穷。正因为迭代得太快，特别是生命科学工具的突飞猛进，给研究范式带来了变化，从假说驱动或者假说驱动为主导，转变为数据驱动这样一个彻底的范式的转变。原来的教育体系、科研体系都还不适应。

——四问：怎么理解"基因科技造福人类"？

侯勇说，基因科技造福人类，这是华大领军人汪建一直提的大目标，也是这个组织存在的意义。从人类基因组计划实施以来，确确实实能看到从人类基因组产生的知识、技术，已经大大改善了某些疾病的诊断、治疗或者某些疾病的筛查，像无创产前诊断，像单基因遗传病的诊断、治疗，我们看到基因科技已经在造福人类了。还可以看到基因组学已成为农业和畜牧业育种、司法等各领域底层研发的一种驱动性技术，在更多领域开始造福人类。

在杜玉涛看来，依托华大的前沿科技和强大的人才队伍，我们才有底气喊出"基因科技造福人类"。随着技术的发展，科学和认知的边界在不断扩展，"天下无唐"（唐氏综合征）的模式已经出来了，只要在更大范围内去推动，未来肯定能实现。"天下无贫"（地中海贫血）等也是一样的。

在陈奥看来，基因科技造福人类，对科学家来说，就是能更高效地找到以前找不到的信息，帮助科研更上一层楼；对医生来说，是帮助他们更好地了解患者的情况，选择更好的治疗方式，让患者以成本更低、痛苦更轻的方式治疗疾病；而对普通百姓来说，就是以更便宜、更准确的技术，帮助自己了解身体处于什么状态，如何调整到一个更为健康的状态。好的基因科技，的确是能够造福人类的，前提是成本不能高，要可及且可负担。

——五问：**如何形容当前生命科学的发展？**

徐讯认为，今天的生命科学发展是爆发式的，数据是爆发式的，认知是爆发式的，应用也是爆发式的。

金鑫认为，现在的生命科学领域处在一个大数据和假说共同驱动的时代。基因组学、表型组学，都是在将生命数字化。很多以前需要花大量时间重新采样、重新产生数据的研究，现在可以直接基于这些数据库去做分析和验证。大数据正在使生命科学发生范式的变革。

——六问：究竟怎么看 21 世纪是生命科学的世纪？

梅永红非常确信"21 世纪是生命科学和生物经济的世纪"。他说，今天看来，这个时代正在快速到来，时不我待。中国有幸赶上了这样一个时代，有幸形成了宝贵的积累，包括技术积累、人才积累、学科积累、数据和平台积累等。希望不要让这样一次历史性机遇从身边溜过去了，应该很好地把握住。这将关乎国运兴衰。

刘斯奇认为，21 世纪是生命科学大发展的时代。人类生活质量在提高，对健康的重视在提高。在这个意义上，讲这个世纪是生物学世纪、医学世纪也不为过。我们同时应该保持审慎的乐观态度，就是科学跟人类生活健康相关，跟医学相关，但的确不是一蹴而就的。

徐讯表示，随着人类社会的不断发展，我们对环境和健康不断提出新的需求，而这些需求只能通过生命科学来解决。虽然现在生物技术和生命科学在我国的经济总量中的占比还不是特别高，但这个比重会越来越高。工业生产会产能过剩，但是人们对环境和健康的诉求是永远不会过剩的。

杜玉涛说，生命科学是一个非常广阔的领域。不仅 21 世纪，之后的每个世纪都应该是生命科学的世纪，都会是生命科学不断发展壮大，从技术层面有更多的突破并带来更多产业效应的世纪。天上飞的、地上跑的，农林牧副渔，其实都可以归到生命科学领域。生命科学在人类社会发展中具有重要地位和意义。

张国成指出，现在是医学发展最快的时代，会有好多机会，也有非常多的需求，通过满足这种需求，社会发展、人们生活质量、疾病治疗手段都会有改变，会有全新的变化。

金鑫说，21世纪才过了20多年，还有70多年时间。现在的生命科学领域，新的发现正在不断涌现。相信在21世纪我们能够看到重大突破不断涌现。

刘龙奇对"21世纪是生物学世纪或者生命科学世纪"的说法"非常认同"。他说，从世界范围看，随着技术进展，生命科学新发现新成果进入了快速增长期，呈现指数级增长态势，特别是生命科学大数据时代已经到来。同时我们也看到生命科学进入快速产业化阶段，包括一系列医疗设备、临床诊断治疗等应用都起来了。

陈奥说，自从21世纪初获得人类最关键的"生命天书"之后，人类逐渐可以更精准地对每一个人进行健康管理、医疗管理。在大数据、人工智能等技术加持下，2050年之前还会有更多更大的成就在基因科技领域出现。从每个人认知的角度来说，大家也慢慢开始更关注自身的健康了。21世纪一定是生物学世纪。

侯勇指出，越是这个时候，越是坚定地认为21世纪是生物学世纪。国家现在鼓励科技创新，毫无疑问生命科学是重要的领域，看欧洲国家或美国在生命科学领域的战略性投入，生命健康肯定是"头号"的领域和产业。很多生命科学领域、生物科技产业都在蓬勃发展，原来可能想都不敢想、提都不敢提的一些新想法在国内不断涌现出来。

············

——七问：假设和你面对面的是薛定谔，也就是假设穿越时空，回到 80 年前，或者薛定谔穿越时空来到 80 年后，你想跟他说点什么或者你想问他点什么？

面对这个问题，大家的回答幽默有趣、超乎想象，更令人深思：

张国成说，这个问题很深刻，也充满想象力。如果遇到薛定谔，可以问问他：将来随着科学技术发展，我们能不能解决现在医学遇到的所有难题或者问题？能不能通过生物技术或者方法，真的让人们长生不老？

金鑫"非常想问"薛定谔"对于量子物理和生命的基本分子，包括神经大脑的运作之间的联系有没有什么新的思考"。

沈玥想知道：如果薛定谔能够看到生命科学发展的整个历程，他会想要把自己放在哪个时代？如果是在工具和技术快速迭代的今天，薛定谔会不会"转行"？

刘龙奇想问薛定谔："80 年过去了，今天生命科学的发展如您所愿吗？下一个 80 年生命科学领域还会出现哪些革命？"

侯勇说："薛定谔在实验证据不充分的情况下，能提前去给生命定义。我最想知道，他怎么认识'意识'？他回答了'生命是什么'，'意识'这个东西他怎么去看？意识是什么？是不是可以把意识数字化，或者量子化？"

…………

20 世纪，当人类登上月球，对宇宙的认识仅仅是迈出一小步。

20 多年前，绘制完人类基因组图谱，人类发现还有更多生命图谱需要绘制。

2024 年 5 月 21 日，在华大集团联合创始人、董事长汪建带领下，华大登山队一行 9 人全部登顶珠峰，不仅创造了中国登顶珠峰人最年长纪录，还在世界上第一次从珠峰峰顶采集、传回了超声、脑电数据——华大人以自己作为科研对象，用自主可控的基因测序仪 DNBSEQ-G99和 DNBSEQ-E25、无线掌上超声等先进仪器设备，对登山队员在高原适应性训练和攀登过程中的生理指标、脑认知、眼动、眼底、运动机能、心肺超声等多维表型数据进行持续监测，获得了基因组、蛋白质组、代谢组、影像组及细胞组等多组学数据，助力构建高原人体健康生命大模型，希望进一步深化对遗传与环境协同作用的理解，甚至在生命起源、意识起源等重大前沿问题上作出贡献。

已知越多，未知越多，问题更多——面对层出不穷的问题，人类正是在不断探索、无尽探索中深化认知，历史的车轮也正是在认知的不断深化中滚滚向前……

（五）人人可"仙翁".

党的二十大描绘了一幅未来发展蓝图，进一步确定了"两步走"战略目标：到 2035 年中国将跻身创新型国家前列，到本世纪中叶中国将全面实现社会主义现代化强国目标。

根本出路在于创新，关键要靠科技力量。习近平总书记多次指出，要坚持面向世界科技前沿、面向经济主战场、面向国家重大需求、面向人民生命健康，加快实现高水平科技自立自强。

毫无疑问，中国在基因技术领域的探索、突破，就是高水平自立自强的典范！

无尽前沿，无尽探索。

24 年前——2000 年 6 月 26 日，人类基因组工作草图绘制完成。

2023 年 6 月 26 日，历时 10 多年建设的华大集团全球总部——总建筑面积 30 多万平方米的华大时空中心在深圳落成。靠山面海，四季花开。半山腰上的大楼，屹立于云海之间。

一年多前——2023 年 1 月的一天，华大时空中心的大楼基本建成。在华大集团联合创始人、董事长汪建带领下，我第一次走进时空中心，所见所闻，令人震撼：30 多万平方米时空大楼状如中国印，内有青石绿树，生机盎然，登高南望，依山傍水，晨雾缭绕，犹如蓬莱仙境，港岛近在眼前，那里人均预期寿命 85 岁多。距时空大楼约 120 公里，是罗浮山——1660 年前仙逝的葛洪（283 —363 年，80 周岁）得道成仙处。葛洪是当时名医，当了 20 多年朝廷重臣，44 岁辞官不做，一心追求健康长寿，著有《抱朴子》《肘后备急方》《神仙传》等著作，强调治未病和行气养生，记录了对天花、结核病、狂犬病等的治疗，也是中国古代尿检法最早的发明人，绰号"小仙翁"。自古，健康长寿就是世人梦想，更是葛洪这位提倡早预防的古代名医济世救人的践行之道。国家《"十四五"国民健康规划》提出，到 2035 年中国人均预期寿命达 80 岁以上，恰好和名医"小仙翁"葛洪同岁，故人人可"仙翁"也。华大科学家和全体员工犹如当代葛洪，炼基因"金丹"以造福人类。如果华大平台、设备和技术、服务能尽快推广，实现全国乃至全球全覆盖，不仅将有利于实现健康中国一系列规划目标，更有利于人类卫生健康共同体建设。有感，遂作三首小诗。

人人可"仙翁"
——登华大时空大楼有感

诗一

世人皆羡神仙洞，
不知就在手中供。
早筛早查早预防，
贯穿组学大一统。

诗二

仙翁故事传千载，

青蒿一握泽后人。

我命由我不由天，

还丹成金亿万年。

诗三

八十有一指年待，

国人皆可成神仙。

九十九岁健康在，

华大个个赛仙翁。

一个崭新的时代——革命性时代，即基因组医学革命时代、生物经济时代已经到来！

让我们走近一位位华大前行者，倾听他们的探索、感受和思考，感受生命科学的无穷魅力，探究"生命天书"的无尽前沿……

"你的 DNA 双螺旋，你生命的语言，将成为你的个体化医学的参考书。学会去读懂它，学会去歌颂它。保不准哪一天它会挽救你的生命。"弗兰西斯·柯林斯在 2010 年出版的《生命的语言——DNA 和个体化医学革命》一书中这样写道。

读懂生命，读懂生命的语言，从读懂华大、读懂这些奋战在生命科学最前沿的人们开始……

2023 年 12 月 14 日，《科技日报》发表整版文章《人类基因组计划已完成二十年：DNA 何时实现"随手测"》，提出了一个极具想象力的命题："一切科技创新都是为了让人们更好地享受基因技术带来的健康红利。下一个 20 年，基因技术会像信息技术、电力技术一样普及吗？”

这篇文章憧憬：“有了家用基因测序仪，人们不仅可以及时地在秋冬季感染高峰时及时检测传染源，避免滥用抗生素，还可以做很多有趣的事情，比如认识郊野公园中的很多物种，测一测餐桌上的牛肉品种……”

期待并且相信，憧憬中的日子在不久的将来就会到来！

李　斌

华大集团董事、副总裁。

高级记者，全国抗震救灾模范，全国优秀科技工作者，北京市西城区"百名英才"荣誉称号获得者。

北京市宣传思想文化系统"四个一批"人才。国家哲学社科重大课题"大数据驱动下的生命科学研究范式的变革研究"子课题负责人。

曾任新华社北京分社副社长兼总编辑，曾获"新华社十佳记者"荣誉称号。

策划出版中国首套"四极"考察丛书，其中独著《二探北极》。

与他人合著《你还是你吗？——人类基因组报告》《未来产业：塑造未来世界的决定性力量》《学问的"味道"：与燕园"大脑"面对面》等书籍。

主编《领跑力：企业、城市和国家的引领之道》《极度调查：告诉你一个"立体中国"》《北京秘密：你不知道的"全域文化"之城》《生物经济：一个革命性时代的到来》《守望：与新华社记者共同"感知中国"》等书籍。

目　录

汪　建：一种执念、一颗痴心、一颗初心，
　　　　60多年没变过　/ 003

　　导言　不走寻常路、打破常规的人，会为
　　　　　这个领域的发展带来革命　/ 005

刘斯奇：科学，本来就是年轻人创造天地的
　　　　地方　/ 029

　　导言　20多年前他就是教授，现在他还是
　　　　　教授，还在教学生　/ 030

尹　烨：把每一刻都变得不苟且，这一生就
　　　　很伟大　/ 055

　　导言　说你听得懂的生命科学　/ 056

梅永红：从跟跑者到并跑者，是不是哪一天
　　　　我们也能成为领跑者？　/ 079

　　导言　30年前，他就感受到这对中国是一个
　　　　　巨大的机会　/ 080

徐　讯：技术的变革，带来了从科研到产业的
　　　　范式转变　/ 103
　　　导言　彻底打破前沿科技领域核心工具受制
　　　　　　于人的被动局面，方能建立科技创新
　　　　　　上的长期优势　/ 105

赵立见：大人群、低成本、高效率筛查，
　　　　是未来疾病防控的核心　/ 123
　　　导言　"防大于治"，通过早期筛查、早期
　　　　　　预警实现疾病防控关口前移　/ 125

杜玉涛：生命科学是一个朝气蓬勃且有无限想象
　　　　空间的产业方向　/ 135
　　　导言　华大曾走过了一条漫长
　　　　　　且孤独的路　/ 137

张国成：让人有一个健康身体与健康
　　　　生活方式　/ 147
　　　导言　解决老百姓的"切身"问题，华大的
　　　　　　道路就会越走越宽　/ 149

金　鑫：敢想敢干，相信科学最终会取得
　　　　胜利　/ 173
　　　导言　勇于自我革命，持续探索生命
　　　　　　科学前沿　/ 175

沈　玥：不断追求技术的进步，探索生命底层的
　　　规律 / 199

　　　导言　合成生物学是高度交叉的领域，其技术突破
　　　　　　可能是颠覆性的 / 201

刘龙奇：科技创新的范式，正在发生变化 / 221

　　　导言　聪明又刻苦，他不成功
　　　　　　谁成功？ / 223

陈　奥：给年轻人机会，把"异想天开"变成
　　　现实 / 249

　　　导言　时空组学技术将为人类认知生命带来新的
　　　　　　见解 / 251

马　喆：我们做到了全价值链全要素覆盖 / 265

　　　导言　在沙特"坚守"已 4 年 / 267

侯　勇：越是这个时候，越坚定认为 21 世纪是
　　　生物学世纪 / 277

　　　导言　一个人的信仰和坚定，何尝不是无数人的
　　　　　　共同信仰和坚定？ / 279

附件一　习近平关于生物技术、健康中国的有关论述 / 309

附件二　《"十四五"生物经济发展规划》关于"基因"的
　　　　论述 / 315

附件三　生物革命：创新改变了经济、社会和人们的
　　　　生活 / 319

后　记　华大，究竟是一个怎样的存在？ / 329

基因科技造福人类
共同迎接生命时代

如果把人类基因组写下来，每个字母一毫米，则总长度堪比多瑙河。这是一个巨型文档，一部浩瀚的书，一张冗长的配方，可是竟能把它们全都置于一个比大头针针尖还小的细胞微核之中。严格来说，将基因组比作一本书并非隐喻。基因组真的是一本书。书是一种数据信息，以线性、一维和单向形式编写的。小小的字母符号按特定的组合顺序转译为有意义的代码并汇编成册，即为书。

——《基因组：生命之书 23 章》，[英] 马特·里德利

HGP 促进了对人类遗传变异的认识。从设计分子克隆引物，到通过小干扰 RNA（siRNA）或 CRISPR 进行基因编辑，都需要基因组序列。参考序列也推动了新一代测序技术的发展。新一代测序被称为"21 世纪的显微镜"，又促进了基因组学的研究，例如分析单个细胞中的基因表达以及表征细胞和组织的空间背景。

——《生命的语言——DNA 和个体化医学革命》，[美] 弗兰西斯·柯林斯

一种执念、一颗痴心、一颗初心，60多年没变过

——汪建访谈录

华大集团董事长、联合创始人。1954年生于湖南沅陵。1968年响应"我们也有两只手，不在城里吃闲饭"的号召下乡插队。1979年毕业于湖南医学院（现中南大学湘雅医学院）医疗系，1986年获北京中医学院（现北京中医药大学）中西医结合学科病理专业硕士学位。1988年至1994年，先后在美国得克萨斯大学、爱荷华大学、华盛顿大学从事博士后研究。

1991年主导成立西雅图华人生物医学协会，策划将"国际人类基因组计划"引回国内。1994年回国创建吉比爱生物技术（北京）有限公司，积极推动人类基因组计划的实施。1999年为承接人类基因组计划的中国部分，主导创建华大基因。2003年至2007年任中国科学院基因组研究所副所长。2007 年南下深圳，创建深圳华大基因研究院以及之后的科研、教育与产业体系。

20 多年来初心不改，坚信基因科技必将造福人类，走出了华大独特的"三发三带"联动发展模式：坚持科学发现、技术发明与产业发展联动，带动学科建设、人才培养、产业应用。

从承担"国际人类基因组计划"1% 任务、"国际人类单体型图计划"10% 任务，到独立完成"亚洲人基因组图谱"100% 任务，再到完成"国际千人基因组计划"亚洲部分，汪建领导华大从参与接轨到独立同步、再到引领支撑，这是一个蜕变和进化过程。华大建立了世界一流的基因科技基础和应用研究体系，负责运营世界最大规模的深圳国家基因库，实现了收购美国 CG（Complete Genomics）公司及基因测序仪器智造体系国产化。

华大已经成长为世界基因领域的先锋队、中国的主力队和国家战略力量，旗下的上市公司已成为行业领军企业。作为这支队伍的领军者和掌舵人，汪建带领团队创立了完整的"基因读写存"科技体系，立志将中国出生缺陷、癌症、传染染病防控推向世界领先水平并造福整个人类。

导言 不走寻常路、打破常规的人，会为这个领域的发展带来革命

有人说，汪建像"斗战胜佛"孙悟空，手里有"金箍棒"，还有"火眼金睛"，更有"七十二变"本领，练就了一身"金钟罩"功夫，几乎就是"金刚不坏之身"，现在正在"西天取经"路上，一路遭遇妖魔鬼怪，历经九九八十一难。

六七岁时他经历了大饥荒，深知挨饿的滋味，"饿成了'小胖子'，全身浮肿，腿上一按一个凹、一按一个坑，半天才能恢复起来，体重很重，光是水，其实是全身浮肿，都饿成那样了……"

14 岁（1968 年）下乡后，他看见村里面的残疾人"早上起来跑到村东边晒太阳，冬天的时候下午又转到村西边晒太阳，很可怜"。

23 岁学医以后"就在想我能做什么，能不能让残疾人不再残疾、天下人不再饿肚子……"

有因必有果。"斗战胜佛"的菩萨心肠，他在年轻时就拥有了——"其实就是很简单的一个想法，这一晃就 60 多年了，我就觉得我们学什么都能够做点事情，是自己需要的，也是全人类的需要。这是当时的一个切身感受，变成了一种执念、一颗痴心、一颗初心，这么多年没变过。"

如果回到初心，后来的一切行为都可想而知，顺理成章：

——30 多年前，40 岁的他怀揣梦想，从美国回国创业，通过攻关拿下国产艾滋病诊断试剂研发，让昂贵的进口试剂价格跌落，并无偿推广……

——26 年前，他和杨焕明、于军、刘斯奇一起在中科院遗传

所发起成立人类基因组研究中心，第二年即 1999 年创建华大基因，一头扎进"基因组学"的汪洋大海……

——为了参与人类基因组计划，一探生命的"山高水深"，在人类基因组计划的"高峰上插上旗帜"，他将创业公司的资金大量投入人类基因组蓝图的绘制中，那时候测序还很贵……

——非典时期，团队研制出快速诊断试剂，能够迅速辨别非典患者，给上上下下吃了"定心丸"。"电话、传真络绎不绝"、在经济压力也比较大的情况下，一声"不发国难财"，免费捐赠 30 万人份的试剂。

——从埃博拉疫情、德国大肠杆菌疫情到新冠疫情，他无不挺身而出，或者利用手中的先进工具发现"元凶"，或者快速推出诊断产品。新冠疫情全球大流行期间，更是携气膜等各种版本的"火眼"实验室驰援全国各地乃至全球很多国家、地区……

从 1994 年回国到 2024 年，汪建回国创新、创业恰好 30 年。这 30 年，他和一代又一代华大人：

——始终胸怀祖国：华大从成立伊始，在攻关人类基因组的进程中，就把"为了祖国的荣誉"牢牢贴在顺义空港工业区大楼的墙上。20 多年里凡是国家所需，无论是非典还是新冠，华大人都义无反顾奔赴最前线，拼搏在传染病防治第一线、生物安全预警第一线。

——始终服务人民："一分钱一分货不是货，一分钱十分货才是货"，秉承这样的理念，华大一次次大幅度降低成本，推动基因技术广泛应用于出生缺陷防控、肿瘤早筛早查、慢病精准用药等领域，仅无创产前基因检测人数就超过 1500 万人次，按照 1.03% 的阳性率，在知情同意的前提下防控 15 万"唐娃娃"的出生，在"天下无唐"以及"天下无声"（遗传性耳聋）、"天下无贫"的道路上迈出坚定步伐，作出堪称彪炳史册的独特贡献。

——始终勇攀高峰、敢为人先：从和袁隆平携手完成水稻基因组计划，到实施"炎黄计划"绘制第一个亚洲人基因组图谱；从和国际同行共同发起"千人基因组计划"，到联合从事肠道菌群即宏基因组研究；从万种鸟类基因组计划到万种植物基因组计划，华大始终联合国内外科技界在基因组学研究领域耕耘。2015 —2022 年，自然指数生物科学领域产业机构排名中华大连续 8 年居亚太地区第一，2022 年更是从全球第八跃居全球第五。

——始终追求真理、严谨治学：华大从一开始就犹如一所大学校，以任务带学科、技术、人才的方式，在科学研究最前沿、在实战中锤炼人才、锻炼队伍。加入华大的科研攻关团队，很多成员本科甚至高中还没毕业就站在最前沿，在《科学》《自然》《细胞》等权威刊物上发表论文，从人类基因组、水稻基因组"工作草图"到"完成图"，不断改进和完善已有认知……

——始终淡泊名利、潜心研究：从 2007 年到深圳创业至今，汪建一直住在租赁的房子里，甚至不从华大集团领取工资和奖金。华大集团 3 位创始人都是如此，并不太在意所谓股权股份，而是始终踏踏实实地培养人、孵化和推动整个基因产业发展……

——始终集智攻关、团结协作：无论是应对新冠疫情，还是按照大工程、大科学的模式对测序仪进行国产化攻关，或者研制"写"生命的平台——高通量基因合成仪，都能迅速组建队伍，集中智慧，团结协作，攻坚拔寨，这样才拿下一个个看似不可思议的"山头"。据说最初桌面型国产测序仪研制出来后，是汪建一声令下：所有团队一律停止使用进口测序仪，必须使用国产测序仪！虽然有这样那样的不足，但就是在这样的大决心面前，我们的国产测序仪一点点走向成熟、完善，一步步被更多企业应用，才使中国继美国之后成为全球第二个掌握量产临床级高通量测序仪的国家，给全世界多了一个选择。而在 2023 年中国市场新增测序仪中，国产测序仪市场份额更是一举超过了进口测序仪……

——始终甘为人梯、奖掖后学：在汪建和其他创始人的带领下，华大集团涌现出一批又一批中国基因产业的科技人才、领军之才……纵览历年华大内部"最具价值个人奖"得主名单，就是一个个活生生的典型案例：2023年5位获得"最具价值个人奖"的人员中，既有带领团队在全球开创性地研制出高通量基因合成仪的沈玥博士，也有通过推动地方政府实施大范围民生项目，使"基因科技造福人类"这句话成为实实在在影响几十万甚至数百万个家庭的得民心之举的陶得锋和刘世亮……

深圳市原副市长唐杰是经济学家，观察华大多年。他说："我感觉汪老师根子上还是一位科学家、一位战略科学家。"

华大内部有个"518"工程，其中的"5"就是5个超级工程：先利其器、生老病死、万物生长、生命起源、意识起源，这些工程都在通过华大自主可控的技术和平台向前推进，而且是联合其他科研、产业、事业单位一起，共同构筑起中国基因行业的坚强底座。"1"是指打造一个全球生命科学创新中心，历经10多年建设，华大集团全球总部——华大时空中心终于在2023年下半年投入使用，这里有望成为全球生命科学研究从业者的向往之地、会聚之地。"8"是指基因技术在各个领域的产业应用前景是极其广阔的，作为底层技术、源头技术、平台技术、通用技术，在大力发展未来产业、培育新质生产力的今天，更是如此。

从1994年回国到2024年，30年弹指一挥间！汪建活出了生命的高度、宽度和深度，带领一支身经百战的"战略部队"一次次创造传奇，把不可能变成了可能！

而这一切，都和他的成长经历息息相关……

——因为20世纪60年代初经历过大饥荒，挨过饿，"饿成了'小胖子'，全身浮肿，腿上一按一个凹、一按一个坑，半天才能恢复起来"，后来下乡看到"村里面的残疾人，早上起来跑到村东边晒太阳，冬天的时候下午又转到村西边晒太阳，很可怜"，学医以后就在想"能做什么，能不能让残疾人不再残疾、天下人不再饿肚子，其实就是很简单的一个想法，这一晃就 60 多年了……"年轻时的"切身感受，变成了一种执念、一个痴心、一颗初心，这么多年没变过"。

——一直自称"混在当今，活在未来"的他，始终紧紧把握科学规律，把握每一次技术迭代机会，顺势而为。他说："华大……是随着技术进步、技术突破而发展变化的。""平板测序仪变成毛细管测序仪，测序效率 10 倍提高、成本 10 倍降低，这就使我们有可能去参与人类基因组计划。这种计划又以工程模式来实现，工程模式就要求有体制保障，至少要先有机制保障。因为顺应了技术的变化和发展，做了相应的体制机制调整，所以我们存活下来了。"

…………

也许，身边人的评价，更能帮助我们真正认识、全面认识汪建：

——"汪建老师是不走寻常路、打破常规的人。而往往正是这种人，会为这个领域的发展带来革命"。正如金鑫博士所说："他让很多之前我们觉得不太可能的事情发生了。比如，参与人类基因组计划、绘制第一个亚洲人基因组图谱、自主研发基因测序仪、时空组学技术等。这些都是难以想象的，但就是在大家都不相信，内部也有很多不同声音的时候，因为汪建老师坚信，大家也就跟着硬扛下来了，最后也就做成了。"

——在另一位华大优秀青年科学家、合成生物学首席科学家沈玥博士看来，对于华大来说，汪建可以说是"灯塔"一样的人物。"他始终在挑战自己，也挑战着周围的人。他是学医出身，但他却在不同的方向上，持续对我们这些不同专业背景的人提出挑战，激发我们不服输的精神，让我们从专业角度对他提出的问题拿出答案。我觉得他既是一座'灯塔'，也是一个不断在挑战别人的角色。"

从下面这篇深度对话录中，也许，我们更能"管中窥豹"，体会到这位战略型科学家、创新型企业家的不变初心和执着追求……

华大为什么要提出"基因科技造福人类"，要提"从我做起"？

问：从本科算起，您从事生命科学研究多少年了？

汪建：我是 1976 年上的大学（学医）。到 2023 年 47 年，快 50 年了。

问：所以您从 47 年前就开始研究生命、琢磨生命。2023 年 9 月 9 日是华大诞生 24 周年的日子，2023 年又恰逢薛定谔发表"生命是什么"系列演讲 80 周年、人类基因组计划完成 20 周年，站在现在这个时间节点，您究竟怎么看"生命是什么"？

汪建：可能我们要看得更长，看到 60 年前。华大为什么要提出"基因科技造福人类"，要提"从我做起"？我记得 1960 年的时候，我饿成了"小胖子"，全身浮肿，腿上一按一个凹、一按一个坑。我们家家境其实在全县 50 万人里是很好的了，都已经那样了。所以说农业和粮食安全在我的脑子里面是永远挥之不去的一个事情，一定要做。

后来到 20 世纪 70 年代中期学医以后，就在想我能做什么，能不能让残疾人不再残疾、天下人不再饿肚子，其实就是很简单的一个想法，这一晃就 60 多年了，我就觉得我们学什么都能够做点事情，是自己需要的，也是全人类的需要。这是当时的一个切身感受，变成了一种执念、一颗痴心、一颗初心，这么多年没变过。

所以说，原来学了很多东西，做了很多东西，发现解决不了这些根本问题。生命是什么？回答不了。疾病是什么？回答不了。我们说农业是能量守恒、物质不灭，那为什么会有物质不足的现象呢？生命为什么非常有限，而且有那么多缺陷呢？这些问题是不是都能从根上来解决呢？

要解决生命的根本问题，是不是要回到最能起决定作用的基因上去？

问：原来您的原动力在这儿啊！

汪建：山不转水转，20 世纪 90 年代我"转"到西雅图时很受启发。学校说西雅图不是世界中心，但是是世界心脑血管研究的中心；又过了几年，又说西雅图是世界基因组研究的中心，那时候对我的刺激和启发是非常大的。就是说，做心脑血管研究或手术，是不是要到世界最顶尖的实验室去？要解决生命的根本问题，是不是要回到最能起决定作用的基因上去？

写了一个东西，叫"中国生命科学和社会经济发展的若干问题与思考"

问：所以后来就特别想参与人类基因组计划？

汪建：老布什年代，美国启动人类基因组计划时，西雅图因为比尔·盖茨有钱，拥有当时世界上最好的实验室。于军、我、杨焕明都在那里，于军讲我们是公费出国的，欠国家的、欠人民的，应该把人类基因组这个项目搬回国来。2023 年 4 月在张家界召开特别纪念会议（即人类基因组计划"中国卷"筹备会议 25 周年特别会议），于军还讲了这件事情。

20 世纪 90 年代就动员我来制订行动计划。1993 年我们有了一些记录，到 1996 年形成了一个完整的策划方案，可惜我这里没保留这些东西，找不到了。到了 1997 年，中国遗传学会青年委员会在张家界开了会，我写了"中国生命科学和社会经济发展的若干问题与思考"，写成一本书，最后我把计算机给弄丢了，书稿找不着了。当时想出版，一家出版社要价 20 万元，当时没钱，想了半天，在那犹豫来犹豫去，结果计算机给人偷走了，这份材料就没了。不过有他们几个人的发言，有我花了一两个月总结的东西，整体思路还是有的。1997 年、1998 年我又写了一个华大发展的思路，那个东西还在，有几十页。

现在一晃这么多年过去了。中国也从 20 多年前的旁观者、受益者、学生，逐步成长为一个参与者，在某些领域里面还成为一个实践者、同行者，甚至变成引领者，这是时代赋予我们的使命和任务。

为什么"生命是什么"这个重大问题是薛定谔提出来的？

问：80 年前，物理学家薛定谔发表"生命是什么"系列演讲，影响了一个时代，也提出了一个至今仍然有待回答的重大问题。80 年后，您怎么看"生命是什么"？

汪建：我特别不服气。为什么"生命是什么"这个重大问题是薛定谔提出来的，他是个物理学家，生命科学家干什么去了？现在都过了 80 年，这位伟大科学家的前瞻性、战略性、深刻哲理性，不得不让我们叹服。

要回答"生命是什么""生命的意义是什么"，所以华大提出了要研究两个核心问题——生命起源、意识起源。有的人也许觉得我胡说八道，说你作为一个民营企业研究生命起源、意识起源？

其实，这是生命科学两个最顶尖的问题。现在我可以很高兴地说，虽然我们在生命起源研究上的贡献还不足以拿到桌面上来说，但是我们在物种起源上的研究最近有很多突破，特别是在深海、在高原做的那些研究。

生命起源那一刹那，有点像宇宙大爆炸的一刹那

问：有些什么突破和进展？

汪建：生命起源那一刹那，有点像宇宙大爆炸的一刹那。关于宇宙的起源、形成，昨天、今天和未来，大家都有很多预测。一旦形成一个最原始的可复制的分子，DNA 形成了，一个原始细菌形成了，那就是生命的起源。

生命起源的一刹那，究竟是什么情况我不敢说，但不管怎样，我们已经跟上海交大、深海所一起研究生命起源，我们还把体细胞诱导回受精卵第三天也就是 8 细胞期胚胎样细胞的状态，取名"神仙汤一号"。这至少说明我们在研究生命起源问题上多少是起步了，合作伙伴是世界顶尖团队。作为参与者、某些技术的提供者，我们还是很自豪的。

从薛定谔 80 年前提出"生命是什么"，到今天研究生命起源和物种起源上我们能作一些特殊的贡献，还是蛮有成就感、自豪感的，我们会永远坚持下去。

物理学家起个头，生物学家应该做得更精彩

问：为什么会研究意识起源？

汪建：意识起源问题，主要从两个方向来做，一个是从哺乳动物这个方向，从小鼠到猴，从相对低等的生物到高等生物，再到灵长类动物，人类就是灵长类动物最高端。我们已经完成了小鼠大脑的部分细胞研究，2023 年 7 月 13 日又发表了猕猴大脑皮层的细胞结构图。我们现在集中精力打一个"突击战"，争取快速把人脑的细胞框架草图或者分解图的部分图谱给做出来，下一步完成一个完成图，更重要的是要把连接图谱做出来，这和人类基因组计划一样，做出来以后就可以做工程研究了。

脑的起源是什么？现在我们已经有一个初步方案，就是从第一个有神经冲动的细胞是什么开始研究，现在已经可以追溯到海绵细胞。神经网络的细胞形成最早、具有一定代表性的是水母细胞，水母可以运动，但是它没有中枢神经，它的大脑在哪里找不到。我们从它做起，从单细胞做到多细胞，然后做脊椎动物细胞。那些虫子、爬行类动物都开始来了，爬行类动物比较高等的就是两栖类，像鳄鱼、蛇什么的，是冷血动物，没有情感，是卵生型的，生完了就不管了，像乌龟把孩子生了，下了蛋就不管了，孩子活不活看自己。这是大脑的最早期，叫作"原始大脑"，那是冷血动物。再进化到叫作"情感脑"，那就是哺乳动物了，通过受精卵怀孕然后哺乳，这个时候母亲和孩子、后一代就有了情感联系了，情感就变成一个很重要的东西，这个时候就变成热血动物，即恒温动物了。再往上就到了"智慧脑"，从灵长类到人类，这样一个过程，长长的几十亿年的生命进化，是不是也能回答意识起源、生命起源问题？这两大起源问题就是对"生命是什么"的回答，也是薛定谔的思想的延伸。

物理学家起了个头，生物学家应该做得更精彩。华大义不容辞要做得更精彩，但是光做这些我们活不了。我们在做这样的事情的时候，也要养活自己，还要纳税，所以我们就做生老病死研究。生老病死从源头开始，也是生命起源，然后就研究到人的精神和认知，也就是认知的起源，生命起源和意识起源就结合起来了。

更重要的是从我做起，精准防控，主动健康

问：那华大是怎么做的？

汪建：华大走过这么多年，围绕着人类的根本问题进行努力，就是少生病、不饿肚子，让大家活得更健康，让这个世界更美丽，让大家都不缺物质。然后就要解决一些根本的问题，在解决根本问题的同时养活自己，我们要行使纳税人的责任，所以要有一些商业发展，这样才有了

生老病死研究，围绕着减少出生缺陷、控制肿瘤和心脑血管病的发生、控制传染病的发生，不光是预防检测，在治疗上也做一些东西。更重要的是从我做起，精准防控，主动健康。在农业上，能不能让农民不再"汗滴禾下土"，轻轻松松地有收获？轻轻松松把恶劣环境改造成一个宜人的绿色的地球？所以在生态、双碳、沙漠改造、物种多年生、土壤改造等种种方面，华大都在努力实践，都在回答"生命是什么""生命应该是什么""生命意义是什么"。

做了这么多，还很难让人信服，还有人认为是吹牛？那行，我们退一步，从我做起，华大人的健康是不是做好了？华大人下一代的出生缺陷是不是控制了？华大人是不是心脑血管不用放支架了？华大人是不是绝大多数都可以在入院之前发现肿瘤？华大人未来吃的粮食、蔬菜、海鲜、肉食，能不能我们自己供给一大部分？这不是很好玩的事情吗？

然后我们的姑娘们比别人都漂亮，我们的小伙们身体比别人更加健美、强大，大脑更加健康。我刚才一直在写这个，整个集团年中会讨论这么长时间，人类基因组的延伸是什么？时空组学的延伸是什么？肠道微生物的延伸是什么？脑科学的延伸是什么？干细胞的延伸是什么？健身房的延伸是什么？我们自己吃的食物的延伸是什么？我们的美容的延伸是什么？

我们想搞出一个全新的东西来，这些全部都可实现，而且核心支撑就是"13311i"（第一个"1"指每个人要掌握自己的基因图谱；第一个"3"指"血尿便"3 管；第二个"3"是指 3 图，CT、核磁、B 超；第二个"1"指可穿戴设备；"1i"指 Life Index。），我终于想明白了，有这个核心支撑，这些延伸都不是困难。

我们真正的突破点在哪里？首先要想清楚人类的根本需求是什么。是健康、美丽、幸福、长寿、智惠，再加上一个"富足"。

关于"美丽"，人们往往是萝卜白菜各有所爱，很难有共同标准。关于"幸福"，人们也是各有各的想法，但是健康和长寿是可以量化的，是公认的可量化，Life Index（生命指数），你活到 80 岁和活到 100 岁，这个是不用说的。

脑科学那块，不光是要"幸福"，还应该是"聪明智惠"。我喜欢用"实惠"的"惠"，既聪明又实惠。实际上就是脑袋要"健康"，还要"强大"——最强大脑。最后就变成"健康、美丽、幸福、长寿、富足、智惠"12 个字，围绕这 12 个字一个个解释。"富足"是什么？我根本不用讨论共同富裕的问题，因为华大本来就是大家的。我们做了这么多，为人类健康作了一定贡献，也就是对共同富裕作了贡献。我们给人类知识库作的贡献就是最大的扶贫，就是最大的财富共享。

脑科学刚刚起步，所以华大成立了一个组做这个

问：薛定谔虽然是量子物理学家，80 年前他却始终在思考"生命是什么"这个问题，这说明了什么？

汪建：他们先回答了"物质是什么"，19 世纪基本上回答了物质世界的核心问题，就是能量守恒、物质不灭。那么生命是什么？

问：薛定谔当时用"密码本"形容基因，在您看来，生命究竟是一棵树，还是天书，或者宇宙？

汪建：生命有两个，第一个是现在可及的密码本，从分子层面、原子层面上，氮磷钾铁，基本元素是很清楚的。身体的基本分子式很清楚，中心法则也很清楚，从 DNA 到 RNA 到蛋白质到小分子，都是清楚的，但是受精卵怎么变成一个人的鼻子、耳朵、眼睛，是不清楚的。所以"生命是什么"的后一节是不清楚的，复杂化以后就不清楚了。所以我们提出第一个要解决生老病死、万物生长的核心问题，要回答时空法则是什么。这个法则是华大提出来的，中心法则是克里克 1958 年提出来的，DNA 被证明是中心法则的最底层逻辑，生命的元素构成是碳、磷、氨等一堆分子。

第二个就是从量子角度看，人为什么有思维？思维是什么？这些问

题从蛋白质角度回答不了，从小分子角度也回答不了，从量子、电子角度可以回答一部分，但是也不能完全回答，因为人类大脑才 15 瓦、20 瓦的消耗量，却反应极快，甚至和一个鸟巢那么大的计算机有一拼，为什么会这样，你怎么解释得了？而且大脑稀奇古怪的想法那么多，你都搞不清楚；光子接收进来，怎么转化成神经冲动，再作出反应，这个过程也不清楚。这是另一个跟意识相关的很重要的部分，研究才刚刚起步。

脑科学刚刚起步，所以华大成立了一个组做这个，回答意识起源的问题。不仅要从结构上、分子层面上回答意识的起源是什么，还要从元素以下的粒子、光子、电子、量子这些角度来回答"六感八物"。"六感"就是光感、声音感、味觉感觉、嗅觉感觉、触觉感觉，还有一些稀奇古怪的直觉。"八物"是声、光、电、磁、激素、量子、力学、场，宇宙有一个场，我们脑袋里面是不是也有一个场？所以我把这个当作 6D，这是生命的两大块，一块是从元素到分子到生老病死，除了时空没搞明白、复杂作用没搞明白以外，基本上能追踪到源头的基因是怎么决定的；但是量子这一块，"六感八物"现在连门都没摸到，大脑的结构还没搞明白。所以还有一条漫长的路要走，可能要从百年的尺度去看这个问题。

生命是一个极其复杂的体系，它可以是无穷大，也可以是无穷小

问：您学了中医、西医，又曾经参与人类基因组计划，当初想象过生命研究这么复杂吗？研究基因组，还要研究蛋白质组、转录组、代谢组，当时想过吗？

汪建：还是一个逐步认识的过程。我学西医的时候发现西医有很多不靠谱的东西，中医也有很多解释不了的东西，虽然经过几千年实践，也不断在修正、在提高，但是它不是一个全面系统、有翔实物证的科学体系，中西医都有自己的缺陷。所以我才觉得人类基因组计划可能是一个底层技术，这也是我做了 10 多年科研以后才感悟出来的。

有了底层技术，是不是就能解决好多问题？有了字典，是不是就能写出无数本书来？也不是那样，特别是当绘制人类基因组深度序列图谱的价格降到 1000 美元、1000 元人民币的时候，发现精准医学想解决的问题靠基因组不能完全解决，生命是一个复杂体系，所以又提出了一个多组学（Multi-Omics）理念，看看能不能用多组学解决问题，那又是一个新的征程。

Multi-Omics 刚启动，就发现还有一些外界影响、环境影响，如环境微生物、肠道微生物、呼吸道微生物等，那些奇奇怪怪的各种环境的影响，物理、化学、微生物……各种东西对我们生命都有影响。后来又发现，其实我们的思想、感受、心理变化对人生、对身体健康、对行为决策都有极其重大的影响，这又超出了原来的想法。

生命是一个极其复杂的体系，它可以是无穷大，也可以是无穷小。现在无穷小，我们甚至对生命的量子过程没有任何可以检测的手段。学医学课的时候没有，80 年过去依然没有。我前几天找了潘建伟，他说量子通信有些东西，量子计算也有些进步，量子在生命科学上的测量几乎是空白，所以还有很长的路要走。

我们现在加入了国家量子实验室

问：突然想起来，科学家也在做量子计算机，20 世纪科学家就预测以后会有 DNA 计算机，DNA 和量子是不是可能在某种层面结合起来？

汪建：这是潘建伟老师给我们提出来的。他们现在做量子，希望在冯·诺依曼的"0101"的算法上找出新的算法。"0101"的算法跟半导体、晶体管开关、数学模型都是结合起来，量子是不一样的，它有波粒二象性，需要全新的数据统计方法。所以我们现在加入了国家量子实验室，提出生物学相关的可能的算法。到底是用 DNA 作为算法，还是蛋白质作为算法，大家在共同探讨，我们队伍已经进入这个状态了。他们做仪器，做基础理论这块，我们做应用开发这一块。

需要脚踏实地来回答这些很神奇的科学问题

问：薛定谔在演讲里面说，孟德尔的发现是"灯塔"，您怎么评价？假如现在和您面对面的是薛定谔，您想跟他交流点什么，或者问他什么问题？

汪建：**薛定谔是物理学界的大神，是让所有的生命科学家很不爽的创新者。我们更多地想，是达尔文提出来进化论，孟德尔确定了遗传定律，既有随机性，又有它的规律性。**

从量子角度来说，薛定谔的猫到底是"有"还是"没有"，是死的还是活的，把他那套思想转到我们生命里面来，**提出"生命是什么"的本质性的灵魂的拷问，还是太牛了。**不过现在我们遇到的挑战和现实，比他提出的问题远远要复杂，困难也多得多。

未来之路上，我们既要继承这些先驱和"大神"的优良传统和洞穿事物表象的能力，以及提出百年甚至更长的研究的挑战，也需要脚踏实地来回答这些很神奇的科学问题。但是对我们来说，更具有挑战性和现实性的问题是如何活下去。我信奉民科、民企、民校，不是有名的学校，是民间学校。

现在我们是纳税人，其他的公立学校、公立研究机构、国有企业可以享受国家经费补贴，我们除了可以拿到小部分的竞争性项目外，其他都没有了。

我们首先要养活自己，还要成为一个光荣的、负责任的纳税人，然后剩下的"银子"才能够满足、支撑我们向科学进军。希望国家这次提出的支撑民营经济发展的 28 条，也把民科、民企、民校纳入进去，这才公平。我们纳税人做公益事业的研究，就应该把税给免了。

需要新型举国体制下多样性的发展

问： 一个办法，再回归国家队。

汪建： 回归国家队，谁纳税？谁做这样的项目？

当年国家队为什么不最早来做人类基因组计划呢？在一个新的时代——特别是国家进入了创新驱动发展范式的时候，就需要多种人群、多种体制机制来推动这个民族和国家甚至全世界进步，不是靠一个单一的模式就能完成历史使命。

如何在伟大的前人基础上作出新的更大贡献，需要充分考虑过去的经验教训，还需要新型举国体制下多样性的发展。因为创新型国家的发展，是过去没有的；中国走在创新驱动发展的轨道上，也是过去没有的。过去的经济发展有无数可参照之处，社会体制也有参照，现在在百年变局下，可以参照的东西很少，如果提出一套全新的思想理论和可实践、可到达的路线图，以及经济、科技可以支撑到达的社会主义强国目标，还是需要广泛发动社会力量。

"生命天书"的解读，还早着呢

问： 如果生命是本"天书"，您觉得这本"天书"现在解读到了什么程度？

汪建： "字典"都没编完，早着呢！像脑科学，连"字典"都没有。人类基因组到今年才算是"康熙大字典"出来，而且只是一些样本，还有很多地方都没有。所以说这个"天书"还早着呢。人类从灵长类动物分离出来成为智人的几十万年的进化过程，一直是围绕着生存和物质不足作斗争，20世纪末期甚至21世纪初期才基本上解决了人类物质不足的问题。

现在主要是发展不充分、不平衡、不公平的问题，但是整体来说，全球的物质供应是够的。生命刚开始，你说要多少年才能解决，我不知道，要真正到达我刚才提出的实现"健康、美丽、幸福、长寿、富足、智惠"，我看要百年时间才能实现，而且要放到千年历史尺度上去看这个问题。

放到几十亿年的生命历史上去看，人类出现就是在最后几十秒钟

问：所以对生命的探索和认识是无穷无尽的。

汪建：当然了，因为你的欲望是无穷无尽的。

问：生命从哪里来？到哪里去？是不是也会有终止的一天？

汪建：物质不灭，生命为什么会灭呢？

问：130多亿年前诞生宇宙。宇宙之前是什么？

汪建：宇宙之后是什么？也是一样的问题，对不对？

问：根据现在可以考证的历史，最早的原始生命是30多亿年前出现的。

汪建：人类都是从一个细胞来的，比如在海底热液喷口发现的阿斯加德古生菌，就是一种远古微生物，大概生活在20多亿年前，可能是地球上最早的生命形式之一，并在数十亿年的演化过程中对地球上其他生命形式的演化产生了重要影响，这是大家公认的。把人放到几十亿年的生命历史上去看，你会发现如果把地球的40多亿年历史浓缩成一天，人类就是在最后几十秒钟出现的。

天，是百姓需求、科学真理；道，是创新之道、发展之道

问：华大是为人类基因组计划而生的，在20多年发展史上、在生命科学领域的探索上，经历了几个大的阶段？

汪建：华大经历的几个阶段，是很有意思的。它是随着技术进步、技术突破而发展变化的。所以，我始终认为人类的进化史就是科学和技术、经济互相作用的历史。华大的发展历程，是技术变迁或者技术进步

作为核心驱动力的历史。

比如第一个变化，就是从平板测序仪变成毛细管测序仪，测序效率 10 倍提高、成本 10 倍下降，这就使我们有可能去参与人类基因组计划。这种计划又以工程模式来实现，工程模式就要求有体制保障，至少要先有机制保障。

美国的大类基因组计划是美国国家农业部以军事模式强制性做的，其他公立学校都没做好，到了 1995 年以后，都是私营学校做，麻省理工学院、圣路易斯华盛顿大学、贝尔实验室等。

人类基因组计划最早的一部分，是西雅图华盛顿大学承担的，它是公立学校，后面就跟不上了，因为有体制性限制。它所有员工都是公务员，州政府只给你那么多人，所以它做不好。

华大为什么可以？因为它顺应了技术的变化和发展，做了相应的体制机制调整。

当技术停滞不前、经费不足时，这种范式、体制机制就不可能得到大家认可和支持，唯一的办法就是走人。这就是华大当时为什么去杭州、来深圳的原因。深圳有一个相对不争论的环境，而且当时的深圳市委书记提出支持华大叫"替天行道"，原话是"当学科发展有争议，特区政府就应该站出来支持这样的发展"。

天，是百姓需求、科学真理；道，是创新之道、发展之道。高通量测序是一个新技术，新技术诞生时你不抓住机会就完蛋了。

华大：一个随时与时俱进、把生存放在第一位的生命体

问：如果把华大看成一个生命的话，它是一个什么样的生命体？

汪建：是一个与时俱进、把生存放在第一位的生命体。活下去，才是硬道理。我们必须以对社会的贡献和社会对我们的回馈活下去。

我们是自养型，只要有点阳光，我们就灿烂

问：自适应能力和外适应能力都很强？

汪建：对，自组织能力问题。所以他们是异养型，**我们是自养型。我们是太阳能，只要有点阳光，我们就灿烂，我们自我发电。而且我们非常节约，我们是动植物，动物吃了叶绿体，把叶绿体留在体内，我晒太阳，我就供养自己，这就是自养。自养是不一样的，这就是强大的生命力。**这就像红军在井冈山时，有朱德的扁担，实际上就是自己干活养活自己；八路军在延安时有 359 旅，解放初期有军垦、农垦，都靠自己养活自己，自力更生、艰苦奋斗。

有一种动物叫水熊虫，八只脚，在零下 200 摄氏度和 150 多摄氏度的环境下都可以活下来，能承受的电离辐射剂量是人类致死剂量的数百倍，能扛住的压强大约是目前最深海沟水压的 6 倍，还会隐生，自行脱水后身体可以缩小一半，只要来点水来点空气，它马上就活了。我们遇到困难，也可以像水熊虫一样就缩小一点。

到海底去"取经"，因为那里是"西天"

问：就和海底黑烟囱上的微生物一样，在极端环境、极强压力下也能够存活？

汪建：对啊。我们之所以到海底去"取经"，是因为那里是"西天"，蕴藏着生命起源的奥秘。

一些人认为人类基因组计划没用，我们认为不光有用，而且人人都要用

问：有一本书叫《遗传的革命：表观遗传学将改变我们对生命的理解》，里面指出："达尔文在创立进化论的时候根本不知道什么是基因。孟德尔在奥地利的修道院花园里种着豌豆，发展他关于遗传因子代代相

传的理论时，还对 DNA 一无所知呢。这并不是问题。他们看到了别人没见过的东西，突然，我们有了一个观察世界的新途径。"作为一个集体，华大在生命探寻路上看到了什么"别人没见过的东西"？

汪建：我们看到的都是别人没见过的东西。实际上，薛定谔对达尔文和孟德尔的评价，就是透过现象看本质的一个过程。达尔文从那些化石里面、从石头标本里面和他看到的活生生的动物里面，能推导出它们的因果关系来，这是很厉害的。这是一种因果关系的推论，是典型的第一范式，就是从现象看本质。

孟德尔从种瓜得瓜、种豆得豆、老鼠生儿会打洞这些现象，推导出遗传定律，既有遗传确定性，又有随机性，这就是今天的孟德尔定律。

现在，我们有了基因技术手段，就能看出很多这样的东西来，可以用当时没有的技术手段来分析生命。比如说，我们最早就认为只有坚持人类基因组计划，每个人有基因组这个蓝本，才能够知道我们怎么受基因控制，以及跟罕见病、遗传性疾病的关系。所以我们坚定不移地做基因组计划。**一些人认为人类基因组计划没用，我们认为不光有用，而且人人都要用**。现在回头看，这一步棋走对了。

我们在几步棋上都胜了，实际上是科学哲学的胜利

问：确实是。早期有些人认为，人类基因组计划就是描绘基因图谱，它究竟有什么作用还没有显现出来。

汪建：几年前我就认为精准医学走不下去了。它不对，不能回答这些问题，它只能回答因果关系直截了当的问题。但是如果有一些不是因果关系而是一些相关性的关系，它就解释不了。比如胆固醇高和心血管病之间，有人说有关系，也有人说没关系。胆固醇高的原因又是什么？

最近这两年最热门的是孟德尔随机化的方法论。我反复讲，当5000 人算不准的时候，就 5 万人，5 万人算不准就 50 万人，50 万人还算不准，就 500 万人、5000 万人，一定算得准。有些课程总是把工具

不足作为前提条件，让人设想一个怎么省钱的方法去做这个事情。

我一想，我们"13311i"出来，不光能回答因果关系的相关性，也能回答非因果关系相关性后面的逻辑关系，要逼近真实世界的大数据才能够分析出来，这就是天文学给我们带来的启发。

为什么宇宙爆炸？为什么中子星产生？为什么要进行全方位的观察？为什么会有黄金？因为只要在 3 亿摄氏度的温度下，离子碰撞聚合时，就产生黄金。

这都是认识世界的一些根本问题，所以我提出"三观"：世界观、科学观、认识观，就是要讲科学论、认识论、方法论、实践论。

什么是第一性原理？什么是可知可解可读的？你的方法是什么？最主要的方法是什么？是运用工具去超越你的想象，把它变成一个现实，然后再用时间来验证。这是我们跟别人都不一样的地方，我们在几步棋上都胜了，这种胜利实际上是科学哲学的胜利，而不是坚持就是胜利，这两种胜利在根本上是不一样的。"三观"如果没有共识，是凝聚不了大家的。

不能把科学规律不当回事

问： 如果有一种精神叫华大精神，那是什么？

汪建： 我非常重视科学观。它有科学性，哪怕是极其深层次的，哪怕要用十年、百年、千年去探索的，你不能否定它，你不能把科学规律不当回事。所以我始终认为人类的发展史是一部科技进步史。帝王将相在特殊的时期有很大的贡献，但是你看看，所有的文明和朝代的更迭基本上都是科学技术来推动的。

先独善其身

问： 如果华大是一个生命体，生命体的下一步将走向何方？

汪建： 从我做起，健康、美丽、幸福、长寿、富足、智惠，不就是这 12 个字吗？就走向这里。我问每一个员工，你内心最大的需求是什么？就是我们要走的路。造福人类，那是达者兼济天下。我们现在是先独善其身。

这些记忆永远挥之不去

问：记得当年采访时，您反复提及的一个概念，就是以人为本、以生命为本？

汪建：对啊。华大都要落实到"从我做起"。

问：从这个角度说，思维出发点就不一样。

汪建：我仍记得 1959 年、1960 年时我挨饿的样子。当时我们家的收入将近 200 块钱，不知道是不是县里首富，但肯定是最富有的家庭之一。

好多年前，我看了《沅陵县志》，1959 年到 1962 年，死了那么多人，铭心刻骨。全身浮肿，胖胖的小腿一摁一个坑，半天起不来。我们家还有朋友给我父母亲送点饼干，周末我就拎着饼干到幼儿园去给弟弟妹妹，根本就不敢送进去，他们就站在铁栏杆那儿，把嘴张着，我塞到他们嘴里面。幼儿园里面的树叶子、树皮全部都没有了，我要给他们饼干的话，其他小孩子都要抢光，所以给他们喂，别人也抢不了。这些记忆永远挥之不去。

之后在乡下当知青时，我身强力壮，但山区有很多有身体缺陷、智力缺陷的人，那个时候我就想我能做什么。我们县里面 50 个公社我跑了 40 多个，我手里拿着毛主席关于农村调查的报告，学着《毛泽东选集》去做调研。

从我做起是永远不会错的

问：您自己评价自己，生命最大的特点是什么？

汪建：鲜花烂漫，面朝大海，爽得很。执念变成了痴心，痴心变成了初心。实际上我就想，"从我做起"是永远不会错的，就看你内心到底想的是什么？我认为，满足人们的物质不是问题，而应该关心生命。所以我自己评价自己，混在当今，活在未来。

问：华大马上24岁了，请您给员工说几句祝福的话。

汪建：嗨！伙计们，24岁了，大家活得怎么样？要活得更健康、更愉快、更有贡献，特别是到了时空中心，大家要团结一致，活出个样子来。

许多小得令人难以置信的原子团，它们包含的原子数少到无法服从精确的统计学定律，却真真切切地在生物体内有规律、有秩序的事件中发挥着关键作用。这些小小的原子团控制着生物体在生长发育过程中获得的可被观察到的宏观性状，还决定着生物体功能的重要特征；而所有这些性状和特征都遵循着精准而严格的生物学定律。

——《生命是什么》，[奥地利] 埃尔温·薛定谔

基因允许人类心智去学习、记忆、模仿、印刻、吸收文化并表达本能。基因不是牵动木偶的主人，不是一幅蓝图，也不是遗传的搬运工。它们在生命过程中是积极的，牵动着彼此开启或闭合，它们会对环境做出反应。它们也许在子宫里指挥身体和大脑的形成，但随即又可能对已建成的东西进行拆卸和重建——这是对经验的回应。

——《先天后天：基因、经验及什么使我们成为人》，[英] 马特·里德利

科学，本来就是年轻人创造天地的地方

——刘斯奇访谈录

现任华大集团监事长，分管监事会、质谱事业部。作为联合创始人之一，创建了华大基因和中国科学院北京基因组研究所。

曾担任中国科学院北京基因组研究所研究员、中国科学院研究生院教授、中国农业大学和中南大学兼职教授、美国路易维尔医学院助理教授。毕业于美国得克萨斯大学医学院人类遗传和生物化学系，获博士学位。美国贝勒医学院生物物理系博士后。

导言　20多年前他就是教授，现在他还是教授，还在教学生

作为华大联合创始人之一，刘斯奇的名字在华大内部无人不晓。他很少接受外界采访，在公众眼中是一个低调的存在。他在科研上潜心钻研蛋白质组学，在以基因检测为核心业务的华大，是一个低调的存在。他在管理中尊重专业人士意见，很少高谈阔论，也是一个低调的存在。

在蛋白质组学研究领域，刘斯奇的影响力毋庸置疑。长期从事科研工作，让他往往能够单刀直入，洞悉问题的核心，意见表达一针见血。

他直言，在华大创立之初，他完全没有想到会发展成今天的规模。一路走来，有必然也有偶然，要感谢时代，感谢很多人。与刘斯奇的交流，从另一个视角带我们进入了华大成立时的场景。

成立20多年后的华大，已不可同日而语。20多年，对于人的塑造和改变可能也是巨大的。但刘斯奇认为，他倒是没有什么变化，20多年前他就是教授，现在他还是教授，还在教学生，这一点从来没有变过。可能正是因为一直跟年轻学生接触，他的状态远远比实际年龄"青春"。

在提到科学界是否存在年轻人被资深专家压制的问题时，他笑着说，怎么可能压制得住？科学，本来就是年轻人创造天地的地方。

从事医学、生命科学研究 40 多年

问：您从什么时候开始接触到生命科学？

刘斯奇：我 1977 年参加高考，大学、研究生阶段在湘雅医学院，做的是跟血液病相关的研究，然后到美国得克萨斯大学医学院做跟糖尿病相关的事情，回到中国之后，主要从事跟肿瘤相关的事情。算下来，从事医学、生命科学研究已经 40 多年了。

问：您这些经历都是跟医学密切相关的。

刘斯奇：临床医学和基础医学是密不可分的。我们在美国念的 PhD 叫哲学博士，大部分是基础医学，但是基础医学必须落实到具体的应用领域。

比如说，我最开始做血液病的研究，是探究载氧蛋白（血红蛋白）载氧能力的改变。今天华大做的镰刀状贫血、地中海贫血都是这回事，核心表现在血红蛋白载氧功能的降低，我们是研究为什么它的载氧能力会降低，这些降低是不是一个遗传的现象？

在美国，我研究的是一种分子机理，就是广泛存在由糖尿病引发的白内障。为什么到了糖尿病晚期的患者都会发生白内障？有没有办法能够阻止白内障的发生？我们现在做肿瘤相关研究，是从它的分子发生机制、从细胞变异这些角度来看待肿瘤的发生过程和可能的治疗方案。

从来都是基于分子的基础去研究

问：20 世纪七八十年代就已经关注到了基因层面的问题吗？

刘斯奇：回过头来看，20 世纪 30 年代，这些东西逐渐被提出来，慢慢变成科学家的共识，只是能够测不同的分子水平。

比如说小分子，20 年代、30 年代就提出维生素的概念，当时都不知道维生素到底能干什么。然后提出激素的概念，包括发现性激素和人类的男女有密切关系。40 年代，药物开始发展。药物研究问题实际上

是合成化学的问题。

然后逐渐意识到要看蛋白质，因为蛋白质才有真正的功能。蛋白质的结构、纯化、功能研究，都非常难做。20世纪60年代，逐渐转到以分子生物学为基础，也就是以核酸为基础的分子生物学。分子生物学是基因组学发展的一个重要基础。60年代开始，70年代成熟到80年代提出基因组的概念，这前后经历了大概30年。从分子生物学基础理论到分子生物学技术，再到分子生物学大规模应用，最后形成了1990年的人类基因组计划。

从现代生物学和现代医学来讲，我们从来都是基于分子的基础去研究，不管小分子、大分子，都叫分子。

我们4个人的专业合作，就是按着中心法则

问： 您真正接触到基因组学，是什么时候？

刘斯奇： 基因组学很大程度上得益于于军、汪建的最开始引入。1998年成立中国科学院遗传所人类基因组研究中心，杨焕明是主任，我们几个是副主任。

设计时，汪建提出一个非常清晰的概念，在分子层面上，我们每个人都有技术专长，杨焕明做遗传学，于军在实验室里做人类基因组，我做蛋白质功能，汪建做应用和病理学研究。4个人各有专业特长，组合到一块儿。实际上当时我们4个人专业合作，就是按着中心法则，从基因到转录，到蛋白质。

真正做人类基因组，我可能从1997年、1998年才开始，可是在那么漫长的岁月中间，已经做了很多年的研究，这些研究其实和人类基因组是断断分不开的。我们最开始做测序是用电泳法，这是我们研究生训练的必备条件，那个时候已经有DNA测序的技术和想法，美国每个研究生教育院校里面都有。可是，要做人类基因组30亿个碱基对序列，那是个天文数字。我觉得这才是人类基因组科学家们的先见之明，在那

么困难的条件下，提出科学设计，而且在短短十年内就基本完成了。

大家都觉得人类基因组是该做的事情

问：您刚才说最开始其实 4 个创始人都在遗传所里面，1999 年为什么又单独成立了华大？当初的初心是什么？

刘斯奇：成立中国科学院遗传所人类基因组研究中心的时候，汪建已经回国了，他创办了一家公司，就是我们现在所熟知的吉比爱。杨焕明也已经回国了，当时他在协和医学院基础研究所里。我和于军都在美国做教授。

汪建是中间的黏合剂，他认识我们 3 个，而且跟我们关系都不错。他跟我是湘雅医学院的同学，跟焕明是研究生同学的同学，和于军是美国华盛顿大学的邻居，都是很熟的。大家都觉得人类基因组是该做的事情。

挤上最后一趟车，让这个伟大的计划中有中国人的声音

问：所以后来实际上第一步是"落户"中科院遗传所？

刘斯奇：当时遗传所给我们几个发的都是特聘教授证书，挂了个人类基因组研究中心的牌子，实际上我们人事关系都不在遗传所，可以算是一支别动队。当时我们从来没有考虑过，到底是一种什么样的组织形态。

对我们来讲，最重要的是在人类基因组计划即将走向尾声的时候，中国科学家在这个重要国际研究计划中占有一席之地。我们应该挤上最后一趟车，让这个伟大的计划中有中国人的声音。我想这是最开始所有华大发起人想做的事情。至于放到什么地方，这是另外一个事。

华大的创立有必然性，也有偶然性

问：后来为什么又要成立华大？

刘斯奇：说到最后为什么成立华大，很大的前提就是在中国科学院遗传所的两层小楼里边，没有办法承载那么多测序仪和那么多人同时开展大规模的科学研究项目。我们老早就提出是不是能给我们更多的房屋，但遗传所也没办法，它有经费的限制、人员的限制等。

华大的创立在很大程度上，既有它的必然性，那就是我们一直在想中国人是不是能够加入人类基因组计划；也有一些偶然性。

比如说，华大为什么会到顺义？这里面有很多巧合，那时候空港工业开发园区刚刚开始，空港工业园区 B 区还没有一个企业入驻，敢问你愿意去吗？说不收房租，至少三年。我们那时到处找房子都找不到，所以就到了空港工业园区 B 区，才建立了华大。

当时叫"北京人类基因组研究中心"，但是这个中心是什么？人家只认为企业才能入驻空港工业园区，建议成立一个公司。这就是为什么华大最后变成一个公司。

当时真的很困难，首先是没有钱

问：当时缺场地、缺钱、缺人。成立了华大之后，缺的东西都有了吗？

刘斯奇：都没有。按照汪建的想法，首先是占个地儿，然后再扩充，哪有万事俱备的？当时真的很困难，首先是没有钱。

华大最开始买几台测序仪的第一笔钱，还是杨焕明千辛万苦找到家乡政府，乡政府说如果你借钱按时还的话，可以作为家乡父老对你的一个支持。这个钱都按时还回去了。

2001 年的时候，汪建与当时的杭州市市长彻夜长谈。希望杭州市政府支持做水稻基因组项目。实际上杭州市政府给的也是借款。6000万元两天就花完了，因为要买机器。

也没有人。我们很多人当时都带学生，一些学生来支持。汪建的公司吉比爱的一些员工，构成了最原始的做人类基因组计划的人。

队伍逐渐壮大。后来北大的李松岗等做生物信息的一些人也加入了。

中国科学院遗传所每年都有一些研究生，我们也是所里的导师，从2000年开始，我们就逐渐招生，有些研究生成为这个地方的主力。

核心问题是怎么能够符合人类基因组计划委员会的要求，能够走多快，数据能有多好

问：1999年9月9日您在哪里？

刘斯奇：当时我在美国，是晚上，听到电话里哗哗哗地讲、拍手什么的。

问：您当时是什么感受？

刘斯奇：我就觉得华大至少有个地方，有个起点，我们能够开展工作了。1999年9月9日那天，更大的事情还是杨焕明直接到了伦敦，参加国际人类基因组战略会议，确定了承担1%的测序任务。这对我们来讲相当鼓舞人心，从目标上讲，我们已经确定了要完成人类基因组计划的1%任务。

实现这个目标，必须有完全独立运转的机构，必须有相对独立的人、钱、机器。时间非常短了，这个过程是非常快速的。华大成立之后立刻就引发了当时科技部的关注，科技部为此组织了一个人类基因组计划的讨论，当时所有科学家都支持。我还记得第一次会议，大家的表态都是这样，都不是同意不同意的问题、支持不支持的问题，核心问题是怎么能够符合人类基因组计划委员会的要求，能够走多快，数据能有多好。

华大走到今天，始终没有改变初衷，就是用大数据的产生来改变生物研究和生物应用

问：24年的发展历程转眼就过去了，现在跟24年前已经不可同日

而语。回望一下，您有什么感触？

刘斯奇：你要问我感触的话，那就是"我都没想到"。也许问汪建他会说"我都想到了"，但我是没有想到。华大发展到今天，我认为这里边有若干的因素。

首先感谢这个时代。从两个方面来说，一个是中国飞速发展，在科学投入方面，从中央到地方都有高度的重视，中国人希望在重大国际计划中展现中国人的力量。

另外，人类基因组计划是 20 世纪三大科学计划之一，就是人类发展到这个阶段了，需要快速认识自己，需要深刻的数据支持，全世界科学家都有这个认识。科学家们的意见往往都是不相同的，但在这个问题上他们达成了共识。美、英、德、法、日 5 个国家，是当时世界上经济最发达的国家，都加入了这个项目。

华大能够走到今天，非常重要的一点是，迄今为止我们始终没有改变初衷——用大数据的产生来改变生物研究和生物应用。

我们在大数据研究中始终站在世界前沿

问：能否再具体说一说这个初衷？

刘斯奇：我们在大数据研究中始终站在世界前沿，这一点，也就是前面所说的初衷，从来没有改变。我们最开始聚焦在基础研究，比如基因组的理论、基因组的策略，以及从不同物种的研究过渡到和生命密切相关的医学问题，从医学问题逐渐过渡到医学应用领域，这些发展都跟华大的初衷不相违背。我们要改变过去生物学、医学研究的模式，这是人类基因组计划带来的改变。

人类基因组计划创造了一种新的研究模式。以前的模式基本上都是根据科学假设，通过实验来证实科学假设。这是过去 200 多年成熟的科学，物理学、化学、生物学都是如此。

数据驱动型：人类基因组计划开启了一种新的科学范式

问：这种新的研究模式的核心，是数据驱动？

刘斯奇：人类基因组计划出现之后，推动了数据发现驱动型的科学研究模式的发展。在这个意义上，我们充分意识到人类的观察是非常有限的。既然如此，假设人类科学发展到一定阶段，你能够大规模收集证据，可以在这个证据基础上再产生你的科学假设，就能够快速推动科学的发展。这就是大数据驱动的科学研究、技术发展，以及科学技术的应用。

今天来看，我们已然是这样子。所以为什么要有最快速的测序仪，DNBSEQ-T7、DNBSEQ-T10、DNBSEQ-T20 都应该是最快速的，而且要用相对比较廉价的数据产生方法来推动大数据时代到来。大数据可以应用到整个计算机科学的发展，对人类的生活产生巨大影响，这是非常重要的。所以人类基因组计划开启了一种新的科学范式。

华大是中国科学界最早提出以大数据研究为导向的组织之一

问：此前是没有的？

刘斯奇：生物学以前叫观察科学、总结科学。比如说我们最早回到 200 多年前，生物学开始叫博物学。所谓博物学就是我看很多的东西，把标本收集在一块儿，按照林奈分类法，把样本根据科学观察进行分类。20 世纪才逐渐过渡到分子，过渡到不仅仅是观察。

观察的学问，首先讲的是物理证据，物理证据首先是测量的精确性，测定的定量级。直到人类基因组计划通过基因组测序，进行基因组的生物信息分析，把人类 30 亿个碱基对不同的序列连接起来，实现对人类基因组的全测序，这个时候我们才能够开启一个新的模式。

这个模式条件下，其实没有严格的科学假设，就是科学发现。这个人是什么样子、那个人是什么样子、猴子是什么样子、熊猫是什么样子，就是测序，没有带假设性。原来华大有句老话叫"大规模、高通量"，其实大规模、高通量就是大数据。事实上，华大是中国科学界最早提出以大数据研究为导向的组织之一。

计算机科学和生物信息处理是奠基石、敲门砖

问：生命科学大数据到底带来什么？

刘斯奇：第一，我们对生命本质的遗传学上的了解，从细胞过渡到细胞核，从细胞核过渡到染色体，从染色体过渡到染色体里面的基因。第二，技术发展。我们有足够的技术来测定基因组序列，尽管当时测的很短，但是毕竟能测。第三，非常重要的是计算机科学的发展。20世纪90年代，"信息高速公路"（Information Highway）被提出。不管是储存能力，还是计算能力，相关的技术都在快速发展。

即使当时你能够测很长的序列，但没办法拼装也不行，数据还是数据。技术、计算机科学、信息存储能力等这几样东西在一块儿才极大地推进了大数据发展。

人类基因组也是赶上这个时候。早一点提人类基因组也未见得能做成，因为没有足够的计算能力。就像我们今天做空间组学，产生了巨大的数据，也需要依靠强大的储存和计算能力，不然我们怎么能够做出脑图谱、胚胎发育图谱等？

所以，计算机科学和生物信息处理是华大发展或者说是华大之所以立足的奠基石、敲门砖。

严格意义上讲，华大就是一个大数据产生的中心和大数据产生应用的机构

问：中心法则对华大的影响是什么？

刘斯奇：我刚才讲华大最开始的创始人，实际上大家的角色就是中心法则的角色，每个人有不同的专业领域，这些专业领域恰好匹配到中

心法则。

从华大来讲，最开始就是按照中心法则设定的，包括我们的组织架构、专业发展等。

更进一步地讲，中心法则告诉我们，DNA、RNA、蛋白质这些在不同层次上，都是带有特征性的分子生物。而对这些分子生物过去都是用传统的分析方法，我们今天颠倒过来，要用一个高通量、大规模的方法，来进行 DNA 的分析，进行 RNA、蛋白质的分析，这也是贯穿华大研究始终的。

做基因组、单细胞、转录组、空间组学，以及我自己从事的专业范围，做蛋白质、做质谱，不管怎么做，不变的就是大数据的产生。大数据的产生，既是华大技术发展的动力，也是华大基础理论研究的动力，还是华大产业发展的动力。

严格意义上讲，华大就是一个大数据产生的中心和大数据产生应用的机构。

如果不掌握这些生物测定仪器的话，不能走得更高、更远

问：产生大数据的测量工具，是不是一直在发展和变化？

刘斯奇：技术发展是有不同阶段的。比如我讲的毛细管测序的方法，当然有它的特点，但现在它就不是主体了。现在叫照相法。

问：空间组学出现之后，是不是也到了一个时间节点，在观测方法上要发生改变？

刘斯奇：空间组学严格意义上不是测序技术的发展，空间组学的方法还是依据现在的二代测序，或者是三代测序技术。空间组学如何看待这些分子？不管是 DNA 的分子、RNA 的分子还是蛋白质分子在空间上的分布特点，它试图回答的是一个生物学的问题或者与疾病相关的问题。比如说，我做跟卵巢癌相关的研究，同一个人，不同肿瘤中心及不同区域里，分子变化是不是一致？

但是，没有哪项技术能够永远不变。从这个意义上讲，华大已经做了二十几年的测序，现在看来还具有一定的生命力。但可以预测，总有一天测序就不行了，因为会有其他技术出现。要了解DNA的序列，也有其他更快速的方法、更精确的方法。就像蛋白质，我们以前说质谱是最好的方法，但是现在我们已经看到了，有很多新技术有替代质谱的潜在可能。从这个意义上说，华大为什么要做制造工具？是有很强的逻辑在里面的。

以前我们的发展为什么会受到很大的限制？有经济因素、商业因素。从更根本的来讲，华大如果不掌握这些生物测定仪器的话，不能走得更高、更远。技术发明对华大来讲具有永恒的吸引力，也是我们未来长期走下去的一个基本动力。

测蛋白质：空间组学现在取代不了质谱

问：现在空间组学的芯片已经可以测蛋白质了，质谱未来有可能被空间组学取代吗？

刘斯奇：我认为至少现在取代不了。现在空间组学做的蛋白质，受制于它是靶标性的，就是我知道哪个蛋白质，用一个抗体来做靶标，信号再转到核酸信号里边。这个事情可以做，大家都这样做是没有问题的。但是我们要探知未知的，我也不知道这里有什么蛋白质，未知蛋白质能做靶标吗？做不了。

科学发展永无止境：绝不能在技术上故步自封

问：您曾经讲过测序是尺、质谱是秤。这杆秤在相当长的时间内还会继续用下去？

刘斯奇：形象地讲，测序是量分子的长度，质谱是测分子的质量，准确性比其他方法都高。现阶段我觉得对蛋白质研究来讲，质谱可能是最好的方法；对于DNA和RNA来讲测序可能是最好的方法。但是绝不能在技术上故步自封，因为未来是要发展的。

我至少可以看到在蛋白质科学里面有很多强有力的技术已经在发展，已经在应用。而这些技术不管是通量还是数据准确性，都高于传统的质谱技术，但是它们还没有占据统治地位，还没有到能够变成一个规模化、日常操作的技术。但趋势一定是这样。测序是否也是这样？这就是科学发展，永无止境。这也是大家对科学真正的兴趣。科学告诉我们，世界是未知的。

不做到蛋白质水平，无法根本性回答生物功能

问：您看华大的名字里面就有"基因"两个字，关于蛋白质研究，未来在华大会如何发展？

刘斯奇：华大的蛋白质研究发展多多少少跟我个人有关系。首先蛋白质是非常重要的，在生物学里面具有功能，有指示性作用，也能够广泛应用在医学检测里。

蛋白质的医学检测应用要远远大于现在的基因组或者其他。具体回到华大的蛋白质或者蛋白质的研究，我认为至少有三个前提，现在还没做得很大。

第一个前提是钱。我们到底花多大的精力来做蛋白质研究和花多大精力来做基因研究，要平衡。

第二个，技术的成熟程度怎么样？放在 20 年前，华大创始人肯定要平衡投出去的钱放在哪一个操作性很强的技术上，能把这个领域给做大。放在基因组里，这个选择显然是对的。但那个时候我们也没有放弃蛋白质，我们是中国第一家买做蛋白质测序的质谱仪的机构，我们也是中国所有蛋白质科学发展中的一个关键的团队，只是蛋白质研究在华大没有做得那么大，有历史原因。

第三个，我们现在该怎么做？我们要不遗余力把蛋白质科学做大、做强，这是肯定的。现在大家逐渐清醒认识到，我们必须做蛋白质研

究，因为如果不做到蛋白质水平，就无法根本性回答生物功能。所以不管是华大生命科学研究院，还是华大智造，尤其是华大智造，他们对蛋白质研究的关注可能到了前所未有的高度。

我想未来华大蛋白质相关的技术和研究会有比较大幅度的改变，这个改变，不仅仅限于质谱技术，我希望它聚焦蛋白质的基础。就像你刚才问的，它还是个中心法则，做完了 DNA 以后，做很多的 mRNA，做完 mRNA，又回到蛋白质，会做大量的蛋白质。而蛋白质不仅仅是一个质谱技术就可以完工的，它有各种各样的技术，而且要关注新型的蛋白质检测技术的研究和应用。

我在最底层也深刻了解过中国农民的困苦，所以我觉得今天挺好，就扎扎实实按照自己的愿望、自己的价值判断把华大的事情做好

问： 在华大过去的 24 年中，您个人有什么样的成长？

刘斯奇： 我也不知道何为"成长"，大概更多应该说是一种"不变"吧。因为我在美国就做教授，我到中国仍然做教授，24 年来我仍然是教授。教授是干什么的？教授指导学生做研究、写论文。具体角色从来没有变过。

但是华大事情越来越多，角色可能也要变换。这对自己是很好的学习过程。比如说我现在涉及一些管理，其实对我来讲这是很外行的事情。所以我大概会把持两个基本点，第一个，有很多人有某方面的专长，我们得尊重人家，向他们学习，不要轻易发表意见。第二个，我的判断是基于基本的常识判断。按常识判断就是一般逻辑判断。我觉得作为科学家，我的基本逻辑判断在这里，大致的逻辑不会错。然后慢慢学习。我是在大城市出生，家人也是知识分子，突然有一天把 15 岁的我下放到一个农村，我在最底层也深刻了解过中国农民的困苦。所以我觉得今天挺好，就扎扎实实按照自己的愿望、自己的价值判断把华大的事情做好。

组学能够对人类的健康或者其他的一些科学活动产生深刻的影响

问：华大为什么把"基因科技造福人类"作为自己的愿景？

刘斯奇：科学研究造福人类，我觉得任何科学都如此。如果没有科学，今天在座的各位，能够这样舒适地生活？人类的寿命能如此延长？

但是在基因组科学的条件下，我想要强调的意义是，基因组科学改变了人类的思维和生活方式，改变了整个科学研究的思维方法。今天来讲，不仅仅有基因组、转录组、蛋白质组、微生物组，有各种各样的组学。为什么要研究组学？大家都意识到在高度的物理技术发展的前提下，能够收集大量的数据，变成各种各样的组学，这些组学能够对人类的健康或者其他的一些科学活动产生深刻的影响。

基因组科学发展到今天，对唐氏综合征、耳聋、地中海贫血的判断，来自基础科学到应用科学的发展，也是发展速度最快的一门学科。

从人类基因组计划诞生到2024年，30多年，就这么短的历史，基因组学不仅成为医学、生物学，乃至成为医学诊断学里重要的一个工具，这才是真正的意义。我们理解华大的基因要聚焦在基因组，不然基因就是个很大的概念。

基本控制几种出生缺陷：技术层面可以实现

问：您刚才提到了唐氏综合征、耳聋、地贫，华大希望在临床医学领域基本控制几种出生缺陷，您觉得从技术层面上是可以实现的吗？

刘斯奇：技术层面上可以实现。不能实现是社会环境的原因。比如经济上的限制。但从技术上完全可以实现。

但是同样我们要记住一个非常重要的事情，不管是唐氏综合征、地中海贫血，还是耳聋，它们一般都是单基因所决定的，相对容易。比如说，染色体增加一条就能测出来。对复杂疾病来讲，检测是多方面、多维度的。

我们讲基因组科学的确造福人类，的确解决了很多单基因疾病的问题，这是我们能够做到的。但是对未来华大的发展来讲，讲究的是综合技术，不仅仅是精准测序，还要将其他先进测量工具综合起来，才能真正造福人类。

科学是个证谬的过程

问：华大有一个"518"工程，里边有两项可能是全球人类面临的终极难题，就是生命起源和意识起源。您认为华大有什么样的底气敢于去挑战这样的终极难题？

刘斯奇：这是人类的终极目标，生命起源在哪里？意识起源在哪里？我觉得这都是科学研究的范围或者哲学思考的范围。对具体从事科学研究的人来讲，至少对我来讲，我不会花很多时间去考虑这方面的事情。因为很多事情如果超越了自己能够实现的目标，对科学家来讲，就缺乏动力。比如大家问生命的本质是什么。放在社会层面来讲，生命的本质对人类都是一样的。

从科学的角度来讲，生命是什么？我觉得生命本身是无尽的。在科学里面有两个非常重要的论点，大部分学生都不大了解。科学是思维的过程，是证谬的过程，是不断修正的过程。你今天认为是真的，50年后它可能是假的。比如我们认为这个杀虫剂非常好，但可能杀虫之后引起了其他副作用，对人的影响远大于害虫的作用。

科学是不断证伪的过程。比如说牛顿错了吗？没错。但是牛顿讲的事情一定是在低速条件下才能够实现的。在微观世界它不成立，才有了量子力学的发展。爱因斯坦提出时间会缩短，空间会拉长。但是爱因斯坦的理论就不会变了吗？也许100年不变，200年不变，那500年呢？所以科学要鼓励的是创新，鼓励正确地思考。

认识也是无尽的，你形成知识之后，作为对外部世界的反应，你创造了一个理论，你说这个东西叫 DNA，你说这个叫中心法则，但真实世界是不是真正是这样子？其实，我们不在乎这个事情。我们能解释很多东西，能证明很多东西，但现实是什么？你所有的知识都是通过脑子接收的，你的老师告诉你的、父母告诉你的，的确会变成你的知识，但这个知识并非永远不变。

实现你自己的人生价值是非常重要的。每个人都应该实现他自己的价值。在你的人生中，不管你是做艺术家、科学家，或者做一个小贩，只要不伤害别人，都可以。我们要鼓励个人价值。

我要强调个体的尊重感

问：您认为生命个体的意义和价值是什么？

刘斯奇：因人而异。有些人特别疼爱老婆孩子，说我一定待在家里，使家人孩子感到很幸福，做个奶爸，做个宝妈，没问题。有些人说我一定要走到外面闯一番自己的天地，也没问题。我觉得生命真正的价值是尊重个人，尊重每个人，每个人都有自己的想法。为什么不能追求自己想要的东西？当然，也要注重道德约束。在社会上，你不是独立的，你总是在跟人合作的。在这个意义上，你必须处在一个和谐的社会，然后再往上升。

同时，我要强调个体的尊重感，不要强迫每个人都有一样的想法。

至少应该做一个科学家和教授的本分

问：您认为您个人的人生意义和价值是什么？

刘斯奇：对我来说，年轻的时候选择做科学家也不是我的本意。上了大学，逐渐形成了对专业的追求。现在至少应该做一个科学家和教授的本分，对我来讲就很知足。就华大来讲，我在华大里面能够发挥我的价值，保证华大的正常运行，我就尽职了。

这里边很难讲我要实现多大的价值，这也是与时俱进的。我觉得在家里做个好爸爸或者做个好祖父，或者做一个好丈夫也是价值。千百年来，各人有各人不同的追求。对我来讲，我的价值是实实在在做好科学家，做好一个管理者。

鼓励科学家往前走，我们要敢想、敢往前走

问： 人类作为群体的存在意义，您认为是虚无缥缈的吗？

刘斯奇： 当科学发展到一定程度的时候，已经有人在想了。你不能说马斯克想法不对。也许地球不适合人类生存。移民外星球也许在我们这一代做不成，但会不会在此后 1000 年、1 万年的世界做成呢？地球总会有资源耗尽的一刻，我们是不是应该想一个方法？这是科学家应该追求的，这是人类要追求的。那个时候的世界是什么样子的？跟外星文明相处是什么模式？

鼓励科学家往前走，我们要敢想、敢往前走。同时，不是说你有理想就可以了，你做得到吗？你现在做得到吗？其实得不到相应的结果，也是一种浪费，至少对我来讲是生命的浪费。

别把科学与社会伦理对立起来

问： 从生物角度讲，从地球搬到火星、搬到宇宙，最终只是为了基因的延续？

刘斯奇： 为什么你认为人类的基因不会改变呢？假如地球的资源条件没法使人类生存下去了，整个物理环境改变了，或者说在高辐射条件下人类怎么活下去。是不是会为了适应环境而改变呢？包括伦理的改变。比如说试管婴儿技术，最开始也是被反对，现在已经是很普遍的技术了。为了适应环境，未来也许会有合成生命，这是有可能的。我们不要把科学进步和现在的社会伦理对立起来，科学伦理是对现在的相对稳定的一个认识，如果不这样的话，整个社会都乱套了。但是你不可能禁

止人家的思维。

证谬要用新的事实来证明

问：对于生命的定义，也许未来不仅仅有碳基生命，是不是还可能有硅基生命？

刘斯奇：按我的观点，不要定义，定义只会害死自己。比如说碳基是因为我们现在发现的生命都跟碳有关系。以后可能是氮，可能是什么元素我也不知道。科学最重要的问题是要证谬。证谬要用新的事实来证明，但很多东西是没办法证明的。

至少我不善于做这种宏大的命题、这种哲学上的思考。我们还是多想想怎么把科学研究做好，怎么教好学生，对我来讲这些可能更加现实一点，这也让我觉得能够贡献一点东西。

用最长的长处来讲故事挺好

问：华大"读""写""存"三个基本技能，哪一个更重要？

刘斯奇：每个人可能会有不同的角度，很难讲孰重孰轻。只是华大比较善于做测序。如果说测序最重要，没错。但其他几个也很重要。用最长的长处来讲故事挺好。

法则太多，太精细

问：生命科学领域的法则、规则比较少吗？中心法则之后有没有可能出现下一个，比如说时空法则？

刘斯奇：首先我不同意生命科学里面法则很少，其中有很多法则。只是有些法则很难用通俗的话来讲清楚。但这不代表没有法则。比如生命体里面能量从哪里来？怎么衡量？这本来就是法则。你吃进东西之后通过消化一定会产生能量物质，而这个能量物质是对这个人能量高低的一个衡量，它有法则。比如这个人消化的速度多快多慢？为什么？由哪些基因和哪些酶决定？生物学跟生物体和人类密切相关，它的各种法则太多，太精细。

但是你说类似中心法则，还会出现一个什么法则？这就有待科学发展来证明。我也不认为一定要用这么大的法则来解决生物学的问题。科学是没有禁忌的，我只是认为科学不应该随便创造法则。科学家不要搞一个你自己的法则，最终大家都不认可，这才是问题。

必须大胆地设想，不然你走不远

问：当您发现得越多，知道得越多，未知的世界就越大，会不会越到后来越迷茫？

刘斯奇：你这个命题对所有领域都适用，不是说生物学是这样子，对社会学何尝不是如此。对科学来讲，我们要战战兢兢，要非常严谨，是因为我们要知道世界是未知的，这个过程中间，我们是在探索一个前面没有的思维方法，这是真正创新的地方。同时要有创新，必须大胆地设想，不然走不远。对任何科学研究目标来讲，我们设的目标都叫有限目标，我做的每一个目标都是我能想到、我能看到、我能解决的。

我对我的学生讲，你写一篇论文，都得回答三个问题。其中，第一个问题就是你问什么问题。你要问一个非常复杂、人类基本上没有办法了解的问题，我也没办法。因为你问了本来就不可以解决的问题。但是在具体问题上，对大部分从事科学研究的人来讲，是有解的，不是无解的。

更多的是对造物主、对整个宇宙的主宰的一种敬畏

问：牛顿、爱因斯坦这样的大科学家，晚年开始相信神学，您怎么看？

刘斯奇：爱因斯坦的名言就是"我相信上帝，而上帝是跟人类没有任何关系的存在"。如何创造这个宇宙，如何创造一个如此精细的生

命，是不是有个造物主？这个造物主叫上帝或者什么都好，它是一个跟人类世界完全不相关的存在。但相信宗教并没有改变爱因斯坦的科学思维习惯。

现代基因组学伟大的科学家柯林斯，还专门写过一本宗教的书《我为什么要信上帝》，其基本观点就是不要相信所有的神迹故事跟人类生活有什么关系。神迹故事更多的是对造物主、对整个宇宙的主宰的一种敬畏。

我自己是没有宗教信仰的，不过我觉得要充分尊重宗教的力量。我们可以看到很多人类发明和科学进步，其实发生在宗教国家。我们应该思考这是为什么。我自己觉得要非常尊重科学、宗教。宗教在科学上也是巨大的推动力。

24 岁，是应该大放异彩的时候了

问：如果华大也是一个生命体的话，您会愿意用一个什么样的比喻来形容华大？

刘斯奇：如果它是作为一个生命体来讲，我觉得华大到了 24 岁，从人的发展来讲，他已经接受过婴幼儿的训练，也经过了一些青少年生活的考验，是应该大放异彩的时候了。这就是华大现在应该做的事情。我们也不知道华大未来能不能成为百年企业、千年企业，但是华大现在做的事情应该是作为 24 岁的青年人应该做的事情。青年阶段是创造业绩、具有丰富创造力，而且要引起全世界瞩目的阶段。华大希望所有的华大年轻人，在华大的现在和未来，不管在商业还是科学方面，都能创造更有活力的形象。

真正的华大特点，是我们坚持产学研一体化

问：华大员工平均年龄 30 多岁，这两年在顶级期刊发表文章的第一作者，也恰好都是这个年龄的年轻人，您觉得是什么样的环境和机制

让年轻人在华大可以崭露头角？

刘斯奇：我觉得这不是华大的特点，是科学的特点。根据国外的一般统计，科学文章的发表，大部分是在博士后和学生中间，学生本来就年轻，所以我不觉得这是华大的特点。

华大真正的特点，是我们坚持产学研一体化。中间有一个"学"，很多的想法都来自"学"，尽管这个过程非常困难。华大现在很多的管理层当时都是学生，这是华大一直不改变的一个模式，我一直推崇学生的培养和训练。

为什么华大的研究生能够走上符合华大未来发展的道路？因为华大的思想和应用的发起者，都是年轻人，是学生，而学生恰好又处在科学创造和科学学习的最佳年龄。

华大如果不想成为一个衰落的公司或者集体的话，不应该放弃研究生培养，因为这样我们才会走得更远。

科学本来就是年轻人创造天地的地方

问：但是也有人说在一些机构，年轻人可能会被压制？

刘斯奇：我觉得不多，因为不大现实。当然你要说有，可能也有。但是我觉得不太可能。科学本来就是年轻人创造天地的地方。五六十岁的人是做责任者，是带团队来做事。但是具体的事情很大程度上要靠年轻人完成。

解读"生命天书"才刚刚开始

问：如果说生命是一本"天书"的话，您认为这本"天书"解码到了什么程度？

刘斯奇：刚刚开始。现在算把密码弄上去了。与二十几年前比，其实人类对基因的认识没有太大的革命性改变。二十几年前就知道在人类基因组里面有 3% 能够表达，我们叫编码基因。二十几年过去了，今天所知道的可能比原来还少。你要不断地认识，原来有些东西是伪基因，它不是真基因。

基因要有蛋白质产物，蛋白质产物又有它的功能，这是我们现在认识的。但还有很多东西是人类不知道的。比如，人的有些口味是天生的，有些脾气是天生的，有些学习能力是天生的。也有一些是后天形成的。一个人对光的敏感度千差万别，原始力量不就是在受精卵的基因组里面吗？所以，解读"生命天书"才刚刚开始，人类不要对这种事情过分乐观。

不能简单定义一件事情

问：现在对非编码区的调控了解不是越来越多了吗？

刘斯奇：对，谈起所谓调控，还是回到基因上。但序列除了调控不起其他作用吗？有没有必然的联系？根据美国国家卫生研究院（NIH）的统计，全世界 75 岁以上的人，大概 1/3 会得阿尔茨海默病，2/3 不会得。为什么？是生活习惯问题？还是跟遗传有关系？

比如尿酸就是个典型，说痛风病是尿酸过高，对吧？的确是这样的，如果你痛风了尿酸就过高，然后你就要避免吃海鲜，尿酸降低一点，痛风就减轻了。但是有很多人尿酸很高却从来不会痛风，为什么？很多东西我们是不知道的。所以不能简单定义一件事情。

你不能预测说科学 40 年或 50 年就会改变，它稳步在前进，我们朝这个路子走肯定是正确的。

不能用环境保护来压制人类合理发展的需要

问：您怎么看人和这个星球上其他生物多样性的关系？

刘斯奇：首先现在地球是适合人类生存的，在这个意义上讲，人类社会的发展始终是使地球走向繁荣。我们是不是要保持生态的多样性？那环境保护反过来有没有抑制人类社会的发展和生活水平的提高？这才是问题。在需要平衡人与自然环境的关系的时候，大家会意识到，地球资源是非常有限的，我们必须作一些选择，要一方面开发、一方面保护、一方面利用。

最典型是在中国台湾地区，民进党坚决反对用原子能发电，凡是涉及核电的都要反对。但从科学层面考虑，现在核电已经很安全了。风能发电也好，水发电也好，效率低下，怎么能保持电低价？我觉得不能用环境保护来压制人类合理发展的需要。同时，在地球上你要生活得长远，也要考虑各种各样的资源保护。

21 世纪是生命科学大发展的时代

问：20 世纪有种说法认为，21 世纪是生命科学的世纪。21 世纪已经过去 20 多年了，您怎么看这个判断？

刘斯奇：我觉得换一个说法——21 世纪是生命科学大发展的时代，可能更加合适一点。生命科学的确是大发展的时代，有人类基因组，还有其他的生物技术，但这些技术的发展不仅仅是生物学的。比如，医学检测有那么多的仪器，它可能不是生物学造成的，它可能是物理学造成的，也可能是化学造成的。

但是在 21 世纪，人类更加珍惜生命，健康医学受到过去人类世界从来没有过的关注。

新中国刚刚成立的时候，人口出生率低，死亡率较高。现在不是了，人类生活质量在提高，对健康的重视程度在提高。在这个意义上，讲 21 世纪是生物学世纪、医学世纪也不为过。但是我们同时应该保持审慎的乐观态度，就是科学跟人类生活健康相关，跟医学相关，但的确不是一蹴而就的，需要很长时间的研发。

　　问：您对华大未来的发展有寄语吗？

　　刘斯奇：保持初心，积极向上，跟上世界的发展。

基因组是一本非常精巧的书，在适当的条件下它既可以复印，也可以自读。复印即为复制，自读则是翻译。之所以可以复制，是因为这四个碱基的新奇特性：A 总是与 T 配对，G 总是与 C 配对。

——《基因组：生命之书 23 章》，［英］马特·里德利

这是一场革命。

这场革命旨在改变我们的生活、生理和心理健康的方方面面。

它为我们提供了这样的机会，把家族病史的知识和个人 DNA "指令全书" 的解读结合起来。

它还会给我们提供一个机会，鉴定隐藏在我们生命 "蓝图" 或 "脚本" 中的特别 "缺陷"。

…………

还要多久，这场革命才会显著促进人类的健康和医疗呢？大部分深刻的改变不会在一夜发生，而是在一段时间内逐渐显现的。某天，当我们环顾四周，不知不觉地发现已身处与过去完全不同的世界中。

——《生命的语言——DNA 和个体化医学革命》，［美］弗兰西斯·柯林斯

把每一刻都变得不苟且，这一生就很伟大

——尹烨访谈录

华大集团首席执行官，华大基因副董事长。哥本哈根大学博士，基因组学研究员，大连理工大学兼职教授，第三届中国人类遗传资源管理专家组成员，中国计量测试学会生物计量专业委员会委员。

尹烨博士致力于推进多组学技术在各领域的应用及产业化，是华大集团全球化布局的推动者、收购CG项目核心成员，率领华大基因成功登陆创业板，曾当选最年轻的"中国杰出质量人"，荣获"中国产学研合作突出贡献奖""南粤创新奖"等多项荣誉。他心系公益事业，带领团队发起多项遗传病、罕见病救助计划。他是媒体圈、财经圈、科研圈最受欢迎的生物界"名嘴"，也是传播生命科学的科普工作者，出版《生命密码》系列、《了不起的基因》等科普书籍，并在"尹哥聊基因"微信公众号、视频号上推出系列原创科普文章、视频，深受大众欢迎。

导言　说你听得懂的生命科学

20 世纪最后十年，行业内已经有一种说法：21 世纪是生命科学的世纪。在世纪之交的青年学子，很多人因为这句话而选择了生物专业。尹烨，就是其中之一。

尹烨的高中成绩相当不错，为了学习生物学，他进入大连理工。毕业就加入了刚刚完成人类基因组计划"中国卷"的华大。

尹烨在华大的经历是激励华大年轻人最好的案例之一。非清北名校、非海外名校、非首批创业元老，本科毕业加入华大，轮换过很多岗位。做过技术员、做过销售，从事业部负责人、片区负责人，到上市公司 CEO，再到如今的华大集团 CEO，这应该是职场打拼升职的一张活地图。

尹烨也是一位科普达人、网络名嘴。从最早网络电台的音频节目《天方烨谈》，到短视频科普，到直播带货华大各种面向消费者端的产品。梁冬、窦文涛、郎永淳、杨澜……纷纷邀约采访他。他侃侃而谈的还是他热爱的生命科学专业，他试图用浅显易懂的语言，让非生物专业、非理工专业的人也能听懂生命科学。"说你听得懂的生命科学"这个音频科普节目中最初的一句口号，如今成了尹烨的标签之一。

最初见到尹烨，我会觉得他博古通今、文理双修，知识储备非常丰富。这与他的刻苦读书是分不开的。他爱读书，阅读速度也很快。也许对他来说，不能用"刻苦"来形容，因为读书对他来说不是"苦"的事情。但每一次看似闲庭信步的侃侃而谈，背后一定做了充足的准备，甚至只是为了某一次的演讲、某一次的采访、某一次的会面，他也会有针对性地去做准备。他可以随口背出《大医精诚》，可以随口背出很多古诗词。这固然有青少年时的积累，也有很多出差间隙零散时间的刻意练习、积累。如果见过他的努力，我不知道除了"刻苦"，还可以用什么词来形容。几年前，尹烨在一次内部会议上公开表达，如果要补齐"短板"，"70后"这一代应该把英语好好补一补。这句话不仅是说给员工的，也是说给他自己的。2023年在沙特阿拉伯的一次国际论坛上，尹烨用英语与各国嘉宾侃侃而谈，传递的还是他对生命科学未来发展的愿景。这背后的努力与付出，可想而知。

接受"生命天书"系列访谈，他不自觉就深入了历史纵深当中。解读薛定谔作为一个物理学家阐述"生命是什么"时，尹烨自然引申到薛定谔所处的时代背景，同时期科学界发生了什么，世界格局在怎样变化，旁征博引，不仅有生物学的思考，还有哲学层面的思考。看尹烨访谈录，似乎在读多部著作的精粹。

薛定谔当年没懂的事，今天我们也未必就懂

问： 您从事生命科学研究多少年？对"生命是什么"怎么看？

尹烨： 如果从大学本科开始计算，已经25年。但真正深入研究生命，始终还在路上。薛定谔当年没有懂的事，今天我们也未必就懂；当年薛定谔理解错的事，今天我们也未必就理解对。要以动态的方式去理解，因为研究生命的本体和客体都是生命。如果我们今天对宇宙的认识正确的话，宇宙本身并非均质的，真空密度非常低。但像地球这样的行星，既有大陆又有大洋，密度就很高。

当下的宇宙中，分子量大于500道尔顿的分子是不ergodicity（**遍历性**）的，出现大分子是小概率事件。如果出现大分子又能自我复制、自我循环，概率就更小了。薛定谔认为生命的产生是通过DNA、蛋白

质这样的"非周期晶体"小分子的有序性，克服了小分子和原子的无序性；到了20世纪70年代，普利高津从数学的角度更为深入地阐述了生命现象，把生命看成一个耗散体系。

薛定谔最了不起的是，他把大家觉得玄乎其玄的生命，逐渐代入可以由化学、物理、数学的方式进行阐述。80年前他的演讲集，启发了非常多的后人，让大家更多更好地理解、敬畏生命本身。我们永远在路上，你知道得越多，不知道的就越多。对生命有敬畏，才可能与生态环境互洽。

"生命是什么"的影响到今天还在继续

问：我们重温薛定谔"生命是什么"系列演讲，他说："当我讲到'密码本'，不管是原始版本还是突变版本，实际上已经采用了'等位基因'这一术语……两个个体可能在外观上十分相似，但它们的遗传特性却不相同，这个事实是非常重要的，所以需要精确地予以区分。遗传学家称它们具有相同的表现型，但具有不同的基因型……今天，基因是分子的推测，我敢说这已经成为共识。几乎没有生物学家，不论其是否熟悉量子理论，不赞同这一点。"薛定谔的观点，今天重温，给人怎样的启示？

尹烨：杨焕明院士2023年4月在张家界会议上，发布了重新翻译的中英对照版本《生命是什么》，我在给这本书写新版导读。算上杨老师这版，我已经刷了三遍。让我们回到当时的背景去理解。

1943—1944年二战即将结束，全球政治大格局将要发生改变，恰好是量子力学喷薄欲出的时候。1927年索尔维会议，爱因斯坦和玻尔都出席了，其实薛定谔当时也在。从1927年到1943年，又过了16年，量子理论在多个点上都已被证明是实实在在的存在。

还有一个重要的背景，那就是生物学家其实也没闲着。1944年，艾弗里用肺炎双球菌实验证明了DNA才是遗传物质，而非蛋白质。当薛定谔提出"基因"这个概念的时候，他还不知道基因的本质是什么，至少不知道基因的载体是 DNA 还是蛋白质。一定要回到这个历史背景，才能把人类认知知识的情况说清楚，才能去理解薛定谔到底厉害在哪里。

换言之，当我们还不知道基因的物质载体为何的时候，薛定谔已经明白了基因的遗传规律。当时遗传学已经有了一定的基础，从 1865 年孟德尔提出的分离和自由组合定律，到摩尔根知道基因还是连锁的。比如有一部分性状一定跟性别关联，被叫作伴性遗传。这是三大遗传学经典案例。那时，这些知识对物理学家来说都是不清楚的信息。然而薛定谔在此基础上进一步往前推理，回到数字结构上去。所以他启迪了一大批年轻科学家，特别是物理学家，进入生命科学这个行业。

最著名的就是克里克和沃森，1953 年他们一起发现了 DNA 双螺旋结构。他们都深受这本书影响。生命是可以用化学和物理学去阐释的。这为后来的分子生物学奠定了一个极好的理论基础，尽管薛定谔还不知道这个分子是什么。今天看来这本书中当然也不乏错误，但从这部作品的系统性、原创性、前瞻性来看，确实是跨时代的，不然也不能过了 80 年还一再被翻译。我希望大家读这本书的时候，也要代入那个时代的背景，要看到当时其他学科的发展阶段，而后再理解这本书的历史意义。应该说《生命是什么》的影响到今天依然在持续。

生命的本质是化学，化学的本质是物理学

问：薛定谔在"生命是什么"系列演讲中致敬孟德尔，关于遗传的沿袭性、显隐性之间的重要区别，都归功于孟德尔。我想请教，是不是冥冥之中有一个定律或者规律在那里，等着我们进一步去深入发现？

尹烨：人们经常混淆两个概念，一个是科学，一个技术。科学是发现，叫 Discovery；科学是知识，叫 Knowledge。有技术才会有发明。技术是为了一种量化目标去做，评价任何一个技术都有一整套的指标。

技术会用 Invention 和 Innovation。但科学就是 Discovery，你是创造不出来科学的，科学就是规律。

数学不是科学，数学本身是科学的工具，是阐述万事万物规律的一种通用语言。假设上帝和人类可以对话，用什么语言可以沟通？数学可以。上帝也要用数学语言去描述。生命科学尚在早期时，它几乎没有可以被数学阐述的东西。某种程度上讲，生命的本质是化学，化学的本质是物理学。也可以讲似乎没有化学，生命简单到头了，就是物理学。物理学复杂了、升维了，就成了生命。

"生命是什么"，今天我们也说不清楚

问：对"生命是什么"，您觉得现在探究到了哪一步？

尹烨：我们到今天也说不清楚"生命是什么"，这是个很有意思的问题。关于"生命是什么"的概念，非常多。我见过最搞笑的一个定义叫"生命就是对生命现象的一个定义"。我自己愿意说生命是能感觉到亲生命性的一种系统。生命是能区分有机和无机的。生命有自我循环、自我更新，是可以跟环境进行物质、能量，包括信息交换的自洽的系统。

"生命以负熵为生"，这是薛定谔的原话。我们要对自己作负熵以降低系统混乱度，来维持生命的有序性。

我觉得这些都对。但到底什么是生命？生命实则充满了例外！我们今天也很难说清楚，因为总是有例外。你说生命都是以 DNA 为遗传物质？自然有例外——有的生命就是以 RNA 为遗传物质。那生命都以核酸为遗传物质吗？也有例外，比如朊病毒就曾挑战了这一点。那病毒是不是生命呢？病毒不能自我循环，没有细胞结构，必须得处于寄生状态。

有些人问：台风是不是生命？台风在特定条件下能孕育，也能运动，也能跟周围环境进行物质能量交换。今天，我们对生命的定义是混

淆的。但我想，正因为我们给不出一个特别精确的定义，反而使得生命科学充满了魅力。再举一个例子，动物和植物。从字面意思看，植物，就是固定的，不能动；动物，就是能动的。但今天自然界一些动物它不动，有些植物反而会动。

比如说华大做过测序的海蛞蝓（海蜗牛）。吃一次藻类，就可以把藻类中的叶绿体转移到自己身体里，使自己变成可以进行光合作用的动物。你说它是动物还是植物？这是生命最有意思的地方，永远有挑战，永远有例外。生命充满思辨思维。在观测生命本身的时候你会体会到，科学远远比科幻来得更为神奇。你如果觉得科学没意思，那是因为你还没有真正深入进去。

时间是所有人的对手

问：放眼 80 年，人类对生命的研究大概分几个阶段？

尹烨：如果从薛定谔《生命是什么》开始算，第一个重要贡献是 1944 年，艾弗里证明了 DNA 是遗传物质，而不是蛋白质。1953 年 DNA 双螺旋结构被发现。彼时人类知道 DNA 是遗传物质，就要去研究 DNA 到底是什么样子，就得先解密它的分子结构。此外，1953 年还有一件特别火的事，那就是米勒－尤里实验（Miller-Urey experiment），它模拟原始大气中雷鸣电闪产生有机物大分子，证明生命起源于化学，可以在地球具有的自然条件下实现。当然，今天看起来此实验是有着很多局限性和错误的。

这里我多说一句，那就是，米勒到后期做的唯一重要的事就是反对所有反对他的人——不是权威的时候特别想挑战权威，等自己成了权威又开始阻挡下一代。像极了"那个屠龙的少年坐在恶龙的尸体上，头顶开始长出角来"。

时间是所有人的对手。同时，时间作为一种在流逝而不可逆的维度，也是最公平的。时间加死亡使得人类有机会一代一代去进步。1953

年 4 月 25 日，沃森和克里克发表的文章 *MOLECULAR STRUCTURE OF NUCLEIC AIDS*（《DNA 的分子结构》）说的就是 DNA 双螺旋结构。其中一句话写得非常经典——这个结构大概能预示出功能，这就是碱基互补的原理。经典的 DNA 是半保留复制，只复制了一半，还有一半不复制。这为后来破译密码子，研究 DNA 的测序方法，给出了完整的路径。1962 年，沃森和克里克获得诺贝尔奖。1970 年，桑格受吴瑞启发，研究出让碱基延伸的方法，直到 1977 年终于发明了 DNA 测序方法。因为有这个方法，大家开始做仪器，1986 年 ABI 公司生产出第一台 DNA 测序仪。同一时期肿瘤大战失败。尼克松在 1971 年加强了美国国家癌症中心（National Cancer Institute）建设，提出肿瘤射月计划，希望跟阿波罗登月计划一样，砸几十亿美元进去，让人类战胜肿瘤，结果失败了。

1986 年，就在第一台测序仪发明出来的时候，另外一个诺贝尔奖获得者杜尔贝科在《科学》上写了一篇文章证明：如果不解密一个人的基因组，我们就永远不可能彻底战胜肿瘤。1989 年，美国开始讨论要干这件事。1990 年，美国拉着英国开启人类基因组计划。那年刚好华大的几个创始人，特别是于军、汪建他们都在美国。

从科学发现到技术发明

问：汪建老师当时在美国做什么？

尹烨：汪老师几经周转，去了华盛顿大学，当时的基因组研究中心，看到了把一个人的全基因组序列解密的可能性，测算成本约 300 亿美元。当时某个诺贝尔奖得主说，我们永远不可能得到人类的全部基因。如今回头看，就是千万别相信权威，科学上没有真正的权威。就像最开始说全世界需要多少台计算机，彼时的权威答道，5 台就够了。然而，今天单单 1 个人都可能拥有不止 5 台。只能感慨，人类经常容易高估近期而低估远期。

我们说回来。1990 年，大家看到这件事有可能成功，华大几个创始人想，能不能代表中国参与到人类基因组计划中去？汪建 1994 年回国想看看国内情况。于军当时留在了西雅图，他的导师梅纳·欧森就是人类基因组计划的一位主要奠基人。于军 1996 年回国的时候人类基因组计划基本上就确定了，所以才有了 1997 年的张家界会议。当时杨焕明老师也一起参加。1998 年在中科院遗传所，中国团队准备做这个事，后来 1999 年华大成立。再之后的事大家就都很清楚了。

而这整个过程是一连串的科学发现、技术发明（我现在还没有讲到产业，因为当时还看不清产业），这样一步一步过来。等奥巴马、拜登再回顾人类基因组计划的贡献时，投入产出比至少是 1:137。生命科学开始出现大科学工程，让人类有机会去掌控自己的生老病死。今天可以更好地顺天应命，甚至在一定程度上逆天改命。

基因应用的普及连 1% 都不到

问：人们对基因的认知和应用是什么状态？

尹烨：人类慢慢去理解生命，渐渐对未知没那么恐惧。开始不满足于仅仅是读生命密码，也开始尝试改造生命密码。基因编辑、转基因、合成生物学等技术都属于这类。

我敢说这个事情方兴未艾！全世界仅有万分之三的人有自己的基因数据。互联网应用已经普及 60%，电应用已经普及 90%，基因应用连 1% 的普及率都没有。反过来讲，这个市场未来增长潜力是巨大的，它与人类生命本身直接相关。

生命科学的公式定律真的很少

问：我们常听到的中心法则是什么？

尹烨：生命科学的公式定律真的很少。中心法则是 1958 年克里克提出来的，是 DNA 到 RNA，RNA 到蛋白质的过程。后来大家不断补充，比如说，RNA 也可以反作用到 DNA 上逆转录，HIV（人类免疫缺陷病毒）就是这个原理。DNA 可以自我复制，RNA 也可以自我复制。中心法则是更接近哲学的一个认识，并不是精确的描述。

汪建老师最近反复强调时空法则。从微观角度看，一个受精卵变成胎儿，280 天时间，扩展到 1 万亿个细胞，1 到 1 万亿是怎么做到的？这个过程一定遵循了一个规律，有重要的时序。生命体很聪明，基因都一样，一变二、二变四、四变八，再往后已经不是均匀分裂，出现了所谓极性。相当于有南极、有北极，有带电性、有不带电性。胚胎早期，尽管干细胞都打一套"扑克"，但是打法都不一样，我们不同的器官、不同的组织就呈现出不同的状态。这就是我们想找到的时空法则。

即使如此，我们依然不能解释生命当中万万千千的事。很多并非基因自己说了算，还跟力学、生物工程学有关。薛定谔讲过一句很经典的话，大意是当下的物理学和化学固然不能解释今天的生物学，但这绝不意味着物理学、化学不能解释生物学。这句话到今天依然适用。别认为今天你知道得多，50 年后看我们今天的对话可能都是错的。但我们始终站在巨人的肩膀上，坚持走一小步，再走一小步，逐渐建构出一个非常庞大的系统，从万物之理到生命之源。

归根到底，我们还需要更多投入来支持研发、更多聪明人能加入这个行业。或许有一天，我们能用自然哲学的最高语言，即数学，来解释生命科学。

我连这本书多厚都不知道

问：如果生命是一本"天书"，这本"天书"翻到了多少页，到了什么阶段？

尹烨：首先这本"天书"有多厚？原来认为基因密码就是"天书"。后来发现基因只是"天书"当中允许你看到的第一页，字里行间写的都是例外。说实话我连这本书有多厚都不知道。刚才也讲到，今天对生命的认知可能连 1% 都不到，我们（自认为）对基因的认知可能也就 3%—5%。

对比一下，化学元素周期表 92 号以后的元素都是轰击原子核轰出来的，自然界不存在。现在要想发现新元素已经非常难了。生命科学还有一个特别广大的空间，毕竟地球上有 870 万物种，而今天被测序的高等动植物不到 1 万种，未来需要解读的还有很多。不管是科学发现、技术发明还是产业发展，都等待大家去解读，这是生命科学特别有魅力的地方。

向基因致敬

问：您写过一本《了不起的基因》。既然生命无穷无尽，生命密码破译也是刚刚开始，为什么您给这本书起名叫《了不起的基因》？

尹烨：刚开始我就说，对基因我一无所知。知道得越多，越觉得自己不知道的更多。苏格拉底说过，人有了对自然的敬畏，再去做任何事情，就不会灯下黑。我不会因为天天跟业内人士过招，就觉得自己会成为一个权威专家。我跟自然学习，跟万物学习，去了解这些例外，去寻找一般性规律。我非常想向基因致敬。这么个小分子，竟然这么了不起，它不仅仅帮助细胞变成人，它也能变成蓝鲸、变成老鼠，可以非常精准地展现出生命的千差万别、精彩纷呈。对生命的敬畏，会是人类长久在这个蓝色星球生存下去的根本。地球可以没有人类，人类却不能没有地球，保护地球，就是保护人类自己。

问：为了做好这次采访，我专门请教了人工智能"生命是什么"，它回答了很多。几个核心观点，讲到了碳基生命，讲到了硅基生命。

尹烨：可以开脑洞想一想，有没有砷基生命、硫基生命？我们不知道。有没有由光子组成的光基生命？我们现在仅是理解碳基生命多一些，但连生命的定义都给不出来。

华大发展的本质特别接近生命奋斗的本质

问：回顾华大 24 年的历史，如果华大也是一个生命体的话，在你眼中华大是一个什么样的生命体？

尹烨：我认为华大是在一种强筛选下快速突变并适应甚至引领环境、善于去挑战所谓社会极限的生命体。这种选择压力极大，所以能存活下来也会变得特别强大。比如做人类基因组计划的时候，华大没钱，但砸锅卖铁也要做人类基因组计划的 1% 任务。这其实是在积极寻找更适合自己发展的路径。华大发展的本质特别接近生命奋斗的本质，首先是努力去适应环境，如果实在不行，就换个方式，再努力去改变环境。这是生命自强不息的结果，我希望接下来华大能依然保持这样的状态。

本质上讲，还是因为华大有一个自己的中心法则，即，让基因科技能够造福人类。"造福"这两个字分量很重，正因为有这两个字，才使得华大这个生命体拥有自己的信仰，令这个复杂的生命体可以按照统一的目标去组织——通过大目标的有序性来克服各个组织个体之间的无序性。

问：大目标极其重要？

尹烨：是的，这是中心法则，华大的中心法则。

人类基因组"山高水深、机关重重"

问：怎么理解人类基因组图谱？

尹烨：相当于你打开一张地图，只看到一条街道的时候，你特别想知道周围是什么。人类天然就有一种对未知的好奇求解心。人类基因组这 30 亿个碱基对，里边"山高水深、机关重重"，还非常聪明。这种语言是极其了不起的，我从来没有怀疑过 The Whole Picture 或者叫 Big Picture。所谓不谋全局者不足谋一域，只有看过 1 公里我才能说清楚 1 毫米。

必须先拿到一个全貌，然后再说这个事到底是怎么样

问：人类基因组计划最开始也是为了解决只见树木不见森林？

尹烨：对。当年没有这个工具，你只能见到一棵树，后来才发现这棵树只是这一座山上的。后来你会发现有好多座山，这好多山又构成了好多山脉，其实正是一叶障目，不见泰山；管中窥豹，可见一斑。我们必须先拿到一个全貌，然后再说这个事到底是怎么样。人类基因组图谱就是这个全貌。

解读生命奥妙，谱写产业华章，体验精彩人生

问：如果有一种精神叫华大精神，在您看来可以怎样凝练概括？

尹烨：在一个大目标的引领下去开心造福，汪建老师曾经形象总结过，挺符合今天的实际。"解读生命奥妙"：不仅仅是密码，密码好像还是一个一维的东西，奥妙就包括了生命更高维度涌现出来的现象。"谱写产业华章"：我们最终是一个自养生物，还是要自己能够制造所需要的阳光、土壤、空气、水分等。然后才能"体验精彩人生"。这几句话就是华大的精神。不是要大家很苦地去做事，而是深刻理解大目标以后，可以边走边唱，即使这个过程也有风吹浪打，也胜似闲庭信步。开开心心地工作、学习、生活，把"造福"的事情做好。难的时候就想一想华大最吸引你的到底是什么。

生命当然是无尽的前沿

问：生命科学是无尽的前沿，对生命科学的探索也是无尽的吗？

尹烨：太多问题今天都回答不了，比如说我们到底能活多久？汪建老师前几年提出120岁，大家觉得不可能。现在很多人都在说200岁，甚至开始提永生了。如果只是一个寿命极限，我们都不知道。人类最了不起的就在于演化出高等智能的神经系统以后，可以探知宇宙的奥秘。

探索人类思维的边界及宇宙的边界，唯一限制我们自己的，就是想象力。如果能够打开想象力，让人类的思想变成无尽的前沿，那么宇宙就变成无尽的前沿，生命当然也是无尽的前沿。我们永远在路上。

自养生物的五环，逐渐打破西方的垄断

问：作为民营机构，华大为什么什么都做？

尹烨：从表象来看，华大开创了一个全新的模式，是一个民营企业，又是一个民营科研机构，还是个民办的教育机构。首先，民科行不行？民企怎么样？民院能不能也培养出一流的人才？华大用实践回答这个问题：可以！其次，从比较优势的角度来看。比如说申请科研经费，很多人是用纳税人的钱，买进口设备、进口试剂，做中国的样本，然后一部分数据传给海外数据库，一部分文章发海外的期刊。而经过这么多年努力，华大把这一圈全部都打通了——国产设备、国产试剂、中国的样本、深圳国家基因库、*GigaScience* 杂志。

自立自强，这是一个根本。少有人看到这一点，说实话，国家出钱来支持科研，只有几十年的时间。达尔文那个时代想做科研，要么家里有钱，要么是基金会捐献，没有国家经费。美国走到这一步，也是从罗斯福、艾森豪威尔、杜鲁门、肯尼迪，再到尼克松，慢慢把国家支持的大科研做起来。

中国因为这几年经济发展很快，大家习惯了国家出钱。但是大家有没有想过，如果经济下行，税源、财政钱不够的话，国家能够支持自由探索的项目费用大幅度缩减，你怎么办？而华大把这个圈逐渐变成一个自养生物的五环，把原来发达国家在这个领域的垄断逐渐打破。

靠不断突破自己来证明自己

问：在华大 24 年的历史上，对生命科学作出了独创贡献，甚至彪炳史册的，有没有？

尹烨：如果讲到具体项目上，我想人类基因组计划毋庸赘言，它被列为 20 世纪三大科学工程之一；水稻基因组，第一个由一个国家做成的高等植物基因组；第一个中国人基因组；第一篇肠道菌群基因集文章（千人基因组，测序了 2500 多人，是当时最大的群体基因组项目）。华大是发起者之一，也是奠基人。后来是工具自主，收购 CG，逐渐到今天做出全世界通量最大、速度最快，不同类型的测序仪，并且把成本降低到人人可及。无创产前基因检测华大已经做了一千三四百万例，最便宜的终端价格还不到 50 美元（欧美在 400 美元或更高）。这些都是非常了不起的。

华大归根结底不是科技创新，是创新科技。它开创的不是一个模式，而是一个新范式，它符合了当前生命科学的发展规律。在我看来，不能从一个个点上去看华大，要看它一以贯之的是什么，为什么能做到现在这个样子。

比如跳高，现在知道背跃式会跳得更高，但是在背跃式没有发明之前，没有人知道还能这么跳。直到第一个人跳过去，是世界冠军了，大家这才心服口服——大部分人还是相信"眼见为实"。证明自己必须用成绩来说话，而不是单凭一张嘴空谈，更不应该在不了解事实的基础上，仅凭自己的感觉去指点别人。

永远不要通过说服别人来证明自己，靠不断突破自己来证明自己才是上策。正所谓"莫以他人论长短，谁人背后无人说"，不站到山顶上你就永远听不到风声。我们仰望星空的时候，也要脚踏实地，对明星组织有争议在任何时候都很正常。

下一代一定会人才辈出

问：华大人平均年龄 30 岁出头，而且成绩斐然的青年不断涌现。究竟是怎样的一种文化或者凝聚力，使这些年轻人能够不断突破自己？

尹烨：归根到底是大目标的问题。成本必须可控，工具必须自主，这个时候就会有一个问题：物理极限是什么？物理极限决定了最后的可实现程度。如果制定卖 1 亿元的目标，执行路径可以有很多，可以卖 100 个 100 万元，可以卖 1 万个 1 万元，还能卖 1 亿个 1 元钱，你选哪条路？哪一条路能真正造福全人类？

因为目标足够大，意味着做这件大事的过程中科学技术产出特别多，我们需要不断激励年轻人。看遍科学史，一个人最有创造力的时间，以诺贝尔奖获得者举例，是 25 岁到 40 岁。一个人到 60 岁才获诺贝尔奖，是因为获得诺贝尔奖的成果需要被证明，这要经过很长时间。因而并非这个人 60 岁的时候创造力最佳，只不过是诺贝尔奖在奖励这个人年轻时所做的事。今天华大这批"85 后"就在这个点上，这依然是一个科学的大规律，只不过华大让这些人"浮"了出来。所谓"己所不欲勿施于人"，己所欲者亦施于人，"己欲立而立人，己欲达而达人"。我们一代一代让贤，下一代就一定会良将如潮，人才辈出。因为有大目标牵引，大家觉得只要一直跟着走，你也有机会成为能够改变这个领域，甚至改变世界、造福世界的人。

论功行赏，推功揽过，这就是华大能够确保年轻人英才辈出的根本

问：所以你对未来华大人才不断涌现充满信心？

尹烨：要确定好我刚才讲的大目标牵引，以及让贤，让更多年轻人出来，因为要做的事情太多了。这几年华大高层没有谁去抢文章。我们不能通过我的位阶比你高，就要把本来属于你的东西拿过来，那是杀鸡取卵，涸泽而渔。论功行赏，推功揽过，这就是华大能够确保年轻人英才辈出的根本。

问：放眼这 24 年，时空法则和时空组学也能说得上是彪炳史册吗？

尹烨：当然。这是第一次原创性技术引领全世界。归根结底是通过一个大目标的凝练，使所有人围绕核心目标工作，这种做法是很了不起

的。创始人的坚持，使得最难的时候依然没有忘了长期愿景。

我们希望地球是宇宙的精神中心

问：如果我们放眼130多亿年的宇宙史，40多亿年的地球史，生命史也就是30多亿年，从单细胞到多细胞，从原核到真核。生命未来将如何演化，这个有可能预测吗？

尹烨：现在有一个分水岭。人工智能什么时候诞生认知、产生意识、诞生智能？硅基生命是不是快来了？统治地球的是智能，即使它的载体不再是碳基。这个问题今天很难回答。但是我们必须多一个选择，比如碳基、硅基结合，甚至碳基、硅基共存。这可能会是未来的一种场景。

如果没有一颗星星砸到地球上，恐龙可能还在统治着地球，而我们哺乳动物则是没有机会的。正是因为没有了恐龙，小型哺乳动物才得以演化，才得以历经这6500年逐渐演化出了灵长类的人类。尼安德特人或许并没有逝去，他们的一部分基因转移到了现代智人的体内。也就是说，不同种的古人类，以基因的方式存留在了我们的基因组里。

未来人类会走向哪里呢？我们的文化能不能在宇宙当中长久保存？很多人认为，只要信息存在，就不可以被湮灭，即使是黑洞也不可能。当然这个理论有争议。我个人相信至少人类的能力和科技会有助于我们在这个宇宙当中生存。

从1543年哥白尼的《天球运行论》开始，我们就知道人不是宇宙的中心。但是我们却努力希望让地球成为宇宙的精神中心，即使它不是几何中心。我们要赋予其人性与爱。智能重要、认知重要，善良和美也很重要。这是做事情和学习的根本，所谓发善之心。

生命没有定义，生命也不该有极限，人类也不可能是生命的终极状态

问：有人预测未来人类可以活到 160 岁，不到 10 年，我们身边就会出现人形机器人。那个时候对生命是不是要重新定义？

尹烨：我一开始就没有对生命定义。因为定义不出来。你说能自我复制？机器人能自我复制，病毒也能自我复制。就像我要不要对你贴一个标签，媒体人？你就不能是一个科学家吗？你就不能是个好的企业家吗？贴标签的时候，格局就小了。生命没有定义，生命也不该有极限，人类也不可能是生命的终极状态。也许大家可以这么想：我将成为更高等生命的一步阶梯，就像在这 30 多亿年生命史中的其他物种，它们都替人类的成就作出了自己应有的贡献。

就算没有人类又怎么样呢？我们终究都会回到一个万物归于虚无的世界里去，但是我们的精神却可以以某一种方式永久地驻足。人类归根结底以世代交替、群体繁衍，而非个体的方式实现了一种所谓的永生。

只要给生命一点点光，生命总会找得到出口

问：我在很多年前去采访古生物学家的时候，详细地了解了 5 次生命大灭绝。太不可思议了。生命在一次次灭绝中，再次爆发。真不可想象。

尹烨：你想改革开放这 45 年里，中国发生了什么样的变化，这其实就是一次市场经济的寒武纪大爆发。只要给生命一点点光，生命自然有办法，所谓生命总会找得到出口。

能看到多远的过去，就能看到多远的未来

问：看未来，24 年以后的华大会怎样？

尹烨：去看历史就行了。你能看到多远的过去，就能看到多远的未来。20世纪90年代，美国把几件大事都做完了。1994年GPS全面建成，1994年NCBI（National Center for Biotechnology Information，国家生物技术信息中心）已经出来，大飞机更不用说了。所以中国要想赢得未来，华大要想赢得下一个24年，必须坚持在原创性的科学发现上有贡献。如今大的科学发现都高度依赖于新工具。首先有了新工具、新技术，然后才有新想法。

没有显微镜谁也定义不出微生物学。没有时空技术，谁也不可能定义出来时空法则，这都依赖技术到工具的发明和实施。

中国今天已经不能再跟着别人走了。2007年、2008年中国的GDP离美国还远，今天已经是美国的70%了。再小的大象也是大象，怎么能躲到一棵树后面呢？这时再讲韬光养晦，就有点刻舟求剑了。在这个过程中，我们能不能认清真相，如何从大起来、富起来，到强起来，我还要加一句，贵起来？科学素质、公序良俗，要能够到一个高的道德水平上去，这是贵起来，富贵的贵。我们呼唤科学精神、贵族精神、团结友爱，这些是最基本的。然而可能在全社会的层面上，今天还都远远没有达到。但我相信21世纪会产生根本性变化——从物理学世纪转向生命科学世纪。

对中国的成就既要高兴，也要冷静

问：中国举国之力，把神舟飞船送上天。美国一个民营公司，当然也是在国家的支持下，实现了飞船循环利用。我觉得对中国的成就既要高兴，也要冷静。

尹烨：在历史上，东亚的国家根本性创新很少，它强调集体和团队，不太强调个人，某种程度上也受农耕文化影响。所以我们经常会说"木秀于林，风必摧之"。我们也说"枪打出头鸟"。这可能是我们同美国不一样的地方。

我们也要看到日本近年来已经拿了近30个诺贝尔奖了，所以有些逻辑也在变。别人做得好的，同样值得我们去参考和借鉴。

尊重科学，营造一个相对自由、宽松的环境

问：什么叫科学至上？

尹烨：比如说行政力量很强，这个过程中如果能够结合科学实施就如虎添翼，如果违背了科学，可能就事倍功半，甚至背道而驰。"五四"时期一直讨论的"德先生"和"赛先生"，"赛先生"我们又该重新去喊一遍了。什么是科学？什么是思辨？"科"和"技"是不一样的，"研"和"发"也是不一样的。理清这些概念很重要。科学绝不是"分科的学问"。其实科学就是知识，知识怎么能分科呢？数、理、化能分吗？分不了。

如果要回到科学第一性原理，要尊重科学的科学，我们势必要去营造一个相对自由、宽松的环境。因为创新是自由之子。如何能给大家在科研上创造自由、宽松的环境？这个自由不是绝对自由，极致自律才有极致自由，要按规则行事。我想这就能给不管是研究机构还是民营企业最大的信心，保证大家更会坚持长期主义、愿意长期投入，更加尊重科学，尊重事物的一般性规律。

人类最伟大的发明不仅仅是这些技术

问：您怎么看人类与生物多样性之间的关系，人类真的不可一世吗？

尹烨：我早就讲过，如果这个地球上有一个王的话，微生物才是地球之王。算上多细胞生物的话，昆虫是王。这个王并不是已知智能上最高等的人类，人类太脆弱了。今天如果没有社会化组织，一个人不知能活多久。把我们扔到大山里去，没有外卖，也没有矿泉水，你怎么活？该吃什么？不该吃什么？遇到豺狼野兽该怎么对付？人类发明了城市，大家靠着城市、靠着社会分工，才活到现在。

人类的确对地球的破坏力太强。智人的迁徙史就是大型动物灭绝史，包括其他智人的灭绝史。人类是目前最高智能，却是能对同胞动手的物种。人类的战争就是这样。在我看来，人类的这种不可一世的态度如果不改变，最终一定会反噬自己。

斯蒂芬·平克写的《人性中的善良天使：暴力为什么会减少》告诉我们，暴力在减少，预期寿命在增加，文化程度在提高，归根结底是科技，使得我们消耗更小的能量，却可以供养更多的人口。

所谓"仓廪实而知礼节"，在这个过程中人类逐渐开始呼唤自由、呼唤民主、呼唤法治，开始形成一定的契约精神。人类最伟大的发明不仅仅是刚才讲到的这些技术，也包括了很多社会科学方面的发明，比如契约精神、一个唾沫一个钉，让社会逐步有了现代秩序，这同样是非常了不起的事情。

人类的契约精神，使得大家对约定的未来有了确定感，让更多人可以根据自己的意愿，拥抱更多未来发展的机会。

生命科学的根本问题就在这里了，为什么不去一起解决？

问：是什么样的底气、勇气，使华大竟然敢于挑战生命起源、意识起源、脑科学这样的终极问题？

尹烨：当年有人问："你们为什么要爬珠峰？"因为山就在那儿。这个问题就在，为什么不去解决？对于华大人，生命科学的根本问题就在这里了，为什么不去一起解决？即使终极问题最终是没有答案的，但不妨碍我们更深刻、多维地去尝试理解。所谓"黑夜给了我黑色的眼睛，我却用它寻找光明"。

如果这些问题终究是有答案的，那为什么不是我们在做？

问：这些问题应该是超级问题，是因为我们有超级工程的组织模式，才有这种底气和骨气？

尹烨：其实我们也不知道能不能最终解决这些问题，只能说在这一刻，我们在解决这个问题的路径上有比别人更大的决心和更好的工具。

这些原创的生命科学工具将有助于我们快速突破。此外，还有那么多跟我们同行的最聪明的科学家一起在努力。如果这些问题终究是有答案的，那为什么不是我们在做？

持之以恒、力所能及地帮助到身边每一个具体的人，就是实现造福"人类"的实在路径

问：您个人的生命意义在哪里？

尹烨：把握每个当下。志存高远固然重要，但人类特别容易用一个宏大的叙事去掩盖当下的无奈。光看了远方，忽略了还有"眼下的苟且"。反过来讲，把每一刻都变得不苟且，这一生就很伟大。

随着年龄的增长，我越来越在意的，就是珍惜当下这一刻。比如你采访，我要很精准地用我的所知、所能来回答每一个问题。至于说明天要做什么经天纬地的事情，这话等于没说。因为明天还没来，你要想做，现在就要做。所以掌握了每一个瞬间，你就掌握了未来。

生命是一个个鲜活的个体，"人类"这个概念，是由一个个具体的"人"组成的。持之以恒、力所能及地帮助到身边每一个具体的人，就是实现造福"人类"的实在路径。

21 世纪必然是生命科学的世纪

问：请您对想要从事生命科学研究的年轻人说几句话。

尹烨：21 世纪必然是生命科学的世纪，你们恰逢其时。不管是基因组学，还是合成生物学、再生医学，这种结合必将带来全新的、无比宏伟的、大家可以去发展的广阔空间。

大家去了解自然的宏伟，就会产生对天地自然的敬畏，去了解造物

的神奇，就会认知众生。我希望从事生命科学工作，能有觉知，能有一种悲天悯人的共情、超脱生死的达观。这就是学生命科学并且享受其中的我的真实感受，我盼着我们一起都能有非常美妙的生命认知。

遗传好比一种可编改的存储程序，新陈代谢就是一台通用计算机，联结双方的是底层代码，是一种能以化学、物理甚至非物质形式来体现的抽象信息，其奥秘在于可进行自我复制。任何可以利用全球资源进行自我复制的东西都是有生命的，且最有可能的呈现形式是数字化信息——数字、脚本或单词。

——《基因组：生命之书 23 章》，〔英〕马特·里德利

人类遗传学着力于研究遗传特性从而揭示疾病的遗传学机制，而分子生物学则研究组成基因的"原料"——DNA，因为正是这种分子使得生命如此多彩。仅用只有四个字母的字目表，DNA 就可以撰写出以这些字母排序所组成的每一种生命的说明书——基因组。

当全部基因组序列测定完毕时，我们将拥有一本用象形文字书写的揭示生命本质的"天书"，即使目前我们还无法得知书中文字的准确含义。

"天书"解密的过程将十分艰巨，需要穷集所有科学家的辛勤劳动和智慧。因此序列的共享将变得十分关键。没有哪个个人或小组能够令人信服地宣称单靠自己的力量就能够解密"天书"。

——《共同的生命线：人类基因组计划的传奇故事》，〔英〕约翰·苏尔斯顿，〔英〕乔治娜·费里

从跟跑者到并跑者，是不是哪一天我们也能成为领跑者？

——梅永红访谈录

1987 年毕业于华中农业大学农学系。先后在农业农村部（当时称农业部）、科技部工作，曾任科技部办公厅副主任兼调研室主任、科技部政策法规与体制改革司司长、科技部青联主席。2010 年 10 月调任山东济宁，任市委副书记、市长。2015 年 9 月辞职加盟华大，曾任深圳国家基因库主任、华大农业集团董事长。现任华大集团执行董事、深圳市华谷致远生物科技与产业研究院理事长，兼任北大荒集团研究院院长、中国政策科学研究会副会长等职。

导言 30 年前，他就感受到这对中国是一个巨大的机会

2015 年，"山东济宁市市长梅永红辞职"这样的媒体标题比比皆是。市长梅永红的裸辞成了当年媒体关注的热点事件。在谈及"公务员离职"现象时，梅永红曾表示，中国几千年来的文化传统，使得许多人把"做官"作为最大的目标。现在这一点正在发生改变，公务员已经成为一个普通的职业，而不是身份和地位的象征。如果有更好的职业追求，就可以另谋他职。

辞职后的梅永红加入了华大。很多人不理解，市长不做了去了民企？这还要从梅永红对生物经济的认知说起。

早在科技部工作期间，梅永红就已经关注到欧盟、美国、日本都开始了在生物经济领域科研、人才、投资的布局，喻示着生命科学领域正在掀起一场新的革命，这对中国来说是一个巨大的机会。从 1999 年华大成立并承接国际人类基因组计划的 1% 的测序任务开始，梅永红就注意到华大。从在体制内关注华大，到辞去公职加入华大，他走了 16 年。

在华大，很少听到"梅市长"这个称呼，员工们更愿意亲切呼唤他"梅叔"。在这个员工平均年龄只有 30 多岁的机构，梅永红也确实担得起一声"叔"。梅永红认为，华大可以成就他的个人抱负和理想，他也可以在华大前进道路上贡献自己的力量。

30 年前对生命经济时代即将到来的一个判断，如今已经真实地发生。梅永红感受到了国家对生命经济的高度重视，但他又担心，担心在国家战略布局和资源配置中，遗忘了那些有能力、有抱负的民营机构。他希望为此鼓与呼：这也是国家力量。

所以，在收到"生命天书"系列访谈邀约的时候，他欣然接受了。

生命科学正在掀起一场新的革命，这次科技革命对中国是一个巨大的机会

问： 请介绍一下您跟生命科学结缘大概是从什么时候开始的。

梅永红： 我大学的专业是农学，按照现在大的分类，也是属于生命科学序列的。我选择进入基因这个领域，也算是有一定专业背景。如果从大学算起来，到现在已经 40 年了。另外还有一个原因，我在科技部工作期间长期研究科技战略，20 世纪 90 年代开始就已经非常明确地感受到生命科学领域正在掀起一场新的革命。这对于我这样有一定专业背景的人来说，总是能够激发起特别的兴趣和关注。更重要的是，我们能够从战略上感受到这次科技革命对中国是一个巨大的机会。如果能够很好地把握住，也许能够让我们真正实现一次新的跃升。

问： 有什么具体的事件让您觉得生命科学一定会有大发展？

梅永红： 在科技部工作期间，我们注意到几个现象。一个现象就是美国作为全球科技的引领者，在生命科学领域早早开始了布局，他们对生命科学的大规模投入、人才培养，从 20 世纪 90 年代就开始了。到了 21 世纪初期，美国全社会研发投入已经有超过 20% 投入生命科学领域。虽然这个领域离产业似乎还有些距离，但我确信美国这样的投入强度一定是有依据的，而且也一定孕育着很多机会。这种情形不仅仅限于美国，欧盟、日本也都开始了这方面的布局。这是从国际趋势看。

还有一个是中国自身的发展基础。改革开放以来，中国科技总体上是在学习、跟踪，是在发达国家技术基础上往前走的。虽然我们也有研发活动，但更多的是局限在产品层面、服务层面上，很少触及底层

技术、核心技术，这是由我们的发展阶段决定的。中国的现代科技进程，本来就比别人晚了数百年，整体上的差距是客观存在的、巨大的。但在新兴的生命科学领域，我们也已经形成了相当的基础，建立了独特优势。我们在生命科学领域有自己的机会，即使不能说处在同一起跑线上，也至少是相近的。所以从 20 世纪 90 年代到 21 世纪前 10 年，我们一直认为中国应该在生命科学领域抓紧做好顶层设计和战略布局，能够在这次大的科技革命中有所作为。

对于我们国家、对于生命科学来说，这样一个机构一定有它独特的价值

问：您跟华大是怎么结缘的呢？

梅永红：我在科技部工作期间就知道华大，国际人类基因组计划中国部分主要就是由华大牵头承担的，可以说在中国生命科学发展历程中具有里程碑意义。此后我也有机会跟汪建老师有一些接触，使我对华大有更多的兴趣。我由衷地认为，对于我们国家、对于生命科学，华大一定有它独特的价值。我愿意更多地结缘，更多地参与。

问：什么样的契机让你下决心从"愿意去帮助它"变成"愿意加入它"？

梅永红：在政府机构工作很多年以后，我试图寻求一个新的职业道路，能够更好发挥自己的专长、体现自己价值的专业之路。那个时候，非常有缘、有幸跟汪建老师有深度的交流，对华大也有更深的了解。我认为华大能够帮助我在专业上走得更远、做得更多，我把它理解为一个相互成就的过程。非常幸运在这样一个过程当中，我们又赶上了生命科学高速发展的浪潮。这几年来，我深度参与其中，一直在努力学习和思考，我觉得这种选择是对的。

华大走过的路非常崎岖、非常艰辛

问：回顾华大24年走过的历程，这是一条什么样的路？

梅永红：华大走过的路非常崎岖、非常艰辛。虽然我们一直是乐观的，但实际上这条路并不平坦，汪老师形容是"九九八十一难"。我觉得有多方面的原因，从大的格局讲，我国现在还不完全具备生命科学和生物产业发展应有的生态。这种生态既包括技术层面，也包括投资、消费、政策，甚至包括人们的认知。华大不仅做产业，还要做基础科研，做人才培养，做科学普及，看起来有点"不务正业"，其实也是不得已而为之。也许这就是新兴产业发展面临的普遍规律，走在前头的大多都成了"烈士"，还好华大没有。但华大一路磕磕碰碰，我认为这是一个很重要的原因。

好在我们已经坚持了24年，把最难的岁月都经历过了，今天华大已经成为中国乃至全球非常有影响力的生命科学机构之一。相比20年前、10年前，今天的产业生态也已经有了非常大的改善，我们比以往任何时候都更有信心。

生命的奥妙，也许我们只知一二

问：80年前薛定谔发表了"生命是什么"系列演讲，结集成书，这本书对后来很多生命科学领域的专家有很多启示和影响。以您的角度看，生命到底是什么？80年前薛定谔的梳理、归纳、推论，对今天依然有价值吗？

梅永红：当然有。生命的奥妙，也许我们只知一二。至少在我看来，我们对生命的了解还非常肤浅。这些年来，很多人认为我们在生命探索领域已经取得了非常大的进展，但实际上当我们深入生命底层的时候，人类已知的信息仍远不足以解释生命本身的现象。我们应当对生命多一些敬畏，应当以真正的科学之心、求知之心、敬畏之心来对待生命。

不要说人，哪怕一株禾苗、一个微生物，都是那么不可思议。有人说，我们现在的已知世界，大概只占到全部物质和能量世界的百分之四点几，不到 5%，也就意味着大约 95% 的世界仍然是我们未知的，看不到、摸不着的。对生命来说，我们了解的也许更少。我们的认知在不断进步，但不能太自以为是。

了解得越多，越有一种敬畏

问：如果生命是一本"天书"的话，您觉得这本"天书"的密码解读到了什么程度？

梅永红：我觉得我们只是刚刚越过生命认知的门槛，无论是科学层面，还是人们的认知层面，我们对生命的了解还非常肤浅。

问：您能给生命下个定义吗？到底什么是生命？

梅永红：非常困难。也许你我的生命，只是人类或其他类人类达到更高生命层次的一个阶梯、一个过渡。我对生命了解得越多，越有一种敬畏，越感觉到人类对于生命的无知。

我们还没有走到海边，也许只是闻到一点点潮汐的味道

问：未来生命的发展形态有可能会是什么样子？

梅永红：未来的生命形态，一定超越我们现在的全部认知。现在已能做到脑机连接，能够用 AI 替代很多思维。但这也只是我们在认知生命中迈出的极小一步，我们面对的是一个蓝海。我们还没有走到海边，也许只是闻到一点点潮汐的味道。

问：您刚才提到了脑机连接，未来有没有可能生命不再是碳基的形式，有可能是硅基的形式？人工智能加上机器的身体算不算是生命？

梅永红：我认为它就是生命的一部分。硅基、碳基，甚至未来还有什么别的基，我觉得这种可能性都是存在的，我们没办法去给它设限。

就像我们人类一路走到今天，也发生了很多变化一样，未来对我们来说更多的仍然是未知，唯一的确定是不确定。

问：华大经常提到中心法则，中心法则对华大的发展有什么意义？

梅永红：一个人能成其为人，你能成其为你，我能成其为我，最根本的区别就在于基因的差异。当我们认知生命的时候，是从基因层面上来认知，认知生老病死，认知每个人的健康和疾病，这个中心法则是完全合乎逻辑的。也正是坚守了这样一个法则，华大才能一路走到今天，能够积累许多经验和知识。相比较以前我们对人的认知、对生命的认知，应当是一个大的跨越。多姿多彩的生命表象背后，浩瀚的基因密码正在告诉我们原因。

今天我们建立新的底层逻辑，建立新的时空法则，这是在新的维度上认识生命、研究生命。我们能够把时间和空间结合起来，看到细胞是在什么时点、如何演化为不同功能和形态的。我相信这是一种跨越，把人类对生命的认知带到一个新的高度。科学发展就是如此，让人类不断达到更高的认知维度。

相比过去单纯谈数据、谈现象，这种认识是一个大的跨越

问：从中心法则到时空法则，是因为原来的不够用吗？

梅永红：人类对生命现象的认知一直在不断进步，这种进步并不意味着我们过去的某种知识不够用，更不是否定此前的认知，而是我们有能力提升认识层次。如同人类从石器时代走到青铜器时代、铁器时代一样，这是规律使然。

时空法则是认知生命的一种新的方法

问：时空法则是什么呢？

梅永红：我的理解，时空法则是认知生命的一种新的方法和工具，它能够把生命进化过程在特定时间和空间两个维度上整合起来。在什么

时间点上，生命发生了什么变化，使我们对生命演化规律、遗传规律有了全新的认识。这种认识相比过去单纯谈数据或现象，是一个很大的跨越。

不完全来自底气，很多时候是兴趣

问：在华大"518"工程中有两个方向，一个是探寻生命的起源，一个是探寻意识的起源。这两个方向可能对全球的人类来讲，都是非常难以回答的终极问题。您认为华大有什么样的底气要去探寻这样难以解答的终极问题？

梅永红：其实对生命科学的探究不完全来自底气。科学一路走到今天，很多时候是兴趣使然，还有一部分是来自目标。华大做生命科学研究，是从基因组大数据起步的，这与生命起源以及意识、脑科学有着密切的关联。可以说华大一路走来，就是在探索生命规律，探究生命起源。

今天当我们积累到一定程度的时候，开始把研究生命起源、意识起源作为一个阶段性目标，这是一个自然而然的过程，标志着华大对生命规律的认知达到了一个新的高度。更重要的是，我看到人类所有重大认知的突破，都是因为有更多的人愿意投身于此，无论是带着使命还是带着兴趣。

也许某一天会产生一种突破，而突破的背后可能是 10 年甚至 100 年的积累。这个突破不一定发生在华大，但是华大的积累仍然是有价值的。哪怕是错误也有意义，科学本身就是不断试错、不断进化的过程。我们今天的努力和奋斗，正是未来科学大厦的一块基石。

对生命以及很多疾病的认知，将越来越建立在大数据的基础之上

问：生命科学的大数据时代已经到来了？

梅永红：人是一个复杂系统，甚至可以称之为宇观现象。我刚才谈到生命本身确实值得敬畏，就是这个意思。当人们对一种疾病的认知局限在一个人身上，数据量极其有限的时候，会有一种解释，但如果是100个、1000个甚至1万个人的数据呢？这个疾病的产生、发展和治疗可能就会被重新定义。

因此，对生命以及很多疾病的认知，将越来越建立在大数据的基础之上。今天我们已经有能力来积累和处理大数据，这是非常了不起的事。美国"癌症登月计划"准备做100万人的数据，英国也提出百万人级的数据，说明各国都已非常清楚地看到大数据对于生命科学的价值，这是一个普遍规律。

非常幸运，也许正是因为看到了这种规律，多年来华大一直在积累这些数据，今天，世界领先的综合性生物遗传资源基因库——深圳国家基因库也是由华大生命科学研究院开展运维工作。这是极其宝贵的国家数据资源，所以我常常把国家基因库称为"国库"。

科学伦理和法律，使科技带给人类更多的是福祉

问：但是很容易引起外界另一方面的担心，就是关于隐私保护、伦理的问题。您怎么看待伦理界限的把控？

梅永红：这一点非常重要。我在科技部工作期间对这个问题就有所关注。因为科学发展太快了，特别是生命科学，已经在探究人类自身最内在、最隐秘的那一部分信息。对这些数据的运用，如果不把握好跟整个社会的伦理关系，有可能会对我们现有的社会结构、社会心理造成巨大影响。非常幸运的是，科学界在科技发展到一定程度以后，总是能够形成全球科技界的普遍共识与科学伦理。什么样的事情可以做，什么样的事情不可以做，都能在有序、理性的层面上推进。

另外还有一方面就是法律。我们希望或者正在努力，使科学进步能够在一个可靠的、可信的法律框架下推进。当某种行为跟法律产生抵触

的时候，可以通过公权力进行规制。科学伦理和法律，使科技带给人类更多的是福祉，而不是灾难。我相信再往前走，依然需要有这种理性，人类也有能力把控科学进步带给我们的影响。

问：您觉得生命科学的伦理是限制了生命科学的创新发展，还是帮助了它的发展？

梅永红：我认为是帮助，或者说主要是帮助。当我们在对一个创新的科学方法、科学理论产生怀疑的时候，它一定跟我们过往的认知，或者整个社会秩序是有冲突的。这种冲突如果能够在一段时间内维持一个平衡状态，我认为是最好的。反之，如果它对当下整个社会秩序是一种颠覆，带来某种风险，对科学本身也是一种伤害。

基因科技可以使人类更健康、更长寿

问：华大有一个"天下无"系列，"天下无聋""天下无唐""天下无贫"，您觉得能够实现"天下无"各种疾病的愿景吗？

梅永红：至少对某些疾病是可以做到的。比如天花、地中海贫血，就得到了很好的控制。地中海贫血，顾名思义发源于地中海，但今天在地中海地区已经看不到了。天花曾经肆虐全球，几千万人死于天花，今天我们也已经不再受天花病毒的困扰。为什么？因为人类发明了很多方法，采取了很多措施，使得这些疾病不再危害我们。同样地，对现在的各种遗传性疾病，如果能够有更多的重视，有更好的技术，我相信达到某种疾病"天下无"的目标是完全可以实现的。基因科技可以使人类更健康、更长寿。

人的生老病死，很大程度上是由基因决定的

问：华大的愿景是"基因科技造福人类"，您觉得华大为什么会把它作为愿景？

梅永红：人的生老病死，很大程度上是由基因决定的。虽然不能简

单地说是基因决定论，还有很多其他因素在发挥作用，但没有人能够否定基因对于人生老病死的客观性影响。

当华大在基因领域积累到一定程度以后，可以用更多的方法、更多的数据来改善人的生命状态，可以使人活得更健康、更好。我们就是怀着这样一种理念、一份执着，一路走到今天，这是多好的一种选择啊！我觉得从一开始确定这样的理念，就注定了华大在一个正确的路上行走。

当然，基因科技造福人类，也不仅仅限于人本身。我们对植物、动物的研究，甚至对微生物的研究也同样如此，都是从更大的数据量、更高的纬度上认知所有生命的规律，认知生命与生命之间的关联性。我相信这对人类一定是有益的。

我们不再像一个莽夫，使着蛮力期望主宰整个世界

问： 现代智人从非洲走出来这一路，导致很多大型动物灭绝，包括和现代智人并存的其他人种的灭绝。人类的发展会不会导致这个星球上的物种越来越少，对于别的物种来讲会不会是一个灾难？

梅永红： 人类确实经历过无知、鲁莽的阶段。但是，今天我们在看待自然、人类，尤其是看待人和自然关系的时候，有了更多更理性的认识。比如可持续发展的提出、对气候变化问题的关注，还有我反复提到对自然的敬畏，都是在认知规律不断升华的基础上形成的。我们不再像一个莽夫，只是使着蛮力期望主宰整个地球。人类正在寻求跟整个自然界和其他物种之间的和谐相处，这就是认知变化带来的。我相信我们生活的这个地球将会越来越美好，人类的朋友将会越来越多。

新中国成立 70 多年来，我们一直被"卡脖子"

问： 在创新科技领域存在着"卡脖子"问题。华大历史上也被卡过脖子，这个问题怎么解决？现在还会被"卡脖子"吗？

梅永红："卡脖子"问题不是始于今天。在 2023 年华大年中会上，我专门用了十几分钟讲了所谓"科技脱钩"问题。其实新中国成立 70 多年来，我们一直被"卡脖子"，只是近几十年来我们跟西方国家的对接越来越多，贸易关系越来越紧密，很多人似乎淡忘了曾经被"卡脖子"，普通百姓更不可能感受到在关键领域、核心技术被"卡脖子"的滋味。所以我特别强调"卡脖子"问题由来已久。

今天，科技"卡脖子"正在更多领域、更深层次上表现出来。这不是因为中国做错了什么，而是由于我们在科技上取得了长足进步，在越来越多的领域走到了与西方国家竞争的位置上，比如 5G、高铁、卫星定位导航、空间站、载人深潜器、光伏、新能源汽车、超级计算机、量子通信、盾构机、核磁共振等。

在众多领域如此集中和快速地突破世所罕见，必然对国际产业乃至地缘政治格局产生深刻的影响。比如生命科学领域，过去我们没有资格跟别人进行平等的交流。1999 年华大参与国际人类基因组计划的时候，只是一个小跟班，承担 1% 的测序任务都非常艰难。华大在 21 世纪初做水稻基因组计划的时候，是中国第一次设计整个测序体系、测序算法、测序流程，距今不过 20 年。今天我们已经走到了可以跟别人平等对话的程度，这在我们看来是巨大进步，但在别人看来可能意味着侵入了他们"世袭"的领地。

在西方一些政客眼里，中国在参与全球化的过程中，只是一个被动和服从的跟班。跟许多拉美国家一样，中国在全球产业分工体系中只能位于末端的加工贸易环节，知识、科技、高端永远与我们无缘。但是我们不信，咬牙一路走到今天，终于在越来越多的领域走到了前列。虽然还没有更多的引领性、颠覆性创新，但已经有能力和底气来争得一席之地。我们的每一点进步，在他们看来就是一种挑战、一种威胁。中美科技之争不是什么意识形态问题，不是人权问题，而是结构性矛盾，是发展权之争。在相当长的时期里很可能会愈演愈烈，我们绝不能心存侥幸，抱有不切实际的幻想。

科技不是神造的，而是人类智慧的结晶。几千年来的历史充分证明，中华民族是智慧的民族，14 亿多人口所蕴含的巨大创造力未可限量。企图用科技阻碍中国发展，我认为终将成为历史笑料。在过往 70 多年里，越是被"卡脖子"的领域，往往进步得越快，我们戏称为"神助攻"。未来 10 年、50 年、70 年更将证明这一点，我对此充满信心。

华大就是曾经被死死"卡脖子"的。经过短短 10 多年的努力，今天已经可以与最强大的美国竞争对手"掰腕子""分蛋糕"。科技从来不缺进步发展的机会，这种机会不可能只是那些发达国家的专属品，也一定会给中国更多的可能。

"卡脖子"是逆世界潮流而动，长久不了

问：您刚才说华大 10 年前就被"卡脖子"了，10 年过去了，我们现在还被卡吗？

梅永红：被"卡脖子"是个常态，实际上已成为政治话题。冷战结束后的全球化浪潮已经 30 多年了，使得国家之间无论是科技、经济，还是贸易，都形成了强烈的关联性，没有一个国家能够完全独自完成几乎所有学科、所有技术或技术转化的过程，即使强大如美国也做不到。光刻机就是典型的例子，关键技术分散在全球许多国家，荷兰、日本、法国、德国、英国、瑞士、瑞典、美国、加拿大、澳大利亚都有自己独特的一些技术优势，中国的市场也是其中重要一环，可谓你中有我，我中有你。

这是一个国家间能够互相协同、取长补短的格局，使人类能够有能力共同回答和解决经济、社会和科技发展的问题。这本来是一个非常好的趋势，中国对参与这一体系始终抱以积极态度，并且发挥着重要的作用。但是，今天一些国家以其所谓领先优势强行打破这一秩序，动辄对别人进行制裁，对别人"卡脖子"，完全无视人类面临的共同难题和命

运。这是逆科学规律而动，逆世界潮流而动，我认为长久不了。当我们走过这个至暗阶段，迎来的一定是阳光、鲜花。

我一直执着于研究创新问题

问：在华大这几年，您有什么样的感悟？您觉得在华大收获了什么？

梅永红：我一直执着于研究创新问题，华大本身就是在不断突破自己、不断突破生命认知的一个创新型机构。跟华大年轻人在一起的时候，我能感觉到他们勃发的创新激情。这种激情也让我能够从华大这样一个案例，进一步思考中国创新政策、创新生态。我希望能够用更多的精力来进一步研究华大、解剖华大、诠释华大，为行业发展、国家政策提供一些启发。

我们还有很长的路要走，还有很多的问题要解决，华大也许能够提供一些有价值的借鉴和启示。

华大的研究就是典型的大科学范式

问：据说华大员工平均年龄是 31 岁，这几年新的重大科学突破，在国际顶级学术期刊发表文章的第一作者，基本上都是 30 岁左右的年轻人。您觉得是一个什么样的机制可以让年轻人在华大发展当中，做出世界级的成果？

梅永红：这与科学研究的范式密切相关。我们知道，近代科学发展主要是基于还原论，即整体是由部分组成的，可以通过部分之组合加以理解和描述。由此形成的经典科学方法，催生了近代科学的巨大发展和繁荣，诞生了牛顿、爱因斯坦等伟大的科学家。他们在斗室中焕发出的智慧光芒，照亮了人类前行的脚步。

但是，还原论也面临着许多困扰，特别是在许多情形下，个体之和并不等于整体，比如意识是怎么产生的，时光为什么不能倒转。因此，当代科学发展越来越超越科学家个体化、经院式研究的小科学范式，更多地依托于大工具、大数据、大平台，更多地建立在学科间交叉渗透基础上，更多地表现为科学、技术和工程之间的融合共生。这就是系统科学，也是区别于小科学的大科学范式。

华大的研究就是典型的大科学范式。每一项研究都是从科学或产业大目标出发，将内外部各种优质资源组合起来，形成完整、协同的研究架构。也就是说，华大是一个大平台，以往的研究积累都在这里，而且不断通过新的研究与合作加以提升。为什么华大的年轻人能够有那么多优秀的科研产出？就是因为他们站到了这个独一无二的平台上，依托着无数科学家长期积累起来的理论、方法、数据和工具。高度开放式的研究，更为他们突破固有思维、大胆创新超越提供了新的天地和生态。在这种研究范式下，也许科学家个体贡献并不突出，但这个研究体系和整体能力无可替代。

遗憾的是，我国目前大学和科研院所仍然以小科学研究范式为主，PI 制不但主导着纯自然科学研究，甚至与市场需求相关的技术开发、工程应用也大多如此。相反地，美国二战后建立的 100 多个国家实验室几乎都是大科学范式，大目标、大平台、大工具和学科交叉渗透成为常态。对中国科技界来说，这个问题要远比研究人才水平高低、研究经费多少更为关键。

把年轻人的创新思维和华大已经积累的基础有机结合起来

问：那是不是意味着任何一个人放在这个平台上，都可以成功？

梅永红：非也。这个平台只是意味着有这样一个积累，有良好的基础。但是再好的资源、再多的数据，也需要创造性思维才能充分利用起来。不能够有效利用的平台、数据、工具，产生不了实际价值，反而可能成为数据垃圾。所以我认为，大科学、大工具、大数据与个人的好奇心和创新性思维并不矛盾，而是彼此融合与成就的过程。华大有这么多年轻人能够脱颖而出，正是完成了这样一个融合。今天的科学可能不完全是建立在科学家的天赋之上，但也绝对不排斥天才，不排斥创新思维。

这三个技能是不可分的

问：华大有三个技能——"读""写""存"，这三个技能您认为哪一个技能更重要？

梅永红：这三个技能是不可分的，很难说哪个更重要。没有"读"，数据从哪来？没有"写"，就无所谓数据的价值。没有"存"，就不存在大数据的概念。核心就是数据从哪里来，数据如何利用，这是一个有机的整体。华大把"读""写""存"作为基因组学研究的基本结构，是一个必然选择。

我们未来会建立新的逻辑

问：生命科学除了中心法则之外，规则性的东西是比较少的，如您刚才谈到对时空法则的探索，未来生命科学会有更多的规则涌现出来吗？

梅永红：过往认知自然现象特别是物质世界的底层逻辑，对我们今天认知生命科学仍然是有帮助的，但也许不是根本性的。未来一定会建立新的逻辑，因为生命是有意识的，生命是活的，这与我们认知物质世界完全不同。生命现象需要新的解读逻辑、方法。

最初我们只是跟班

问：从"人类基因组计划"到我们去理解"生命是什么"，您认为这个计划的重要性在哪里？

梅永红：20世纪有三个最伟大的科学工程，人类基因组计划就是其中之一。这意味着国际学术界非常清楚地知道，人类对生命的认知已经进入分子阶段、大数据阶段，这是一个重大跨越。我们有幸参与到这样一个工程，意味着我们抓住了这一稍纵即逝的历史机遇，与发达国家走到了同一发展轨道上。无论是对华大还是对整个中国来说，这都有着非凡的意义。之所以在中华世纪坛的青铜甬道上刻下这个印记，我相信这是科学界的共识。每每提起这些事情，我都为华大创始人团队的那份前瞻与执着而感动。希望中国科学界能够有更多的人看得更远、看到更底层的东西，这对中国非常有意义。

华大最初只是跟班，而且跟得非常吃力。但是，世上有哪一件事情不是按照这个规律走过来的？更为重要的是，我们逐渐改变了这种角色，从跟跑者走到并跑者，在部分领域已经走到领跑者的位置。这些计划就是让我们一步步前行，一步步改变角色。

也许我们微不足道，但仍然是有价值的

问：发现的越多，不知道的就越多。对生命的探索会不会是一个永无止境的过程？

梅永红：是这样的，就像对宇宙的探究一样，我们对宇宙究竟了解多少？比如对地震、潮汐、风暴的认识和把握，大多还处于知其然，不知其所以然的状态。更何况生命是微观的，同时也是宏观的、浩瀚的。今天我们也许对生命知道一二，其背后可能还有 100、1000 甚至10000，更广袤的生命世界等待着我们去探索。即便如此，我们今天所做的这一切都是有价值的、有意义的。人类对任何事物的认知，都是这样走过来的。在浩瀚的生命之海里，也许我们微不足道，但仍然是有价值的。

让这个群体更温暖、更亲近、更和谐

问：人类作为一个群体，生命意义是什么？只是为了繁衍，为了基因的延续？

梅永红：这是哲学问题，很难回答，我相信 100 个人有 100 种答案。如果把个体放在人类这个群体中，我认为其价值和意义就在于让这个群体更温暖、更亲近、更和谐。

问：生命个体的意义何在？

梅永红：个体的意义就在于参与这个群体的程度。在我看来，个体本身是没有意义的，和一只蚂蚁没有什么两样。人类之所以为人类，是因为我们是一个群体，我们彼此是有关联的。个体的意义，就在于参与这个群体过程中的存在感与价值。

希望不要让这样一次历史性机遇从我们身边溜过去了

问：20 世纪人们就说 21 世纪是生命科学的世纪，现在 21 世纪已经过去 20 多年，您依然会给出这样的判断吗？

梅永红：我非常确信，21 世纪将是生命科学和生物经济的世纪。我在一些场合多次谈过这个观点，实际上这是在 20 世纪 90 年代提出来的，那时我们对这个提法是有争议的，还存在较大的盲目性。我们知道这种趋势，看到一个不同于过往的时代正在到来，但究竟什么时候到来，对我们每个人、对这个社会和世界格局将带来什么影响，并不是确定的。今天看来，这个时代已经到来了。

我相信，大部分人已经认识到了，甚至感觉到了。像动物克隆、疫苗、基因药物、靶向治疗、合成生物等，在我们现实生活中已经越来越多，越来越触手可及。我说的时代不仅仅限于我们的生老病死，我们看到还有很多其他颠覆性的现象正在呈现。美国近两年不断推出有关生物制造的政策和法案，就是鼓励和支持通过生物基制造出绝大部分已有的材料，包括透明材料、导电材料、建筑材料、纺织材料、能源材料等。在未来 25 年到 30 年，全球将达到 30 万亿美元的生物制造规模，今天哪一个领域能够达到这种规模？

我特别想说的是，这个时代正在快速到来，时不我待。中国有幸赶上了这样一个时代，有幸形成了宝贵的积累，包括技术积累、人才积累、学科积累、数据和平台积累等。希望不要让这样一次历史性机遇从身边溜过去了，应该很好地把握住。

生命之谜的最核心就在于意识

问：对于自由意志，对于我们的精神世界，生命科学是不是还很难给出更多的解释？

梅永红：是的，至少以我现在的了解，我认为我们对意识形成的规律，现在还是茫然无知的。世界各国都在进行这种探究，脑科学研究是生命科学中最前沿的研究方向之一。人们试图用更多的方法和数据来回答认知问题和意识问题。这种突破正在进行，比如脑机连接通过人工智能来影响思维、支配行动，这说明我们对意识的认知已经达到了一个新的高度。我不知道最终会呈现出什么结果，但我知道人类终将解开生命、意识和情感之谜。

一种不断前行的活力

问：如果把华大比喻成一个生命体的话，您愿意用什么来形容华大呢？

梅永红：生命体本身就很难用现有的词来描述。如果把华大理解成一个生命体，如果你认为所有的机构都是生命体，我认为华大具有区别于其他生命体的独特性——向着生命之海不断前行、百折不回的内在活力。

这不是一蹴而就的，是一个百年工程

问：习近平总书记说，抓住新一轮科技革命和产业变革的重大机遇，就是要在新赛场建设之初就加入其中，甚至主导一些赛场建设，从而使我们成为新的竞赛规则的重要制定者、新的竞赛场地的重要主导者。回顾华大 20 多年前参与人类基因组计划，华大属于这种类型吗？

梅永红：要成为新赛道的参与者，甚至是引领者，背后的积累是什么？这不是单凭意气和勇气就可以做到的，而是在长久、丰厚积累基础上所能达到的一种能力。华大从参与国际人类基因组计划以来，一直在不断积累这种能力。如果说今天我们在某些领域已经走到了并跑甚至领跑的位置，正是因为遵循了这样一个规律。科学一定是代际的传承，是百年工程和寂寞的长跑，我们可能需要用 20 年、30 年，甚至 50 年的时间尺度去谋划。

中国的研发资源结构已经发生了根本变化

问：习近平总书记指出，强化国家战略科技力量，要注重发挥科技领军企业"出题人""答题人""阅卷人"的作用。您对这方面有什么样的建议或者呼吁？

梅永红：如果在 10 年前、20 年前，我认为是不切实际的，那时中国虽然也有很多大的企业，但研发能力不强，更谈不上科学积累。今天习近平总书记提出这个观点，我认为恰逢其时，因为经过这么多年的努力，中国已经有一批企业走到了世界前列，有的已经可以对技术方向甚至学科产生影响。比如，去年华大与国内外其他机构合作，在 CNNS 这样的国际核心科学期刊发表数十篇高水平论文，这在过去完全不可想象。再比如，华为一年研发的投入已经达上千亿元，拥有几万名研发人员，这在全球也是不多见的。这样的企业在今天的中国不是一个、两个，可能是 100 个、1000 个，表明中国的研发资源结构已经发生了根本变化。

另外，技术与科学的相互支撑越来越普遍，许多重大理论的突破有赖于工具和数据。也就是说，当代科学技术发展不再是单纯线性的路径，而是更多地体现为交织、交叉、共生。强调企业作为技术创新的主体，不只是单纯基于技术和商业的目标，而是体现着整个科学研究范式的变化。

还有一点，企业研究开发活动通常都是问题导向、目标导向，能够形成一个完整的价值闭环，这在现行的课题制中很难做到。正是因为这种闭环，才能实现技术和产品的不断迭代，才能逐步积累起更具独占性和竞争力的缄默知识。我一直认为，技术和产品的研发活动必须由企业主导，而不是由学术主导。

具备能力的企业、民营机构，同样是宝贵的国家资源、国家能力

问： 习近平总书记还指出："世界已经进入大科学时代，基础研究组织化程度越来越高，制度保障和政策引导对基础研究产出的影响越来越大。""必须深化基础研究体制机制改革""发挥好制度、政策的价值驱动和战略牵引作用"。反观一个民营机构的科研机制，可能对国家的科研机制改革有什么样的贡献和建议？

梅永红： 我在这方面有过一些分析，也提出过一些建议。正是因为现在科技资源结构已经发生了巨大变化，今天确实有一些企业已经在基础科学和前沿技术领域走到了中国乃至世界的前头。无论是在科技资源配置还是科技政策上，都迫切需要把这些资源和力量放在国家整体的科学研究格局中统筹布局。过去基础研究似乎只能限定在大学或国家科研机构中，这是从苏联继承过来的科研体制，也是中国当时现实国情的局限。今天如果继续坚持这种思维，一定跟实际情况和趋势不相契合。美国的贝尔实验室就是一个私营机构，马斯克在中国顶多算是一个民间科技达人，却能够承担国家的重大使命。这样一种政策安排，应该对我们有所启发。

更重要的是，当我们对客观世界的认知越来越走向宏观和微观，建立在小科学基础上的 PI 制正面临着越来越多的局限，科学、技术和工程的融合以及学科间的交叉渗透不仅是一种趋势，更是一种必然。在这

一方面，企业参与甚至主导的作用不可或缺。

我看到一个材料，日本在过去共拿下近30个诺贝尔奖，其中80%都是做技术科学、工程科学的。不仅仅是在日本，在全球科学领域都表现出这种趋势。所以我特别期待在进行新的研究建构和资源配置中，不要无视已经具备能力的企业和民营机构，它们同样是宝贵的国家资源、国家能力。

希望有更多人看到生命科学对于国家、社会和每个人的意义

问：您与生命科学结缘，有没有什么难忘的故事可以分享？

梅永红：我真正接触生命科学，还是在来到华大以后，有很多难忘的事情。比如说你刚才提到的"天下无聋"，给我的印象很深。我在山东工作的时候，曾经去过特殊教育学校，看到那么多的聋哑儿童，心里非常难过和不安。其中许多孩子就是因为遗传和用药不当，导致终身残疾，对家庭来说无异于灾难。当我知道华大有这个能力改变，甚至能够让这种现象逐渐消失时，内心产生了很大的冲动。生命科学已经走到这个程度了，有能力改变很多人的命运，我们为什么不去努力？我希望有更多的人看到生命科学的进展，看到生命科学对于国家、社会和每个人的意义，并一起来努力改变。

我们没有辜负他

问：假如您面前坐的是薛定谔本人，想跟他说点什么？

梅永红：一方面，我表示敬仰，很多年前就能够把视角延伸到这样一个微观世界，启发人们进入一个复杂的系统中，这是非常了不起的思维，完全跨越了时空，跨越了时代。另一方面，我想说后来者没有辜负他，人类对生命的认知不断达到新的高度。虽然还只是冰山一角，但我们一直在前行。

坚定信念，走得更高，走得更远

问： 9 月 9 日是华大成立的日子，您觉得这个日子对于华大来讲，重要意义是什么？

梅永红： 一个具体的日子很难说有什么样的意义，那只是一个标志，标志着华大在生命科学领域正式起航。我们记住这个时间点，可以启示我们如何正确选择。华大正是因为有了这个选择，一路走到今天，不断达到新的高度。我们可以在每年这个时间点回望过往的路途，让我们坚定信念，继续沿着这个路子走下去，走得更高，走得更远。

问： 我们现在所在的位置是华大新的总部时空大楼，历经十多年的努力，6 月 26 日落成，您觉得时空大楼的落成对于华大来讲有什么样的意义？

梅永红： 对华大来说这是另一个标志——进步的标志，表明我们今天有这个能力和基础，来缔造一个更大、更有能力的生命科学中心，能够更好地聚合全国甚至全球科技资源，在生命科学领域不断探索。

生命科学也许正是改变这种格局的重要抓手

问： 展望华大未来的发展，您有什么样的期许？

梅永红： 21 世纪是生命科学和生物经济的世纪。我希望华大能够在这个生命科学世纪里有更多、更大的作为，对中国甚至整个人类的健康福祉作出自己的贡献。更为重要的是，生命科学、生物经济正在深刻地影响全球科技、经济乃至地缘政治格局，可以说是各国力图改变和主导这一格局的重要抓手，机遇和挑战并存。我希望华大能够扮演一个更加积极、主动的角色，成为中国参与这一国际格局变化的有生力量。

DNA 是贯穿任何生命体的最原始的生命线。但是，你的 DNA 决定了你与洋葱不同，也与其他任何人不同。DNA 分子携带着生命密码，编码中记录着一个受精卵发育成人或一颗种子长成洋葱所需的指令。这些编码指令中更加细微的区别决定了不计其数的诸如头发、脸形、体形和性格等的多样性，使得每一个人成为与众不同的个体。每一个指令或基因都只影响整体的一小部分，最终的结果部分也由环境决定。但生命体的整个基因组包含了组合所有信息的能力，这的确令人叹为观止。

——《共同的生命线：人类基因组计划的传奇故事》，[英] 约翰·苏尔斯顿，[英] 乔治娜·费里

在 40 万年前，我们的祖先与尼安德特人分开，然后散播开去成为现代人类；到了 5 万年前，"替代人群"散布全球。自此之后，因为人类已散布至所有大陆，所有人类没有再进一步变化。基于我们利用已有的部分尼安德特人基因组所得到的数字，估计在尼安德特人基因组中，大约一共有 10 万个不同于当今人类的 DNA 序列位点。从遗传基因的角度来看，这就大致完整回答了使现代人类"现代"的问题。

——《尼安德特人》，[瑞典] 斯万特·帕博

技术的变革，带来了从科研到产业的范式转变

——徐讯访谈录

现任华大集团执行董事、首席科学家、深圳华大生命科学研究院院长，广东省高通量基因组测序与合成编辑重点实验室主任，国际标准化组织生物技术委员会（ISO/TC276）副主席，ISBER（国际生物及环境样本库协会）中国区主席、世界经济论坛未来理事会委员、全国生物样本标准化技术委员会（SAC/TC559）专家委员。

毕业于中国科学院昆明动物研究所，遗传学博士，基因组学研究员。具体研究方向包括高通量测序仪及相关技术开发，合成仪及相关技术，单细胞测序技术，以及测序合成技术在合成生物学、疾病诊疗和农业等方向的应用转化研究。曾担任国家基因库执行主任，负责了国家基因库一期的建设和运营。

主要成果包括建立了高通量测序仪研发团队，并完成了多个型号的高通量和桌面测序仪的研发，打破了测序仪长期依赖进口的局面。推动了测序在临床应用的转化研究，除发表一系列遗传病研究、癌症研究的科研论文之外，还开发了应用于临床的检测试剂盒，已经取得并还在申报多个基于高通量测序的临床检测试剂盒。

组建了农业基因组研究的团队，发表了大量的高水平科研成果，在农业种质资源多样性以及基因技术用于农作物改造等应用上取得了阶段性的成果。带领团队进一步推动基因组学在农业上的应用，并主导了 10KP 项目（旨在 10 年内对万种植物进行基因组测序研究），还参与了非洲孤儿作物项目（旨在利用尖端的基因组技术帮助当地农民进行精准育种）。

目前已发表在包括《自然》《科学》《细胞》等国际顶级科学杂志在内的 SCI 收录论文 209 篇，其中，第一作者或并列第一作者 15 篇，通讯作者 38 篇。主持和参与包括国家"863 计划"国产测序仪项目课题和发改委产业集聚等项目 15 项。获得专利 26 项，另有 70 多项正在申请中。曾荣获"科技部大挑战青年科学家"、"鹏城杰出人才奖"、"广东省科学技术奖"一等奖、"教育部自然科学奖"二等奖。

导言　彻底打破前沿科技领域核心工具受制于人的被动局面，方能建立科技创新上的长期优势

扎根生命科学领域十余年，徐讯见证了我国生命科学从跟跑到同步，再到领跑的跨越发展。在他看来，今天的领跑，离不开核心工具的自主可控。工具是科技创新的基础，只有彻底打破前沿科技领域核心工具受制于人的被动局面，方能建立科技创新上的长期优势。

多年来，徐讯持续推动生命科学领域的工具突破。他认为，技术变革已经带来了从科研到产业的范式转变。人类基因组计划完成后的 20 年间，生命科学领域最大的变化之一，就是测序成本下降了"8 个 0"。随之而来的是测序通量和数据量的爆发式增长，大规模基因组测序成为可能。

此外，徐讯也在积极推动实施人类时空组学国际大科学计划，希望基于超高精度和超大视野的时空组学技术，能系统、全面地认知人体，从而带来全新的认知。他指出，人类时空组学国际大科学计划的核心目标是构建出人体所有器官在时间和空间维度上的单细胞精细图谱，在更精细的维度上去认知人体结构，认知人类疾病的发生发展过程，从而带来全新的疾病诊断和治疗工具及方法。

华大始终秉承"基因科技造福人类"这一目标，以产学研一体化的独特发展模式，推动生命科学领域的持续发展。徐讯坦言，"当我们发现选择比较有限，完全被别人掣肘的时候，我们要实现造福的大目标，就必须遇水搭桥，把自主可控的技术建立起来"。

"无尽的探索在基因组领域体现得非常深刻。"徐讯讲述，华大提出的基因组学、单细胞组学、时空组学"三箭齐发"，其实是

一个连续的过程。在认知物种起源、生命形成、生长发育、疾病发生发展以及意识起源等方面，华大在持续突破人类的认知边界。

徐讯认为，华大精神有三个关键：坚持造福、坚持科技创新、坚持大科学工程的组织范式。在这样的精神和使命的指引下，华大24年初心不改，一直在生命科学领域前沿探索。

徐讯寄语即将从事生命科学研究的年轻人：不仅要学，更要实践，在实践中深刻认知生命科学，坚定科研之心。

向着未知、向着未来、向着前沿，探索生命科学，华大从未止步。

在华大完成了我的研究生课题

问：请问您与生命科学、与华大的缘分是怎么开始的？

徐讯：我从小就对生物领域比较感兴趣，高中经常参加生物竞赛，到大学就选了生命科学专业。我在中国科学院昆明动物研究所读研究生期间，导师与华大有项目合作，当时也因此来到这里，在华大完成了我的研究生课题。

那时候基因组领域正处于一个关键时期，高通量测序技术刚刚出来，大家开始用它来做群体基因组研究。当时我做的是水稻的人工选择进化研究，对包括栽培稻和野生稻在内的 50 株水稻进行基因组测序，在栽培稻中发现了一些人工选择的基因。这样的经历让我对基因组技术有了非常浓厚的兴趣。

这个阶段，我在华大还遇到了很多有意思的项目。比如，土豆基因组项目，我们借助技术的突破，用短序列把一个土豆的复杂基因组完整组装出来。这在当时是非常轰动的，获得了全球的关注。这些项目为农业发展提供了非常重要的数据基础，后来也都实现了应用转化。

人类基因组计划至今，最大的变化就是成本

问：今年是人类基因组计划完成 20 周年，回顾这 20 年，您认为最大的变化是什么？

徐讯：最大的变化之一就是成本。过去 20 年里，单个人的全基因组测序的成本下降了"8 个 0"，这是其他任何领域都不曾出现的成本下降速度。而且，在这个过程中，数据量和通量也呈现爆发式的增长。最初，第一个人类基因组的测序用了 13 年时间，现在基于华大智造超高通量测序仪 DNBSEQ-T20×2，一年能够完成 5 万人全基因组测序。这使得我们每一个人都有望在真正意义上拥有自己的基因组，用来解读自己生命的密码，精准管理自己的健康。

这也带来了一个新的科学问题，就是在如此巨大、复杂的数据基础上，我们是不是可以基于大数据、人工智能进行更好的解读，从而更好地指导健康管理和疾病防控。

过去这 20 年，生命科学领域变化所带来的影响是非常深远的，其中很核心的一点就是技术变革带来了从科研到产业的范式转变。

测序仪是一个非常复杂的系统

问：成本的快速下降，离不开工具的自主。请您介绍一下最初的测序仪研发工作？

徐讯：2012 年，为了研发华大自主的基因测序仪，我开始牵头搭建研发团队，并负责对 CG 的并购及后续整合工作。到 2015 年，我们就正式发布了第一款华大自主研发的测序仪。此后，我们所有的科研数据产出就完全切换到了自主的基因测序仪上。

测序仪是一个非常复杂的系统，涉及不同体系的软件工程。由于我们还需要建立自主的知识产权体系，以突破专利封锁，这让我们面临了更大的挑战。为此，我们组建了包括有机化学、分析化学、生物化学等

在内的跨学科团队，从不同领域去思考。最后，我们不仅实现了测序仪的自主可控，而且还通过自主的大规模实践，验证了仪器的可靠性和稳定性，实现了在性能方面的大幅提升。

自主的大规模实践，让我们得以快速进行技术调整

问： 您如何看华大的产学研一体化发展模式？

徐讯： 这是华大的一个特色。华大的使命和大目标是基因科技造福人类。在这个过程中，要解决什么问题，就把对应的能力建立起来。首先我们必须有基础科研，因为没有科研，就不可能在真正意义上将尖端科技应用于造福大家。但仅靠科研是不行的，还需要有大规模的产业实践，而产业又进一步推动了科研的发展，人才也随之得到了培养。

所以，我们最终能够实现产学研一体化的核心，主要还是因为我们有一个全华大都认可的大目标。当然，中间也会遇到一些挑战，比如，为了解决"基因科技造福人类"的问题，我们需要研发自主可控的技术，并且通过自我实践让我们的技术更稳定。

让所有人都能用得上、用得起基因测序

问： 很多事情并不是提前设计好的，是自然发生的，就像遇山翻山、遇水搭桥一样？

徐讯： 对，我觉得就是遇水搭桥。其实我们刚开始的时候也没想着要做测序仪，但当我们发现选择比较有限，完全被别人掣肘的时候，我们要实现造福的大目标，就必须遇水搭桥，把自主可控的技术建立起来，把测序成本降下去，让所有人都能用得上、用得起基因测序，并因此受益。

坚持造福、坚持科技创新、坚持大科学工程的组织范式

问： 华大成立至今24年了，在您看来，是否存在一种华大精神贯

穿这 24 年，它的核心是什么？

徐讯：华大精神，我认为首先是"基因科技造福人类"。我们最早参与人类基因组计划就是因为这个事情是对全人类都有好处的，随后做的每一件事情也都是围绕着这个非常关键的使命。

另一个非常关键的华大精神就是大家始终坚持科技创新，始终认为科技是改变人类社会的发动机，并因此坚持在核心技术方面不断突破。

此外，还有一点，可以说是华大精神，也可以说是华大模式，那就是我们始终坚持的大科学工程的组织范式。无论是参与人类基因组计划，还是进行仪器开发，以及主导或参与各种国际合作，华大始终坚持以大工程的组织方式来开展科研工作。在华大做科研和在一般实验室做科研不一样，我们会根据不同项目的需要组建由不同背景人员组成的多学科交叉团队。同时，我们会像工程管理一样设置关键节点，项目的预算也是按照工程管理的方式来执行的。这与一般实验室做科研的方式是完全不一样的。

基因测序技术的应用，帮助我们避免了很多家庭的不幸

问：真正让您切实感受到"基因科技造福人类"的是什么？

徐讯：是我们开始用高通量测序技术做无创产前基因检测的时候。无创产前基因检测技术实际上是从孕妇的外周血里提取胎儿游离DNA，检测胎儿是否患有严重的染色体异常疾病，比如唐氏综合征等。我自己的两个小孩出生之前都使用了这项技术，周围的很多朋友和合作伙伴，也都用上了这项技术。

这样的技术应用，帮助我们避免了很多家庭的不幸。后来，基因科技在癌症、传染病防控以及农业育种等方面都有了越来越多的应用，让我们深刻感受到其对整个人类社会的意义。

发现一个非常低频的事件，需要有高通量的技术

问： 无创产前筛查和肿瘤早筛都用到了基因检测技术，汪建老师曾将其比喻为"百万军中取敌首级"，您认为是这样吗？

徐讯： 对，我们所说的无创产前基因检测技术，就是要从孕妇的外周血中提取胎儿的基因组，但其实在孕妇血液当中，胎儿的基因组只有不到5%，它的含量是很低的。而在高通量测序技术出现之前，原有的技术通量不够高，很难做到对5%以下含量的信号进行检测。有了高通量测序技术之后，我们能够快速做百万条、千万条序列的检测，再从中找出这5%进行数据分析，找到疾病发生的可能性。

肿瘤早筛也是一样的。在人体内，包括在肿瘤组织里，基因突变的频率很多时候都低于5%，信号非常弱，需要非常灵敏且高通量的技术，才能找到这样的信号。所以，汪老师才会用"百万军中取敌首级"这样一个形象的比喻，来说明要发现一个非常低频的事件，需要有高通量的技术。

华大就像砧木一样，能"嫁接"新的技术和应用，并使其开花结果

问： 如果说华大也是一个生命体的话，在您看来，是个什么样的生命体？

徐讯： 如果用生命体来形容华大，会有很多不同的角度。在我看来，华大就像是一棵砧木，根深蒂固，主干强壮，而且它的文化和精神传承是持续的，当有新的方向、领域、应用和技术"嫁接"上去时，它能够快速适应并使其开花结果。

我们应该很快会迎来第四个阶段

问： 如果将华大过去的24年分为几个阶段，在您看来应该如何

划分？

徐讯：我觉得可以分成三个阶段。第一个阶段，完成了人类基因组、水稻基因组、家蚕基因组、SARS病毒破译等。那个阶段主要是科研，还没有大规模的产业应用，都还在探索当中。

第二个阶段，我们遇到了技术变革，高通量测序技术的出现为大规模应用带来了可能。这个阶段，我们开始了临床探索，推出了无创产前基因检测等应用。技术突破带来了模式突破，我们从一个科研体系变成了一个产学研一体化的体系。也是在这个阶段，我们从北京来到了深圳。

第三个阶段，我们有了自主的工具，科学发现、技术发明、产业发展联动的模式已经成型了。同时，因工具自主，我们的测序成本也更加可控，可以在很多应用上做大规模实验。

我们应该很快会迎来第四个阶段。这个阶段，我认为应该是进一步将我们的工具和技术体系发挥到极致，通过大科学工程的实验，实现更大规模的造福。

"三箭齐发"是一个连续的过程，是我们在人类认知边界上的不断突破

问：能否结合华大的"三箭齐发"，聊一下对生命无尽的探索？

徐讯：无尽的探索，在基因组领域，实际上体现得非常深刻。比如人类基因组计划，在草图绘制完成之后，又开始绘制精细图，希望构建一个完整、连续、没有任何断点的人类基因组。这本身就是一个不断追求完美的过程。它不仅序列更完整了，也让我们认知到了以前没有认知到的"暗物质"，以及更多基因组的功能与结构。我们的认知在不断往前沿突破。

但是，仅仅有一个基因组序列是不够的。每个人有37万亿个细胞，每个细胞的基因组虽然都是一样的，但功能都是不一样的。那么，一个

人是如何从一个受精卵发育成一个完整个体的？为什么一套基因组会出现 37 万亿个不同功能的独立单元？这个问题到今天为止仍然是人类认知的盲点，或者说这是人类认知从未踏足的疆域。因此，我们要把每个细胞都研究清楚。

最早做单细胞测序是用口吸管把单个细胞挑出来去做测序，它的通量非常低，也没办法大规模实践。2015 年，我们提出来用微流控技术做单细胞测序，很快就实现了技术突破，可以快速做上千、上万个细胞。基于这项技术，我们对很多物种作了所有细胞类型的全面解析。比如，我们将猕猴所有代表性的组织类型和器官全都测了，绘制出一个非常全面的猕猴细胞图谱。这个图谱有非常大的意义，当时正好在新冠疫情期间，因为猕猴是跟人最接近的灵长类模式物种，所以这个图谱能够告诉我们哪些器官可能会感染新冠。同时，因为有了每个细胞的转录组信息，我们就能够知道不同细胞分别有可能感染哪些病毒，进而将这个图谱解析出来。这项研究对于人类的疾病研究也有巨大价值，当时也得到了高度关注，相关研究文章在 2022 年正式发表于《自然》杂志上。

单细胞研究带来的一个核心应用是我们可以从每一个细胞的异质性的角度去解释为什么一个物种会有这样的性状、为什么会发生某种疾病。以前，我们做癌症基因组研究，知道了癌症是基因突变导致的，但是我们始终没办法回答这些突变从哪儿来，又是如何发展成一个具有重大影响力的突变的。通过癌症的单细胞研究，我们发现了很多癌症发生发展的关键机制以及转移复发机制，并基于此，找到了很多未来用于控制和治疗癌症的关键靶点，以及筛查癌症的标志物。

单细胞技术为疾病研究带来了大量新的认知和突破。但是，我们以前做单细胞研究，是把组织器官里的所有细胞都解离完之后，逐个细胞去做，就像把一辆汽车拆成零部件去研究，去看这辆汽车为什么会比另一辆好，是因为油门不一样，还是离合器不一样。但实际上，一辆车比另一辆好，除了一些关键零部件的差异之外，最大的区别还是在整个系统层面。如果使用相同的零件，但它的整体架构、配合方式不一样，也会带来性能上的差异。在生物体内也是一样的，生物体的差异其实是一个系统层面的问题，我们需要从组织器官的原位系统性出发去研究。

所以，我们现在又提出要做空间转录组技术，对每一个细胞进行原位空间上的详细描绘，来看细胞与细胞之间是如何相互作用的，以及器官发育和形成的细胞演变过程是怎样的。但有了空间位置信息之后，另一个问题是，这个发生的时间序列是如何的？一颗受精卵是如何发育成一个成熟个体的，一粒种子是如何长成一棵参天大树的？

因此，2019年，我们提出要做时空组学，这是在基因组学和单细胞组学的基础上，又往前了一步。它使我们能够从时间、空间维度上去解析生物学的机制和功能，为我们带来了一个全新的认知。比如，蝾螈是一个全身所有器官都可再生的物种，我们在对蝾螈脑的皮层区域进行机械损伤手术后，利用时空组学技术去看它是如何一步一步重建大脑的，为什么小鼠、人类等的大脑受损了后没办法再生？在这项研究里，我们找到了蝾螈脑再生过程中的关键神经干细胞亚群，这在小鼠和人体里面是缺失的。那是不是如果能够诱导出这样的一种神经干细胞类型，就可以修复大脑的损伤？这对于很多脑疾病而言，也许会带来重大的应用价值。

时空组学这样一项全新的技术，带来了全新的认知，对于人类疾病治疗而言，也是一个突破性的进展。这就是我们所说的无尽前沿。

所以"三箭齐发"其实是一个连续的过程，从基因组到单细胞组，再到单细胞时空组，我们不断认知物种起源，认知生命形成，认知生长发育，最后认知疾病的发生发展，甚至是意识起源，不断突破人类的认知边界。

探索无尽前沿带来了新的认知和发现，也带来了新的应用和产业

问：如果说生命是一本"天书"的话，关于这本"天书"的问题会无穷无尽，随着认知边界的扩大，会发现未知的东西更多，是这样吗？

徐讯：是的。我们做了一些全球合作的大项目，比如生物多样性计划，随着我们测序的物种越来越多，我们发现基因组虽然是由 A、T、C、G 四个碱基组成，但不同物种之间的差异是极大的。这让我们对基因影响性状、影响适应性有了一个全新的认知。同时，这些无穷无尽的新知识，又带来了应用的无限可能性。比如，我们当年做了千种植物的转录组测序，发现了很多藻类里的发光蛋白，这个发光蛋白可以用来做很多的下游应用。

所以，探索科学无尽前沿，一方面会带来新的认知和发现，另一方面又会带来新的应用和产业。

"四级挖矿"，挖的"矿"其实就是生物资源的矿

问：像荧光蛋白这样的发现应该不止一个吧？

徐讯：对，不止一个。

我和汪建老师去马里亚纳海沟采样，带回来的样本里发现了很多全新的东西，这些东西未来都有可能在新的领域应用。比如，我们发现了大量未知的放线菌，在这些放线菌中有可能发现大量新的抗生素。

此外，我们过往在海洋多样性领域做了诸多项目，发现了很多新的蛋白。这些蛋白已经用在了测序仪当中。而且深海的高压环境，需要蛋白具有耐高压的性能，因此这些蛋白的性能也更好。这些探索我们叫作"四级挖矿"，挖的"矿"其实就是生物资源的矿。

孟德尔的发现，是生命科学尤其是基因组学领域的奠基石之一

问：2023 年是薛定谔"生命是什么"系列演讲发表 80 周年，在演讲中，薛定谔向一系列前辈科学家致敬，包括孟德尔。他认为孟德尔的发现是 20 世纪一个全新科学领域的"灯塔"。您怎么看这个评价？

徐讯：孟德尔发现了遗传规律，并通过实验科学来解释生物学现象、生物学规律，还开创了统计在生物学研究当中的应用，我觉得非常了不起。他的发现算是生命科学，尤其是基因组学领域的奠基石之一。

除了孟德尔的发现，还有很多对于这个领域的发展而言非常关键的点，比如 DNA 是遗传物质的发现，双螺旋结构的发现以及 Sanger 法测序技术的发明等。此外，与孟德尔的发现相辅相成的摩尔根的发现也是非常关键的。摩尔根用果蝇杂交实验补充了遗传学的定律，并建立了动物实验的工具，这些一直沿用到了今天。

生命的基因组就如同计算机的源代码一样

问：薛定谔用"密码本"这个词来形容生命、形容等位基因，现在怎么看"密码本"这个比喻？

徐讯：我觉得早期薛定谔用"密码本"这个词，实际上描述了在纷繁复杂的生命现象背后，有一些东西在控制着这些性状。因为它既有多样性，同时又在一代一代地稳定传递。他认为肯定有什么东西控制着这个过程，这个东西可能就是一个密码本，就有点像计算机的源代码。

今天，我们再来看薛定谔"生命是什么"这个问题，虽然还是不能回答所有的问题，但我觉得从信息、物质到能量的角度来解析生命的本质和底层，仍然是非常深刻的。首先，生命是一套信息系统，它实际上是一个信息载体，所以说生命是信息的。其次，生命又是物质的，里面涉及各种物质，包括不同的蛋白质，小分子，碳、氢、氧的有机系统和

外界系统的交换等，它实际上是一个物质体系。同时，生命又是一套能量体系，生命从生长发育到衰老的过程，就是能量不断积累最后上升到一个极限后走向死亡的一套能量系统。

问：所以对"生命是什么"这个问题可能现在还没有正确答案，还要不断探索？

徐讯：对，但这就是薛定谔超前的地方。他在《生命是什么》这本书当中，已经从非常哲学的角度，描绘了"生命是什么"这个问题的哲学框架。这个哲学框架体系到今天为止仍然是合理的，我们现在只不过是在丰富细节和内容。

想问薛定谔：认知生命的理论框架、哲学框架是否会有新的扩展？

问：如果现在坐在您面前的是薛定谔，您想跟他说什么，或者想问他什么？

徐讯：我想问的问题是，基于今天的科学认知系统，他关于"生命是什么"的这套哲学框架是否会有新的拓展？比如，对于我们现在讲的很多生命现象，包括酶的反应、酶的效率，是不是可能会有新的认知？我们在时间和空间尺度上对生命变化过程的认知，是不是可以对"生命是什么"的理论框架、哲学框架有新的扩展？我觉得这可能是比较有意思的。

在中心法则基础上的时空法则，是我们进一步解析生命和向外拓展的一个关键科学问题

问：这个问题可以由你们来续写下篇？

徐讯：这是华大目前提出要做时空法则的关键。生命中心法则讲的是 DNA 到 RNA 到蛋白质的过程。它没有回答时间和空间的问题，只是回答了一套基因组是如何影响生物学功能的单一线性化问题。但是，

在时间尺度上、在空间维度上，时空法则又是如何一步一步影响生物的发生发展和性状命运的？我觉得，在中心法则基础上的时空法则，是我们进一步解析生命和向外拓展的一个关键科学问题。

在"生命是什么"这个问题上，我们已经有了大量的基础数据

问：如果生命是一本"天书"，您觉得现在人类对这本"天书"的破译到了什么阶段？

徐讯：我觉得，相对于80年前而言，目前我们对这本"天书"差不多有了一个轮廓的认知。虽然很多局部细节并不是很清晰，但一个非常大的变化是，今天在"生命是什么"这个问题上，我们已经有了大量的基础数据。在大数据和人工智能的基础上，我们也许可以将"生命是什么"这个问题从一个模模糊糊的认知，推进到一个更精准的公式化、理论化、系统化的认知，可能会有突破性进展。

基因组研究还远远没有完成

问：人类基因组计划完成以后，有一段时间曾有一种说法认为我们进入了"后基因组时代"，对这种说法您怎么看？

徐讯：科学是在不断往前走的，我们对基因组的认知也是在不断往前走的。基因组研究还远远没有完成，虽然20年前就完成了人类基因组计划，但我们仍在试图让它变得更加完善，这项工作是在不断往前突破的，人类的认知也是不断往前突破的。我认为，"后××"这个说法，应该是说一个事情已经做完了，在这个做完了的基础上，再去锦上添花。

今天的生命科学发展是爆发式的

问：您如何形容当前生命科学的发展？是爆发式的，还是日新月异？

徐讯：我认为还是用"爆发式"来形容更贴切一些。"日新月异"这个词说的是每天都不一样。为什么我们要讲孟德尔，要讲薛定谔？实际上，生命科学的理论框架和知识系统是一脉相承的。但是，今天的生命科学发展是爆发式的，数据是爆发式的，认知是爆发式的，应用也是爆发式的。

我目前主要的精力一方面是持续推动工具突破，另一方面会把很多的精力放在人类时空组学国际大科学计划上

问：除了管理工作之外，您目前主要开展哪些科研攻关工作？

徐讯：我目前主要的精力一方面是持续推动工具突破。有了技术的突破，有了新的工具，才能带来新的认知。另一方面我也会把很多的精力放在人类时空组学国际大科学计划上，我们希望基于时空组学技术去系统、全面地认知人体，对人脑等关键器官，进行更高精度的解析，从而带来一些全新的认知。

在真正意义上将整个生命系统数字化

问：时空组学就相当于照相机加录像机，是这个意思吗？

徐讯：对，可以说是生命的照相机加录像机，但是它的维度是不一样的。我们原来的照相机、录像机拍的是轮廓，而时空组学技术的精度能够到每一个细胞，甚至我们还希望能够将每个细胞里的分子数量、位置，以及出现和消失的时间等都解析出来，从而在真正意义上将整个生命系统数字化。

人类时空组学国际大科学计划：希望在更精细的维度上去认知人体结构，认知人类疾病的发生发展过程

问：能否具体讲一下人类时空组学国际大科学计划？它的目标和框架是什么？

徐讯：人类时空组学国际大科学计划的核心目标，就是要构建出人体所有器官在时间和空间维度上的单细胞精细图谱。我们希望在更精细的维度上去认知人体结构，认知人类疾病的发生发展过程，从而带来全新的疾病诊断和治疗工具及方法，这是时空组学大科学计划期望的产出之一。这个项目就像人类基因组计划一样，需要来自不同领域的全球科学家团队共同参与。

人类时空组学国际大科学计划关注了几大系统

问：主要瞄准哪些器官和疾病制订了研究计划？

徐讯：起步我们是关注了几大系统，比如大脑、免疫系统以及心脏等这些相对来说比较关键的组织器官。

在疾病方面，我们现在比较关注的是脑疾病，包括阿尔茨海默病、帕金森病、癫痫等，以及脑胶质瘤、肺癌、胃癌、肠癌这些恶性程度比较高的癌症。我们将基于时空组学技术去研究这些癌症的发生发展，观察癌细胞和免疫系统是如何互作的，癌细胞又是如何逃过免疫系统的防御，最后发展成肿瘤组织的。

已经有来自 30 多个国家和地区的超过 270 位科学家加入

问：华大联合多国科学家共同发起了时空组学联盟，请您介绍一下时空组学联盟的情况。

徐讯：2021 年，我们在完成时空组学技术工具的研发和验证之后，发表了一系列的预印文章，有很多科学家找到我们，表示希望能基于我们的技术平台去解决不同的科学问题。于是，我们开始考虑能否发起一个联盟，让大家在一个通用的平台上沟通交流，从而更好地推动全球协作。这个想法得到了很多科学家的支持，于是在 2022 年 5 月时空组学专题文章发表的时候，华大联合国内外科学家共同发起了时空组学联盟，一开始就有 80 多位科学家加入。

目前，联盟已经有来自 30 多个国家和地区的超过 270 位科学家加入。我们形成了不同的工作组，比如癌症工作组、脑科学工作组、免疫系统疾病工作组等，大家基于共同的平台和原则，使用时空组学技术开展前沿探索，交流科学想法。过去这一年多，已经陆续产生了一系列科研成果。

人们对环境和健康的诉求是永远不会过剩的

问：20 世纪老有人说，21 世纪是生物学世纪，站在 21 世纪第三个十年的开头，您怎么看这个判断？

徐讯：随着人类社会的不断发展，我们对环境和健康不断提出新的需求，而这些需求只能通过生命科学来解决。虽然现在生物技术和生命科学在我国的经济总量中的占比还不是特别高，但我认为这个比例会越来越高。而且，工业生产会产能过剩，但是人们对环境和健康的诉求是永远不会过剩的。

解答人类的终极问题，能驱动我们向着未知、未来和前沿不断突破

问：为什么华大要研究生命起源和意识起源？是什么动力驱使的？

徐讯：生命起源和意识起源其实都是非常底层的科学问题。这种底层的科学问题，很多时候没法验证，可能也无法很快产生应用。但其实生命科学发展到今天，一直都在回答这些问题：生命是什么？人从哪里来的，要到哪儿去？在回答这些基础科学问题的过程中，会产生一些新的认知，带来一些新的应用。比如，我们因为想认知生命是什么、人是什么，才开展了人类基因组计划。而正是有了人类基因组图谱，才有了靶向药物的发明。

为什么我们要去解答人类的终极问题？因为它能驱动我们向着未知、向着未来、向着前沿不断突破，并在这个过程中带来新的应用。

学习＋实践，会让我们有更深刻的认知

问：如果要对未来从事生命科学研究的年轻人说几句话，您想说什么？

徐讯：可能对于现在要进入生命科学领域学习的人来说，这个领域是比较有挑战性的。其实，我读大学的时候也很迷茫，感觉生命科学和其他理科不一样。

在接触华大之后，我才真正意识到生命科学实际上是一个非常有价值的学科，它能解决人类社会必须面对的终极问题，从而真正造福人类。学习生命科学，一方面要学，另一方面要实践。像华大创新班的学生，他们通过实践，会对生命科学有更加深刻的认知，也会更坚定从事生命科学研究的决心。

无论在世界上的什么地方，无论看到的是哪种动物、植物、昆虫或其他东西，只要是活物，使用的都是同一套密码子和对照表，所有生命无一例外。除了一些微小的局部改变外（主要发生在纤毛虫内，具体原因未知），所有生物的遗传密码均是相同的。我们都使用完全一样的语言。

——《基因组：生命之书 23 章》，［英］马特·里德利

会爱自己才健康，真爱自己才幸福，生命之中的健康、快乐与幸福，真的可以由自己来把握。当下以及未来，什么最贵？毫无疑问，健康最贵，绝不是车子、房子、票子与位子……健康的智者，在身体还好着的时候就注意身体的变化，而不是等身体出现大问题了才去关注它；健康的智者，顺应自然，做无为之事，心情淡然安宁，自然就能长寿安康。

——《生命由自己把握》，朱晓华

大人群、低成本、高效率筛查，是未来疾病防控的核心

——赵立见访谈录

现任华大基因首席执行官，基因组学副研究员。毕业于河北医科大学预防医学专业，1999年加入华大至今，历任深圳华大医学检验实验室总经理、生育健康事业部负责人、华大基因首席市场官等。

他致力于将华大基因打造成覆盖全产业链的全球精准医学和公共卫生服务领域的引领者，带领团队在全球率先开展无创产前基因检测技术的临床应用，推动基因组学在出生缺陷防控、肿瘤防控、传感染病防控、慢性病防控等领域的临床应用与快速转化。

曾参与"人类基因组计划1%项目""超级杂交水稻基因组计划""SARS病毒全基因组测序分析"等科研项目，发表SCI论文20余篇。

先后发起了"百万新生儿听力与耳聋基因联合筛查""中国聋病基因组计划""中国单基因病携带者筛查"等重大项目。

曾获得"中国出生缺陷干预救助基金会科技成果奖"一等奖、"华夏医学科技奖"二等奖等奖项，"深圳市健康产业领军人物"等荣誉称号，是深圳市医药卫生"三名工程"引进专家。

导言 "防大于治"，通过早期筛查、早期预警实现疾病防控关口前移

他深耕生命科学领域 20 余年，坚持以科研攻坚促进学科发展，以技术创新推动产业发展，以产业转化实现自力更生。

1999 年，赵立见以实习生的身份加入华大，由此与生命科学结缘。20 多年来，赵立见与华大一路同频发展，见证了我国生命科学领域从跟跑到并跑，甚至是个别领域领跑的飞跃历程。

"华大强烈的科研氛围深深吸引了我。"赵立见回忆刚加入华大时的情境与感受，创始人会走进实验室亲自指导解决难题，同时也经常与全球各地的科研机构交流新的技术方法，拓宽知识面。

他表示，在还没毕业的时候就能够参与人类基因组计划这样全球最伟大的科学工程之一，是对个人巨大的鼓舞。

基因组学从基础研究到实现规模化应用，少不了许多关键突破。

2008 年，华大提出可以基于高通量测序方法，通过孕妇外周血提取胎儿游离 DNA 进行检测，评估胎儿罹患严重染色体异常疾病的风险。这不仅实现了技术和方法的突破，还让基因测序技术真正从实验室走向了临床。

此后，华大在国内不同省市推动了无创产前基因检测的大规模民生筛查项目，这是华大经过十多年探索出来的一种创新模式。赵立见表示，这项检测技术最初主要用于满足高风险孕妇的筛查需求，但其实理论上每位孕妇都适用，它应该成为人人可及的技术。

赵立见指出，华大目前已经解决了工具自主和成本可控的问题，越来越多的检测技术、产品实现了大规模的临床和民生应用。

除出生缺陷和肿瘤防控外，华大也注重传感染病的防控。新冠疫情期间，华大依托多年的技术积累，快速打造了"火眼"实验室模式，为全球疫情防控作出重大贡献。在疫情退去后，"火眼"实验室通过转型升级，持续为中国精准医学体系和全球公共卫生建设贡献力量。

赵立见认为，未来的疾病防控，无论是出生缺陷筛查，还是肿瘤早期筛查，实现大人群、低成本、高效率的筛查才是核心。他表示，他们会始终坚持"防大于治"，希望基因检测技术能够覆盖更多的人群，通过早期筛查对疾病进行早期预警，实现疾病防控关口前移。

"生命科学领域无边无界，更需要我们在知识面上不断拓展，持续探索和创新。"这是赵立见对年轻人的寄语。

路漫漫其修远兮，探索之路没有尽头。

非常有幸，加入华大即参与了国际人类基因组计划 1% 项目

问：请您介绍下最初是如何加入华大的。

赵立见：我是 1999 年以实习生的身份加入华大的，非常有幸，刚加入便能够参与人类基因组计划 1% 项目。华大给我的最大感受是有很强的科研氛围，几位创始人都会到实验室，指导我们解决实验过程中遇到的一些问题。

问：作为一名实习生，您当时对要完成这么一个巨大工程是怎么看的？那时的华大也碰到了各种各样的困难，您是什么样的心理状态？

赵立见：华大完成人类基因组计划 1% 项目的过程并不是那么顺利，有过一系列的问题和挑战。但对于我们个人来说，能够在很年轻的时候，甚至还没有毕业的时候，就参与到这样一项全球最伟大的科学工

程中来，是一个巨大的鼓舞。

华大走了一条前人没走过的路径

问：在人类基因组计划完成后的 20 年间，您也一路见证了华大从跟随到同步，再到部分领域引领的发展历程，过程中遇到了哪些阻碍？如何解决的？

赵立见：华大从参与人类基因组计划的那一刻起，就伴随着各种争议，既有学术上的争议，也有发展模式上的争议。

过去 20 多年间，华大逐渐从一家科研机构转化成今天产学研一体化的机构，以科研促进学科发展，又以学科发展推动产业转化，实现自力更生。这个过程中，华大走了一条前人没走过的路径。

工具自主、成本可控和应用场景的拓展，是实现规模化的关键

问：最初大家可能认为基因组学只是一个基础研究领域，而从基础研究到实现规模化应用，是哪些关键突破带来的？

赵立见：人类基因组计划完成后，大家问得最多的问题是它到底跟我们的生老病死有什么关系。2008 年，我们提出可以基于高通量测序技术，通过孕妇外周血提取胎儿的游离 DNA 进行检测，评估胎儿罹患严重染色体疾病的风险。我们不仅实现了技术和方法上的突破，还让它真正从实验室走向临床，在不同省市开展了大规模民生筛查。这是华大经过十多年探索出来的一种创新模式。

最初，无创产前基因检测主要是应用于解决部分高风险孕妇的筛查需求，但其实每位孕妇都应该能够享受到前沿技术带来的福利。在高通量测序工具自主和成本可控的前提下，我们将无创产前基因检测技术从面向少部分人群的高端临床需求，转化成了人人可及的民生需求。

河北模式应该在全国各省份快速推广

问：未来真的能够实现"天下无唐""天下无聋""天下无贫"吗？

赵立见：华大发起"天下无唐""天下无聋""天下无贫"公益专项，主要是希望通过早期筛查的方式达到预防的目的，从源头上降低这类疾病的发生率和活产率。

以唐氏综合征防控为例，2010年无创产前基因检测技术研发成熟，2014年我们率先获得了相应的医疗器械许可证。到2022年，我们就已累计完成超过1000万例筛查，截至2023年6月30日，已为超过1370万人提供无创产前基因检测。

其中，河北省从2019年开始，在全省范围启动实施孕妇无创产前基因检测免费筛查项目。目前已经累计完成超过165万例筛查，发现了唐氏综合征等各类异常超过7000例。该项目的卫生经济学研究结果显示，政府每投入1元钱，就能够节省疾病负担10.87元。这可能是未来疾病防控最有效的方式之一，呼吁在全国各省市快速推广。

防增量、去存量，才能真正实现"天下无贫"

问：能否补充讲一下实现"天下无贫"的具体路径？

赵立见：地中海贫血是我国南方高发的单基因遗传病。其防控策略主要有两点：第一个是防增量。在孕前或者孕早期对夫妇双方进行地贫基因检测，可以快速评估孕育胎儿罹患地中海贫血的风险，再经遗传咨询和必要的产前诊断可以防控重型地贫患儿的出生。截至2023年6月30日，华大基因已经提供了超过140万例筛查，取得了非常好的成效。

第二个是去存量。有数据显示我国现存重型地贫患者超过1万名，如何让这些地贫患者得到更好的治疗，甚至是彻底治愈？目前最成熟的治疗手段主要是造血干细胞移植。华大基因一直是中华骨髓库HLA配型的主要技术提供方，每年承担接近一半的配型工作量。同时，我们针对地中海贫血，尤其是重型地中海贫血，每年都会开展公益检测，免费为患儿家庭提供 HLA 配型。目前，已惠及 6000 多个家庭，其中全相合配型的患儿超过 600 位。除此之外，华大也在研发新的基因治疗方法，目前已取得突破性临床进展。

始终坚持"防大于治"

问：您讲到两点，一个是去存量，一个是防增量。华大强调"防大于治"，您认为，以预防为中心的疾病防控策略在社会效益上有哪些优势？

赵立见：首先，在《"健康中国 2030"规划纲要》中，核心策略已经从原来的"以治病为中心"，转化成"以人民健康为中心"，这是国家策略的整体调整。

其次，从华大的角度来说，我们始终坚持"防大于治"，希望能通过早期筛查对疾病进行早期预防，实现疾病防控关口前移。这不仅能够缓解疾病给个人和家庭带来的痛苦，同时，从卫生经济学的角度，也将在全社会层面大幅降低相关医疗保障费用的支出。

"火眼"实验室这一全新的工程化模式，在国内乃至全球抗疫中发挥了重要作用

问："火眼"实验室在抗击新冠疫情中发挥了重要作用，在疫情退去后，它将如何作为公共卫生新基建，继续推动全球健康事业的发展？在推动"火眼"实验室的转型和升级方面，目前进展如何？

赵立见：在新冠疫情期间，华大采用"火眼"实验室这一全新的工程化模式，在国内乃至全球抗疫中发挥了重要作用。疫情过去以后，我们在此期间建立起来的庞大公共卫生基建，如何能够继续发挥它的能力，这也是大家一直关心的一个话题。

我们提出，可以将"火眼"实验室进行转型和升级。2023 年年初，

我也向农工党中央提过建议，将新冠核酸检测能力转化成出生缺陷、肿瘤等疾病的防控能力。简单来说，就是可以在原有的技术平台上，将核酸检测实验室的检测技术进行更换，用于遗传性耳聋基因检测等其他疾病检测。目前，我们自己的几个"火眼"实验室已经实现了同步转化，比如云南普洱、浙江杭州，以及重庆等地的"火眼"实验室。

与此同时，我们也提出让新冠核酸检测实验室进一步升级。除了原有的 PCR 平台之外，如果配置高通量测序的平台，它便能开展肿瘤伴随诊断、其他出生缺陷筛查等更多的项目。我们已经在持续推动了。

未来的疾病防控，实现大人群、低成本、高效率的筛查才是核心

问：如何才能推动检测成本进一步下降，让基因技术覆盖更多人群？

赵立见：新冠疫情期间，"火眼"实验室为什么能够在全国乃至全球疫情防控中发挥重要作用？其核心原因是它采用了高度集成化、自动化的实验室模式。这种模式对于后续推动新的检测技术全面应用，并转化成人人可及的民生项目来说，是一个非常好的借鉴。

未来的疾病防控，无论是出生缺陷筛查，还是肿瘤早期筛查，实现大人群、低成本、高效率的筛查才是核心。

实现疾病防控能力的快速本地化

问：华大基因也非常重视海外业务，致力于推动基因技术造福全球。那么目前在海外开拓方面已经取得了哪些成果？

赵立见：2010 年前后，我们快速将当时的科技服务业务推向了全球，与全球高校、医疗机构建立了科研项目合作。

过去这几年，我们的医学检测服务在全球快速推进。特别是，华大基因的新冠核酸检测试剂盒和"火眼"实验室得到了很多国家的认可，助力全球疫情防控。

接下来，我们会利用目前已经拥有的公共卫生能力和渠道，实现出生缺陷、肿瘤和其他重大传染病防控能力的快速本地化，这会是接下来华大基因海外业务拓展的核心策略之一。

华大从成立到现在始终坚持的，叫"以项目带人才"

问：华大人平均年龄 31 岁，有很多年轻人走到了管理岗位，您认为除了他们自身的努力之外，华大的育人模式在其中发挥了什么作用？

赵立见：我们始终鼓励年轻人堪当大任。华大基因很早就设置了对于年轻人才的快速培养项目，叫"超级干细胞"项目。我们用不超过 6 个月的时间，对大家进行从理论知识到实验技能，再到行业背景调研、实践操作，甚至是体能等全方位的培养，让他们能快速成长为未来的核心骨干。我们希望通过不同的培训计划、不同的课题和项目，给大家历练和成长的空间。

我们有很多几十人甚至上百人的团队，都是由低于平均年龄的年轻人带队，这是华大从成立到现在始终坚持的，我们叫"以项目带人才"。我们愿意投入更多资源到年轻人的培养中，使他们有能力去管理好一个项目，管理好一个课题组，甚至是管理好一个非常庞大的团队。

更需要那些有创新思维的年轻人，在很多重大项目和重大决策上参与进来

问：为什么愿意充分信任这些资历并不深的年轻人？

赵立见：基因组学是一个多学科交叉的领域，同时也是一个新兴学科。在华大过去 20 多年的发展历程中，很多前沿探索项目都是由华大年轻人提出来的。在这样的一个前沿领域中，我们更需要的是，那些有创新思维的年轻人能够在很多重大项目和重大决策上参与进来，甚至成为主要的领导者。

技术和产品的大规模应用，让我们离目标越来越近

问：您认为，华大为何会以"基因科技造福人类"为大目标和使命？

赵立见：我们的创始人组建华大，是希望中国能够掌握基因组学领域的最新技术，并服务于老百姓。

过去 20 多年，从这样的一个初心逐渐演化到把我们的核心目标确定为"基因科技造福人类"，这是基于我们掌握了核心工具、关键成本快速下降、越来越多的技术能够得以普及。

最近这几年，我们的核心技术和产品得到大规模推广和应用，让我们离目标越来越近，大家也越来越坚信能够真正实现"基因科技造福人类"这个大目标。

"生命是什么"是一个需要全面诠释的问题

问：您如何看待人类基因组计划完成和我们探索"生命是什么"之间的关系？它是否标志着我们对生命的认识加深了？

赵立见："生命是什么"是一个需要全面诠释的问题。基因是人类遗传和延续的一个核心载体，如果我们连人类本身的基因组都没有搞明白，很难去解释基因和疾病之间的关系是什么，那么如何防控和治疗疾病的问题也无法根本解决。

人类基因组计划的实施，以及随之而来的一系列科研成果，解决了部分问题。通过这样一项重大科学工程，我们得以解释生命的基本结构是什么，这是回答"生命是什么"这个问题最基本的前提。

要真正读懂、用好"生命天书"，还需要很长的时间

问：目前我们对"生命天书"的破译到哪个阶段了？

赵立见：自人类基因组计划实施以来，我们已经有了越来越多成熟

的检测技术，但仍然有很多未知的东西。比如，通过基因编辑、基因治疗的手段去解决更多的疾病问题，尚需相对长的时间。这不仅是要解决方法学的问题，还需要进行大规模的临床验证。我觉得，生命这本"天书"要彻底解释清楚，要能够读懂、用好，还需要很长的时间。

生命科学，是一个值得终身投入的行业

问：对于未来要加入生命科学领域，探索"生命天书"的这些年轻人，您有什么想说的？

赵立见：正是因为这个领域我们始终看不到它的边界，始终看不到它的顶峰，所以它才更有吸引力。对于这样一个始终看不到边界的领域，大家需要在知识面上不断拓展，在这个方向上持续探索和创新。

现在的生命科学领域，未知的远远大于已知的，需要一代又一代的年轻人前赴后继。这是一个值得终身投入的行业。

新的科学进展表明，依赖于多种同步细胞对话的生理功能可能比我们之前所想的还要复杂。直到今天我们才认识到，一个器官的活动可能建立在广泛的细胞对话基础上，其中涉及组织细胞、血管细胞、神经元、微生物、免疫细胞之间的对话，甚至是与器官细胞的远程对话。

——《细胞的秘密语言》，［美］乔恩·利夫

基因可说是永恒的，因为迄今为止，我们人类所具备的许多基因依然与其他所有动物相同，不管这种动物与哺乳动物之间有多么大的差异。因为所有这些基因都源自超过 54 亿年以前的极其遥远的过去，来自我们古老的最后的共同祖先。尽管在此之后已经过去了如此漫长的时间，不同种类的生物之间早已分道扬镳，我们的许多基因依然甚至与一只苍蝇并无差别。

这里是否该说我们拥有许多独特的基因？到底是基因属于我们，还是我们属于基因？或者更好的说法是，我们只是携带了基因，传递了基因？

基因跨越了死亡，通过性的传递，将永垂不朽地被继承下去。

——《生命简史》，［西班牙］胡安·路易斯·阿苏亚加

生命科学是一个朝气蓬勃且有无限想象空间的产业方向

——杜玉涛访谈录

华大集团党委书记，华大基因首席运营官，党的十九大代表、二十大代表，中共广东省第十二届委员会委员，国家领军人才。丹麦奥胡斯大学博士毕业，中国科学院大学研究生导师，正高级。

曾研发国内首批"手工克隆猪"，成功研发世界首例"手工克隆绵羊"，后主持参与大规模测序的胚胎植入前遗传学筛查（PGS）等技术、宫颈癌筛查模式等研究和技术应用。迄今，共主持或参与国家、省市科技项目17项，获得专利21项。在国际杂志发表高水平科研论文35篇，第一作者或通讯作者论文27篇。

1999年加入华大，先后担任克隆与基因工程平台主管、华大方舟生物技术有限公司总经理、华大基因科技有限公司副总裁、华大运动控股有限责任公司首席科学家、华大基因股份有限公司常务副总裁、华大基因股份有限公司首席运营官。

曾获"全国五一巾帼标兵""全国三八红旗手""广东省劳动模范""深圳市道德模范"等荣誉称号，曾入选"2022 福布斯'中国科技女性 50'榜单"。

导言　华大曾走过了一条漫长且孤独的路

"没想到一待就是 20 多年。"杜玉涛感慨道，1999 年还在上大学的她机缘巧合走进华大，开启了生命科学之路。

那时的华大，人不多，但已经采用大科学工程的作业模式。虽然整体条件很艰苦，但团队保持着积极向上的氛围，努力完成人类基因组计划 1% 项目。

令杜玉涛印象深刻的是，在那段艰苦的岁月里，大楼里整夜都是灯火通明，一群怀揣梦想的年轻人沉浸在生命科学的海洋里，那种忙碌的状态、昂扬的斗志，这 20 多年来她一直记忆深刻。

回顾人类基因组计划完成后的 20 年，杜玉涛认为，从科学发现、技术进步所带来的成本下降、普惠大众的角度来说，生命科学是一个朝气蓬勃且有无限想象空间的产业方向，而产业转化可能需要长时间的积累。

她提出，应该以大科学工程的方式，潜心钻研，等待产业落地和开花结果，不能急功近利。

对于"天下三无"的这个目标，杜玉涛表示，我们希望联合行业、政府、医疗机构等，发挥各自的作用，只有这样，才能实现这一美好愿景。

回想起与华大共同成长的这些年，她认为有 3 个时间节点非常关键，分别是人类基因组计划、南下深圳、抗击新冠疫情。对她来说，这 3 个节点都像是在创业，那种创业的状态以及团队忘我的工作激情令人印象深刻。

如果有一种精神是华大精神，她认为那便是"穷棒子精神"。早期华大做人类基因组计划的时候，没有经费，也没有很多资源，但是大家靠着不怕苦、能吃苦的奋斗精神把这个任务完成了。希望这种艰苦奋斗的精神能刻在所有华大人的骨子里，继续传承和发扬下去。

"华大其实走过一段很'孤独'的路，直到大家开始意识到我们走的这条路是对的，是为普罗大众服务的。"杜玉涛这样形容。在她看来，华大的创新点非常强，也是敢为人先的。

如果生命是一本"天书"，我们离破译它还很远。杜玉涛表示，现在我们对于生命奥秘的揭示，还只是九牛一毛。

她寄语年轻人，最重要的是要认清，从一项基础研究到最后形成产业，是一个相对漫长的过程。希望大家能奉行长期主义，不断提升自己的能力和素养，坚信这个方向会带给你惊喜。

当我们拥抱孤独时，也许正在和成功拥抱着。坚定初心，持之以恒，朝着自己的目标前进，遇见美好未来。

因为人类基因组计划来到华大，没想到一待就是 20 多年

问：作为 1 号员工，您当时是在什么情况下加入华大的？

杜玉涛：我加入华大纯粹是机缘巧合。华大刚成立的时候，因为参与人类基因组计划，需要大量技术人员，便向北京、河北的诸多高校发了邀请函，邀请学生到华大实习，参加这个项目。

当时，我正在河北医科大学读公共卫生专业。学校收到了邀请函，老师们实地考察后推荐我们来实习。而我已经保送了本校的研究生，既不需要找工作，也不需要考研，就来到了华大。后来研究生第一年也是在华大做课题，第二年才回去上课。没想到，这一待就是 20 多年。

那种昂扬的斗志，让我这 20 多年来都记忆深刻

问：您当时来到华大，跟大家一起参与人类基因组计划，那时候的

华大是什么样的？大家是如何共同完成这个宏大项目的？

杜玉涛：当时的华大，已经采用大科学工程的作业模式了。每个实验环节都有一个班组，每个环节都是以大工程的模式开展工作。我是在测序仪组，为了让机器饱和度达到最大，我们要最大限度保证机器的运行通量。

初创期非常艰难，但整个团队氛围非常积极向上。华大每周会评选出各实验环节表现最佳的员工，虽然奖品可能就是一包沙琪玛，但对年轻人来说，能榜上有名还是很激动的。

人类基因组计划是一个公共性的科学工程，我们参与其中的原因非常简单，就是为了祖国的荣誉。在大目标的驱使下，在创始人的激励下，我们最终共同完成了这个宏大项目的1%。大家那种忙碌的状态，那种非常昂扬的斗志，让我这20多年来都记忆深刻。

生命科学是一个朝气蓬勃且有无限想象空间的产业方向

问：回顾人类基因组计划完成以后的20年，您认为生命科学领域最大的变化是什么？

杜玉涛：我们见证了科学发现、技术进步带来的成本下降和普惠大众。生命科学是一个朝气蓬勃且有无限想象空间的产业方向，但产业转化需要长时间的积累。比如，从参与人类基因组计划，到现在诊断试剂行业的蓬勃发展，需要10年甚至20年的持续积累和投入。这也让我坚信，以大科学工程的模式潜心钻研，最后就能够看到产业的开花结果。

在选定赛道之后，还需要长期潜心投入

问：结合早期参与人类基因组计划的经历，您认为是否有必要在新赛道建设之初加入其中，甚至主导一些赛场建设？

杜玉涛：这个当然是很重要，但首先对新赛道的定位和判断要准确。华大的创始人选择参与人类基因组计划，选定这个赛道，一方面是

为了带动基础研究，探索最前沿的科学技术；另一方面更看重的是，基因组学研究能真正造福百姓，为生命健康带来实质的贡献。

在选定赛道之后，我们还需要长期潜心投入。对华大来说，我们从一个大的科学变成一项项技术，最后变成一系列的产业，付出了 20 年。

华大的气质：将健康和大目标放在首位

问：华大以"基因科技造福人类"作为使命，您怎么看？

杜玉涛：依托华大的前沿科技和强大的人才队伍，我们有这样的底气，能喊得出来"造福人类"这样的口号。同时，这其实也反映出华大的气质，从创始人到现在的核心管理团队，大家都是将健康和大目标放在首位。

只有联合更多人，才能实现"天下三无"

问：华大希望助力实现"天下三无"，能否介绍一下目前在这方面已经做到什么程度了？未来这个目标能实现吗？

杜玉涛：我们应该相信，随着技术的发展，科学和认知的边界也在不断扩展。现在"天下无唐"的模式已经出来了，我们只要在更大范围内去推动，未来肯定能实现。"天下无贫"等也是一样的。

但"天下三无"从来不是华大一家的事情，我们希望联合行业、政府、医疗机构等，发挥各自的作用。只有这样，才能最终实现"天下三无"的美好愿景。

宫颈癌是目前唯一病因明确、可防可控的癌症

问：以宫颈癌防控为例，目前取得了哪些成果？

杜玉涛：宫颈癌是目前唯一病因明确、可防可控的癌症。从 HPV 感染发展到宫颈癌要经历 8 年到 15 年的时间，如果能在宫颈还没有形成炎症或病变的时候，就去跟踪和干预，是可以阻断癌症进程的。

目前，我们在很多地方都做过大规模筛查，比如广东东莞、河南新乡。更重要的是，华大开发出了一套非常完善的宫颈癌防控体系，如果筛查结果是阳性，我们会做相应的阳性管理，包括不同的阶段该怎么处理。

一次非常偶然的机会，从头开始学习克隆

问：当年您是在什么契机下，前往丹麦留学，并成为"手工克隆猪"技术的发明人之一的？

杜玉涛： 2003 年，正好是我研究生毕业的那一年。当时华大的老师问我愿不愿意去丹麦学习，去长长见识。最初是以技术人员、访问学者的身份过去的。

我在奥胡斯大学的导师是 Lars Bolund 教授，他觉得中国的学生都很能干，而且挺吃苦耐劳的。一次非常偶然的机会，华大的联合创始人杨焕明老师也去丹麦了，他跟 Lars 开会讨论项目的时候，Lars 说有一个博士项目，是与克隆相关的，杨老师就指着我说，她可不可以去做？我当时对克隆是什么、怎么做克隆其实是完全陌生的。但既然有这个机会，我便决定从头开始学习克隆。

克隆猪研究可以为人类疾病和健康提供支撑

问：为什么选择克隆猪？克隆猪技术与"基因科技造福人类"这个使命之间如何结合？

杜玉涛： 当时做克隆猪这个项目，一方面是因为猪可以作为一个很好的疾病模型，不管是做转基因还是基因敲除，都可以为人类健康相关研究提供支持。比如，它可以作为研究神经退行性疾病、阿尔茨海默病、帕金森病等疾病的模型，帮助我们看到这些疾病的发生发展过程。此外，对于药物筛选、诊疗手段选择等也很有帮助。

另一方面，猪还有一个很重要的特征，它的器官大小等与人很像，

所以我们也希望通过转基因克隆猪研究，为未来的异种器官移植找到一些路径。

每一次都像是在创业

问：过去这 24 年，在您与华大共同成长的过程中，有哪些关键的节点？

杜玉涛：第一个是 1999 年刚加入华大做人类基因组计划的时候，那时候的整体气氛、环境，为随后 24 年的发展奠定了一个非常好的基础。第二个是 2007 年搬到深圳的时候，那是一种创业的感觉。第三个就是新冠疫情期间，华大集团联合创始人、董事长汪建老师带队逆行武汉，大家挺身而出去抗疫。

这 3 个时间节点对我来说是印象非常深刻的，都像是在创业，这种创业的状态以及团队忘我的工作激情，让我深受感动，并希望发挥出自己最大的能量。

只要你有冲劲、有能力、有责任心，华大就会给你发挥的平台

问：结合您自身的经历来看，年轻人能够在华大充分发挥自己的价值，这背后华大的育人模式发挥了什么作用？

杜玉涛：华大一直非常重视青年人的培养，也给了青年人很多的平台。我们的创始人从不吝啬于给年轻人机会，只要你有冲劲、有能力、有责任心，他们就会给你发挥的平台。同时，华大对年轻人也很包容。

希望"穷棒子精神"能继续传承和发扬下去

问：如果有一种精神是华大精神的话，您觉得是什么？

杜玉涛：我觉得是"穷棒子精神"。我们做人类基因组计划的时候，没有经费也没有很多资源，但是大家靠着不怕苦、能吃苦的奋斗精神把这个任务完成了。

可能现在需要大家发挥"穷棒子精神"的场合不多，但我还是希望这种艰苦奋斗的精神能刻在所有华大人的骨子里，希望大家能继续传承和发扬下去。

这条路是为普罗大众服务的

问：华大 24 年的发展经历了从跟跑到并跑，再到个别领域领跑，您如何形容这条华大之路？

杜玉涛：我觉得华大是非常勇敢的，按照自己的理想和发展方向在走。在这个过程中，它的创新点非常强，也是敢为人先的。华大其实走过一段很"孤独"的路，直到大家开始意识到我们走的这条路是对的，是为普罗大众服务的。

华大的道路越走越宽广

问：能否展望一下华大未来的发展？

杜玉涛：总体来讲，我觉得华大的道路越走越宽广。当我们不断突破科学认知的限制，并实现了技术平台自主可控的时候，我们可以用更好的技术、更普惠的价格去服务百姓。总体来看，"基因科技造福人类"的愿景肯定是一步步实现的。

灯塔可能照耀不了自己，但可以为海面上航行的人指引方向

问：2023 年是薛定谔发表"生命是什么"系列演讲 80 周年，他曾在系列演讲中向一系列科学家前辈致敬，包括认为孟德尔的发现是 20 世纪一个全新科学领域的"灯塔"，您怎么看这个评价？

杜玉涛：这些影响人类社会发展的科学规律、实践，往往是在很久之后才会被发扬光大。孟德尔在他的花园里种了那么多年豌豆，去总结遗传规律，这其实挺孤独的。但是真理是掩盖不住的。

所以，灯塔是什么？灯塔就是在漆黑的海面上唯一发出的亮光。它可

能照耀不了自己，但是会给后来人，以及海面上航行的人指引方向，这就是灯塔的意义。回过头来看，华大做的也是这样的事情。很多时候，大家可能不理解、不认可、不支持，但是我们依然会坚持做好自己的事情。

生命是什么，这是一个非常综合的问题

问：站在今天，您认为可以如何回答"生命是什么"这个问题？

杜玉涛： 生命是什么，这是一个非常综合的问题。它涉及生命科学、社会科学、人文科学等，所有的一切都可以跟生命挂钩，所有的社会进步和发展也都可以与生命度量衡去匹配，所以这是一个非常复杂的问题。此外，对不同的人来说，生命是什么，他在以什么样的方式度过自己的一生，如何展现生命的价值，也都不一样。

我们对生命奥秘的揭示，还只是九牛一毛

问：如果生命是一本"天书"的话，您认为对这本"天书"的破译现在到什么阶段了？

杜玉涛： 我们已经取得了非常大的进步，但离破译"天书"还很远。这是全球科学家在共同努力做的事情。

生命中心法则只解决了一小部分问题，让我们知道了最底层的逻辑是什么。但要知道生命演化过程中的各种变化，时空法则是必不可少的。它比中心法则复杂得多，需要更长时间去发现和验证。我们对生命奥秘的揭示，还只是九牛一毛。

除了身体的健康之外，认知的健康也需要更早介入

问：您追求什么样的人生？您认为可以怎样提高人生的价值？

杜玉涛： 华大的同事们应该都会深深拥护"健康、美丽、幸福、长寿、富足、智惠"的理念。尤其是到一定年龄以后，大家希望的是更健康。只有身体健康，才可以自由地选择去登山、去跑步。另外，随着科

研领域的不断拓展，除了身体的健康之外，认知的健康也需要更早介入，要花更多时间去呵护和观察。

挑战：科研突破如何转变成可以为老百姓的健康管理服务的产品

问：对自己下一步的工作您有什么打算，或者有哪些希望重点突破的方向？

杜玉涛：华大基因的业务主要是围绕着生命全周期的健康管理进行，包括主动防控和主动健康。华大在时空组学、脑科学、慢病管理等相关方向的科研突破，如何转变成可以为老百姓的健康管理服务的产品，对于我们而言是一种挑战，非常有意义。

生命科学是一个非常广阔的领域

问：有人说21世纪是生命科学世纪，您怎么看？

杜玉涛：生命科学是一个非常广阔的领域。我觉得不仅21世纪，之后的每个世纪都应该是生命科学的世纪，都会是生命科学不断发展壮大，从技术层面有更多的突破，并带来更多产业效应的世纪。天上飞的、地上跑的，农林牧副渔其实都可以归到生命科学领域。生命科学在人类社会发展中具有重要地位和意义。

希望大家奉行长期主义，不断提升自己的能力和素养

问：对未来要加入生命科学领域的年轻人，您有什么想说的？

杜玉涛：最重要的是大家要认清，从一项基础研究到最后形成产业，是一个相对漫长的过程。现在很多年轻人能够在一个行业待三五年已经算长的了，一般可能待两三年觉得不合适或遇到困难就离开了，这其实是不利于年轻人发展的。我更希望大家能奉行长期主义，不断提升自己的能力和素养，坚信这个方向会带给你惊喜。

许多人购买了汽车，就会像宝贝一样，按时去给汽车做做保养，把车收拾得油光发亮，车身上哪怕有一条小小的划痕，都恨不能划在自己的身上。可是现实的玩笑却是"汽车常保养，生命价不高"，许多人愿意为汽车为房子为烟为酒豪掷千金，一点儿也不眨眼，但却非常吝惜在自己的健康方面有所投入，往往干着漠视健康却又存钱看病的傻事。

——《生命由自己把握》，朱晓华

世上没有什么灵丹妙药，也没有什么超级食物或是单一运动就能促进我们的长寿、健康和幸福。所以，对那些流行趋势、奇迹治疗油之类的，我们都要保持警惕。

最重要的还是我们的生活方式，当然，这也必须是根据我们的遗传和代谢情况、年龄和个人倾向以及偏好来定制的。

——《长寿的活法》，［意］路易杰·冯塔纳

让人有一个健康身体
与健康生活方式

——张国成访谈录

北京华大吉比爱生物技术有限公司总经理。

1989 年兰州大学公共卫生学院毕业，被分配到甘肃省石油化学工业厅盐锅峡化工厂职工医院从事医疗和职业病防治工作；1991 年被医院选派前往北京大学第三临床医院进修，顺利取得了执业医师证；1994 年在北京百阳医疗保健技术研究所任副所长，负责医疗器械的研发和体系管理工作。

2001 年进入华大吉比爱，历任销售部经理、市场部经理、销售总监、总经理。任职总经理后，对企业的产品结构进行了梳理和调整，目前拥有酶联免疫、化学发光、核酸检测、质谱检测、POCT 等技术平台，同时同步开发了基于这些平台的配套医疗设备，如全自动 MAE-

2000i 磁微粒化学发光免疫仪、全自动 MAP800 单人份化学发光 POCT 仪，GBIMToF-1000 飞行时间质谱分析仪、自动化点样仪 MSP-96、GBI MAE-8000 磁微粒化学发光仪、GBI LMSQ-2000 高效液相色谱串联质谱分析仪等。

导言　解决老百姓的"切身"问题，华大的道路就会越走越宽

吉比爱，是 40 岁的汪建 1994 年回国时创办的第一家企业，到 2024 年，已经年满 30 岁。

吉比爱不仅研制出了中国第一个国产艾滋病诊断试剂、全球首个梅毒诊断试剂，打破了进口垄断，助力艾滋病、梅毒防治工作；更在 20 世纪末华大筹备成立过程中为中国科学家参与人类基因组计划"出钱出力"，作出不可磨灭的历史贡献。在 2003 年非典来袭时，也是吉比爱团队联手有关研究所研制出快速诊断试剂，给中央乃至全社会吃了"定心丸"。彼时的张国成正好负责吉比爱的营销工作，见识了汪建的不可思议——"传真、电话络绎不绝""我心里想好机会来了，趁着这个机会可以很好地做销售，提升业绩。最后汪老师给我们开会，说现在整个国家处于特殊时期，咱们就不能发国难财，不能赚这样一种特殊时期的钱，决定捐赠 30 万人份诊断试剂盒，捐给全国 SARS 指挥部"。

时隔 20 年回顾，张国成不禁感慨："汪老师的考虑和想法，确实跟我们不一样。从我们自身来说，做企业就要为企业考虑，但是从汪老师的角度，要考虑社会、考虑公众、考虑民生……当时销售部人也不多，但各地的要求又急、地域又广，销售部基本上 24 小时工作。"

在他看来，汪建"对科学的这种敏锐观察力，对科学的认知，对大方向、大趋势的把握是非常准确的。我们相对来说就简单了，只要听从汪老师的指挥，跟着他的方向走，就不会有大的问题。所以吉比爱一直在做疾病研究，主要是传染病和相关疾病的防控防疫

和诊断治疗"。

在防控防疫和诊断治疗的这条道路上，当过执业医师、搞过医疗器械研发、直接从事多年销售一线工作的张国成带领吉比爱员工，从技术平台和质量体系建设到营收、自动化建设、检测和生产能力发展，不断取得突破，不仅研制出酶联免疫、化学发光、核酸检测、质谱检测、POCT 等五大技术平台，还同步开发了配套医疗设备，对生命的认知又多了若干工具。更值得一提的是，吉比爱又创造了若干个第一，比如深度参与国内第一个液相色谱－质谱法测定试剂盒行业标准的制定……

在最一线，在市场最前端，也就最知道人民群众的需求，尤其是对健康的需求。在疾病预防和控制第一线工作这么多年，张国成认为，人类基因组图谱完成后的这 20 多年来，好多疾病都得到了很好的治疗，或者有了改善，还有一些疾病有了治愈的可能性。正是基于这些，在他看来，只要有利于解决老百姓的"切身"问题，华大的道路就会越走越宽。

"人类基因组研究就是底层研究。"张国成说，"人类基因组计划完成后，在不断探索和数据积累过程中，确实是对人类健康造成了革命性的影响。因为以前对疾病的治疗方法、手段比较单一，有了基因科学，通过大数据研究，发现疾病的转归、转化过程，提升了诊断、治疗水平，也对人的长寿造成影响，就是革命性的一种改变"。

"对生命的认知在不断深入、不断变化，还有好多的未解之谜。生命就是一本'天书'，我们可能打开了'天书'的第一页和第二页。"张国成坦诚地说，"技术也罢，对基因检测出来的数据的分析判断也罢，现在都属于初级阶段，后期要把这些数据很好地应用、开发起来，未来用在疾病诊疗、康复预后上……"

"外面的世界很精彩"：从兰州到北京

问：您是怎么和生命科学结缘的？

张国成：我 1984 年考上兰州大学，学预防医学。1989 年毕业以后就分配到了兰州一家医院工作，在医院工作了一段时间，因为表现还比较优异，单位就选派我到北医三院来进修。学习了 3 年时间，这 3 年就在北京。

我们那时候流行一首歌曲，有一句歌词叫作"外面的世界很精彩"，我就觉得北京的发展、社会的进步等，从各个方面比，兰州的差距太大了。所以就留到北京，一直从事和医学相关的工作，做过医疗器械、药品的销售。2001 年华大吉比爱招聘销售经理，我就应聘，进入吉比爱工作，就跟华大结了缘。进入华大体系工作，一直从事营销、市场和相关管理工作，也更进一步跟生命科学、跟基因有了交集。

国内首家拿到艾滋病诊断试剂盒批准文号的公司

问：先有吉比爱，后有华大，吉比爱和华大究竟是什么关系？

张国成：先有吉比爱，后有华大。吉比爱的历史跟华大的历史是相辅相成的。

汪老师 1994 年从美国回国后建立了吉比爱这家公司，当时有一个契机，就是 1996 年左右河南上蔡出现艾滋病输血传播现象，国家开始对艾滋病加强防控，突然就发现我们国家缺少艾滋病试剂盒。当时所有的试剂盒全依赖进口，而且卖得特别贵，一个盒子测 96 人份，能卖到 2000 块钱。

这种情况下，国家防控、大面积筛查就出现很多问题。汪老师和大家商量后，吉比爱就申报了一个"九五"科技攻关课题，围绕艾滋病诊断试剂盒进行研发，用了 3 年时间，1996 年到 1998 年，艾滋病试剂盒获得了国家许可，成为国内首家拿到艾滋病诊断试剂盒批准文号的公司。大概一盒也就卖 800 元钱，价格大约是进口试剂盒的 1/3，为国家艾滋病防控作了一点贡献。

吉比爱用一部分资金支持华大

问：那时候还没有华大？

张国成：后期国家逐步对整个血液筛查行业加强政策制定，有 4 个检测产品：艾滋病检测、丙肝检测、乙肝检测、梅毒检测。吉比爱逐步完善检测体系，对血液筛查这一块进行专门研究和开发，陆陆续续，艾滋病检测、丙肝检测、乙肝检测试剂盒拿到批准文号。2001 年又拿到梅毒检测试剂盒批准文号，也是企业自主研发，拥有知识产权，而且拿到了专利许可，企业发展进入快速通道。

华大 1999 年成立，主要做人类基因组计划 1% 项目，完全是一个学术、科研机构，资金来源有赖于政府支持、社会筹集，还有各方面专业人士的支持，吉比爱就把企业一部分资金用于华大的建设，华大逐步发展壮大起来。

盘子就是一年 1000 万元

问：那时候吉比爱的盘子有多大？

张国成：我到吉比爱时，盘子就是一年 1000 万元，那时候同类企业的规模都不大，但盈利能力还可以，每年都有好几百万元的收益。由于现金流等原因，吉比爱自身发展受到一定限制，跟当时市场上竞争的一些企业比，发展速度慢了一些。

到了 2003 年 SARS 暴发，在广州那边流行一种病，好多人发热，不知道什么原因，还死人，形成了非常大的恐慌，北京也很快出现问题，汪老师马上用华大的基因测序方式，发现是冠状病毒引起的疾病，马上开发 SARS 诊断试剂盒，试剂盒开发周期非常快，也就是 40 多天。

国家处于特殊时期，咱们就不能发国难财

问：那时候吉比爱是独立的？

张国成：是的，当时还不叫华大吉比爱。SARS结束以后，吉比爱公司就更名了，从吉比爱生物技术有限公司改为华大吉比爱生物技术有限公司。

诊断试剂盒出来以后，传真、电话络绎不绝。因为我当时正好负责营销工作，大量信息就来了，我心里想好机会来了，趁着这个机会可以很好地做销售，提升业绩。最后汪老师给我们开会，说现在整个国家处于特殊时期，咱们就不能发国难财，不能赚这样一种特殊时期的钱，决定捐赠30万人份诊断试剂盒，捐给全国抗击SARS指挥部。

当时整个销售停下来

问：当时是怎样一种情况？

张国成：从大的方向来讲，做公益是对的。但是作为一个企业，要是有一种方式可以对企业现金流、未来发展都有一个比较好的支撑就好了，这样一来给国家该捐献的可以捐献，有些该销售的也可以销售。但当时整个销售停下来了，完全投入到抗疫。

当我们捐了以后，各地疾控中心基本上都拿到试剂盒了，有了试剂盒很快在各个省的疾控中心开始检测阳性病例，对疾病的诊断和病人的甄别就有了很明确的指征。这种情况下各地阳性病例越来越少，到最后就没有了。

试剂配发：销售部基本上24小时工作

问：那时候是不是觉得汪老师有点"疯"？

张国成：汪老师的考虑和想法，确实跟我们不一样。从我们自身来说，做企业就要为企业考虑；但是从汪老师的角度，要考虑社会、考虑公众、考虑民生。他跟我们说："这种特殊情况下，你们可不能发国难财！"所以我们也就按照汪老师的安排，积极主动配合做好试剂配发工作，当时销售部人也不多，但各地的要求又急、地域又广，销售部基本上24小时工作。

汪老师"对大方向、大趋势的把握是非常准确的"

问：经历这么多年，如果说汪老师也是一本书，那他是一本什么样的书？

张国成：汪老师对科学的这种敏锐观察力，对科学的认知，对大方向、大趋势的把握是非常准确的。我们相对来说就简单了，只要听从汪老师的指挥，跟着他的方向走，就不会有大的问题。所以吉比爱一直在做疾病研究，主要是传染病和相关疾病的防控防疫和诊断治疗。

对未来做大民生、大诊断和大疾病的监控等提供了比较好的技术支撑

问：吉比爱1994年诞生，到2024年就30年了，这30年分为几个阶段？

张国成：从吉比爱发展历程看，可以分为3个阶段，第一个阶段是初创期，企业从小规模逐步做到一定程度。第二个阶段是平台期，企业销售额从1000万元到2000万元，比如2000年，成为国内第一家拿到GMP认证的诊断试剂企业。

GMP认证后，企业生产管理体系、质量把控都有了一个标准，为未来发展奠定了非常好的基础，通过生产质量体系建设，企业管理、运营等方面都有明确的体系导引，企业发展按照正规化、合规化方向往前进行。第三个阶段是企业快速成长期，销售额从2000多万元很快到了3亿元。产品、平台越来越多，开始只有一个平台，也就是免疫平台，后期建了酶联免疫、化学发光、核酸检测、质谱检测、POCT五大技术

平台。企业有 2700 多个文号，基本涵盖了诊断试剂各个技术层次，在国内也属于全平台、全产业链的企业，对方向选择的认知也是一个逐步提升和提高的过程。

比如说吉比爱跟华大，在产品选择、技术平台选择上分了两大块，一块就是基因测序，在诊断领域是最高端的。往下走，有很基础的免疫平台，到质谱平台的搭建，华大集团目前是一个全产业链、全平台的企业，包括基因、质谱、核酸、化学发光、免疫、生化等各个平台，所有的技术平台都有了，产品也丰富了，对未来做大民生、大诊断和大疾病的监控等各个方面提供了比较好的技术支撑。

国内质谱哪家强，必有华大吉比爱

问：我们构建了怎样的质谱平台？水平怎么样？尤其在自主可控上怎么样？

张国成：目前的质谱平台起点比较高，构建的产品品类、方向性在国内还是比较领先的，而且还做了专利布局，申请了好几个专利。产品方面在国内是先进的，好多厂家跟着我们的脚步做相关产品的研发。

另外一块就是代谢类产品。这一块在质谱方向上也布局了相关产品，所以说在质谱方向，华大未来在国内会有一个比较高的引领作用。通俗的讲法，怎么说？以前有个广告，"挖掘机技术哪家强，中国山东找蓝翔"；现在我要说，国内质谱哪家强，必有华大吉比爱。我们在这一块投入的时间、精力和人员还是比较多的。吉比爱这几年研发投入非常多，基本上好多盈利都用在了研发这一块。

人类基因组计划是底层的、基础的研究

问：研发收入占销售额多少？

张国成：基本上每年收入的 20%。

问：2023 年是薛定谔发表"生命是什么"系列演讲 80 周年、DNA

双螺旋结构发现 70 周年、人类基因组图谱完成 20 周年。您从事医学研究和生命科学研究、市场开发近 40 年，怎么看待中国参与人类基因组计划给国家、企业带来的最大变化？

张国成： 我们学过化学，学过元素周期表，包括居里夫人发现镭，好多科学家发现新元素，都是按照元素周期表的规律发现的。

人类基因组计划恰恰是底层研究。从薛定谔提出"生命是什么"到沃森和克里克发现 DNA 双螺旋结构，我们会看到：整个人类基因组计划是所有后期研究疾病治疗、疾病防控等方面的底层的、基础的研究。

从两个方向可以认知：第一，中国作为发展中国家，又是人口大国，参与人类基因组计划，为国家争光。第二，从技术和应用来说，参与人类基因组计划，将来你在使用它的科研成果时，咱们用得也理直气壮，不是摘别人的果实。

华大基因本身就是为了参与这个项目成立的，除了做自己承担的工作，也为中国在整个基因测序技术、测序人才培养和基因测序行业占有一席之地发挥龙头作用。

两手抓，两手都要投钱

问： 华大仅仅是一个基因测序公司吗？

张国成： 华大基因从自身来讲，应该分成两部分：一部分是科学探索和研究，利用自主可控的仪器设备不断研究、开发。另一部分就是利用现有技术平台开发疾病诊断技术，虽然现在有了一些，但在商业这一块儿，华大还要投入一部分时间、精力。两手抓，两手都要投钱。其实科研和发展是"烧钱"过程，会花费很多资金。整个华大发展过程中，我们还真的要考虑商业化，考虑企业盈利能力。

美国人认知的华大基因，和中国人认知的华大基因，要相匹配

问：能不能说得具体一点？是不是华大在产业化、商业化上做得还不够？

张国成：对，我们的产业化和商业化不够。从方向上看，在"生活染"这一块，"生"即生育，这一块还是可以的；但现在受限于人口出生率下降，业务上受影响大一些。在传染病或者是感染、肿瘤方向上，我们应该加大研发投入，转化出更多产品，这样在商业化市场上占的份额可能就会多一些。

整体上说，就是通过基因测序，通过人类基因组计划建立的这个大平台——华大的综合技术和能力是非常强的——在疾病诊断、治疗方向上，在应用方向上做得更多，开发得更完善一些，这样企业发展速度和规模会有一个大提升。

美国人认知的华大基因，和中国人认知的华大基因，要相匹配。华大真的是国内这个行业的领军者，无论是在产业、科研，还是人才培养上都有一个很好的架构。

产品化和应用方向上的人力部署相对来说要少一些，应该加强

问：是不是可以这么理解，华大 24 岁生日到来之际，回顾华大之路，华大那么多好的基础研究、前沿研究，那么多好技术、好产品，甚至都拿到证了，怎么把它进一步应用？这个过程是不是应该加快？

张国成：对。华大的产业布局、产品布局和产业化方向，要有一个很明显、很明确的指引，人才人力方面要有同比例的配置。华大的研发力量非常强，但在产品化和应用方向上的人力部署相对来说要少一些，应该加强，才能在产品方面获得更强的力量。

在普检基础上把特检做起来，非常有市场前景

问：华大的特检产品价格最高一款 8 万多元人民币，只要做 1 万多人，就是 10 亿元；10 万人，就是百亿元市场，而且是实打实的现金流。

张国成：从技术上来讲，华大有很多，但是在市场挖掘和对市场的认知上，还要进一步拓展或者推进，这一块还需要加强。

问：如果这个市场暂时没有，可以创造市场啊。

张国成：从特检和普检这一块来讲，其实吉比爱已经在普检领域基本完善布局了，从平台建设、产品丰富度和覆盖度、重点检测这一块，基本上都有了。像美年大健康、瑞慈、慈铭等体检机构的检测，基本是华大吉比爱给做的，如果在这一块我们把力量再加强一点，在普检基础上把特检做起来，我认为非常有市场潜力、市场前景。

汪建老师说的"13311i"理念，第一个"1"指每个人要掌握自己的基因图谱，这一块本来就是华大的强项；第一个"3"指"血尿便"3管，这是吉比爱完全可以做的；第二个"3"指 3 图，CT、核磁、B超，可以跟体检或者医疗机构合作；第二个"1"指可穿戴设备，还有li，即 Life Index，这些通过软件完全可以做起来。如果有机构、有流量、有人群，我们把技术整合起来，就可以很快把这块市场给做起来。

其实这 10 年华大吉比爱一直在体检行业深耕。为什么吉比爱在平台建设和研发上投入非常大？就是要保持产品、技术的更新和迭代，原来的核酸检测变成质谱检测，主要解决大场景问题。要是有机构需要这些，我们完全可以跟得上，我们可以提供技术支撑，把实验室建起来。

从医学角度说，检测也有一个金字塔结构，基因测序在金字塔的最上端，我们吉比爱做的是底层。金字塔上端的数量是有限的，底层的普检数量大，上下结合起来，才能把量做上去。其实发现疾病不是特检就能解决的，而是在普检的情况下有针对性地加上特检，才能发现疾病是怎么回事，或者对一个人的健康有一个真实、正确的判断。

解决老百姓的"切身"问题，华大的道路就会越走越宽

问：华大走过了 24 年，如果说有一条华大之路，这是一条怎样的路？

张国成：第一，大医治未病，国家预防体系、防治体系也是一样的，预防，是为了未来不发生疾病。第二，治欲病，如果情况正向疾病转化、迈进，这就要改进不良的生活习惯，通过健康生活方式，让疾病的发生发展过程向着健康的方向走。第三，就是已经得了某种疾病，要得到很好的治疗、治愈。

从我们自身来讲，就是用基因技术在三个方向上做，比如说出生缺陷，可以从出生阶段就进行"拦截"，出生缺陷就越来越少，出生的健康人口越来越多。现在很多人得了慢性病，也许是生活、饮食、周边环境影响了这些人的健康生活。这种情况下，要注重通过哪些方式解决这些问题，让人不得病，不向疾病转归，人民生活才能越来越好。

有些疾病明确是基因型疾病，要通过基因治疗手段来解决问题。人类基因组计划完成后的这 20 多年，其实好多疾病都得到了很好的治疗，或者有了改善，还有一些疾病有了治愈的可能性。比如说白血病，我们这个年纪的很多人都看过日本电视剧《血疑》，山口百惠演的，一个白血病孩子刚成人就去世了。

现在白血病尤其是一些儿童白血病是可以治愈的。还有一个就是丙肝，在感染性疾病中，丙肝的发病率和致死率都是比较高的，但现在丙肝也有很好的治疗手段，而且有报道说丙肝能治愈。解决老百姓的"切身"问题，华大的道路就会越走越宽，前景也会非常光明。

生活质量要有很好的提高，就不能在疾病中生活一辈子

问：您是学预防医学的？

张国成：预防医学是我的专业。

问：您觉得"天下无唐"，甚至"天下无癌"，真的有可能实现？

张国成：一定有可能。

问：什么使它们变成可能？

张国成：就是用基因检测的方法，发现疾病或者苗头时就进行阻断。一种情况叫"胎儿带"，从胎里带出来的，也就是出生缺陷，从母体生出来就带着这种疾病。面对这种疾病，方法一是阻断，方法二是怀孕之前进行干预。

每个人或者每个个体都是有差异的，有基因差异或者基因缺陷，比如乳腺癌，就是因为有基因缺陷，如果很早地阻断或者改变，也可以解决这一问题。美国影星安吉丽娜·朱莉的家族就有这种遗传性疾病，有这种遗传缺陷，她通过乳腺和卵巢切除术进行预防。环境因素也罢，空气因素也罢，饮食因素也罢，个人心情因素也罢，都会引起一些疾病，如果提前干预，就可以预防。

还有外来因素引起的疾病。比如病毒、细菌、外来的真菌都会引起人体发病。很明显的就是 HPV 感染，HPV 感染是 HPV 病毒引起的，它的预防和治疗就简单了。一种是对身体进行检测，如果发现 HPV 阳性，马上进行干预，打疫苗，后期就不会得病。还有一种，要看有没有易感基因，通过基因改变解决问题。

总体上讲，无论是遗传下来的，还是因为环境变化或者身体变异引起的，或者因为外界细菌、病毒到体内引起的疾病，都可以进行防控，从根本上提高人们的生活质量。现在人越来越长寿，生活质量要有很好的提高，就不能在疾病中生活一辈子，要让人有一个健康身体与健康的生活方式。

到了分子层面，你才能从根本上解决问题

问：刚才说的这些变化，是不是都是伴随着生命科学的推进、对生命认识的深化尤其是对基因组学规律的认识，才发生的变化？

张国成：对，这就是医学科学的进步和发展对疾病的研究发现的问题。为什么现在人的寿命越来越长？20世纪二三十年代时，人们对疾病的认识很肤浅，说成鬼故事的也有。肺结核就是由结核分枝杆菌引起的疾病，不认识的就说是痨病，得上了，也不知道是什么原因引起的。尤其那时候的人寿命较短，也就四五十岁。以前说人生七十古来稀，70岁非常少见，现在在街上看到70岁、80岁的人很多还能健步如飞，身体状况非常好。

大家都是通过对疾病的认识，逐步提高生活水平、医疗水平，研究细胞、分子、DNA、RNA，研究疾病的表观型，到了分子层面，你才能从根本上解决问题。以前治疗疾病可能是根据经验，现在通过基因研究了解致病机理，了解疾病的产生、发展过程，治疗时可以有的放矢，而且治疗的手段也在改变。像肿瘤治疗，以前靠手术、化疗，现在可以用靶向治疗方法，甚至基因改变的方式来解决问题。这些方法都是伴随医学进步和对遗传规律的了解才出现的。

理解了用基因科技手段防止出生缺陷，才能真正造福人类

问："基因科技造福人类"是哪一年提出来的？究竟是一个愿景，还是一个活生生的现实？

张国成："基因科技造福人类"提出来大概是在2007年，因为华大总部、汪老师他们在北京时，还没有明晰"基因科技造福人类"这种说法。基因科技用在哪里？主要用在科研上，华大主要做科研、做科技服务，把基因科技当成一种技术，然后做一些相关工作，各行各业的大佬也利用这种技术手段找应用场景，到底用到哪里？这是一个有了技术找应用的过程。

到了深圳以后，在无创产前基因检测（NIPT）这一块，我们发现只有真正把基因技术用到出生缺陷防控领域，真正理解用基因科技手段防止出生缺陷，才能真正造福人类，让后代过上健康的生活。基因科技

应用方面，已经从原来的科技或者研究阶段转到应用场景急需增强的领域，对中国、对社会、对家庭都产生了非常积极的影响，这样才真正实现了"基因科技造福人类"这么一种愿景。

大数据的挖掘和运用，将医学和生命科学带入数据驱动型的范式时代

问：基因科技如何造福人类？

张国成：基因科技就是用基因技术研究、预防、治疗疾病，解决人类生存发展过程中跟疾病有关的问题，让人们在健健康康的状态下生活。

问：2023年4月，在张家界举行了一次特别会议，纪念25年前召开的中国遗传学会青年委员会第一次会议。为了纪念人类基因组图谱完成20周年，中科院遗传所也开了一次纪念会。

很多当年参与人类基因组计划的大科学家也参与了这次纪念会，如陈竺发表了视频致辞，赵国屏院士从4个方面论述了人类基因组计划完成20周年带来的4个方面革命性影响，尤其是最后一个影响，就是通过大数据的挖掘和运用，包括基因组、蛋白质组、转录组、表达组、代谢组等组学数据，将医学和生命科学带入了数据驱动型的范式时代。您这么认为吗？

张国成：人类基因组计划完成后，在不断探索和数据积累过程中，确实是对人类健康造成了革命性的影响，这是我非常认同的。因为以前对疾病的治疗方法、手段比较单一，有了基因科学，通过大数据研究，发现疾病的转归、转化过程，提升了诊断、治疗水平，也对人的长寿造成影响，就是革命性的一种改变。

很多未知的东西需要去发掘、研究

问：您从事生命科学学习和研究近40年了，您对生命科学、对生命，一定有更多的思考。现在回顾80年前薛定谔发表"生命是什么"系列演讲，谈了对生命的认识，比如"只有基因型是纯合的时候，隐性等位基因才能影响表现型""基因是假定的物质载体，决定一个特定的遗传性状""今天，基因是分子的推测，我敢说，这已成为共识。几乎没有生物学家，不论其是否熟悉量子理论，不赞同这一点……"薛定谔作为物理学家，对"生命是什么"作了概括，80年以后的今天，在您眼里"生命是什么"？

张国成：回顾我们上大学时，从病理解剖到电子显微镜，对机体的研究都是从功能性研究到各个组织器官的研究，到每一个细胞；生物化学研究、病理研究，都是某一个学科、某一个方向的功能性研究。后期，生命科学进入遗传学研究阶段，包括生命起源、卵子精子结合成细胞、细胞分化、胚胎生长等，但研究不是特别深刻。

现在通过基因检测或遗传学研究，可以知道细胞分化过程中哪一个步骤发生了变化，有些分化成了免疫细胞，有些分化成了其他功能性细胞。从整个生命科学研究、基因组研究中认识到，我们需要认知的东西还有好多，还有很多未知的东西需要去发掘、研究。从宇宙大爆炸到生命起源，到底是碳原子结合形成生命体，还是生命体几万年前或者几百年前就一直存在？这些都需要我们再进行探究和学习。

"生命天书"的探索处于起步阶段

问：采访前，我专门问了一下ChatGPT"生命是什么"，它是这样回答的："生命是什么？这是一个既复杂又简单的问题。说它复杂，是因为到目前为止，生物学家和科学家们对生命的定义还没有达成一致；说它简单，是因为我们每天都能直观地感受到生命的形式和存在。

生命是物质的一种存在方式，它具有自我维持、自我复制和高度有序的结构。生命不是永恒的，它会经历出生、成长、衰老和死亡的过程。生命体和非生命体的区别在于，生命体能够通过自身的遗传信息和代谢机制，保持生命的延续。"还讲到碳基、硅基生命。我想请教您，如果生命是一本"天书"，人类对生命这本"天书"的探索处于什么阶段？

张国成： 起步阶段！还有好多研究、好多东西没有做，七八年前我就跟朋友们聊这个事情，从事生命科学研究的人还是不多，形成的生命科学研究整体效应没有完全出来。从事医学和生命科学的一部分人还不了解、不熟悉生命科学的进展，有些大夫你给他讲起来，他还没有认知。主要是教育问题。懂得相关技术的人要达到一定数量级，对生命科学"天书"才能有很好的解读。

解读"生命天书"，现在基本上工具有了，成本可控，不像以前做一个人类基因组检测要 30 多亿美元，现在 1000 美元就能做。成本大幅度下降，才有了研究各个方向疾病、各个系统的可能，后面对生命解读的速度会越来越快，层次和水平也会越来越高。

就像学武功，一定要学以致用

问： 所以有时候想想，真是觉得不可思议。生命科学怎么就突然从"读"生命到"写"生命的阶段了？人都成了"上帝之手"了？

张国成： 这肯定是一个技术进步和发展的过程。刚开始的基因测序就是一个独立过程，通过基因测序了解一个人的基因组是什么情况，了解疾病的基因组是不是平稳。这种情况下要考虑一个问题：这个细菌是好的还是坏的？比如说肠道细菌，有些是有害菌，有些是有益菌。

我们研究了这么多细菌、病毒，将来怎么有一个好的应用？如果你身体里头缺乏这种有益菌，就要去补充这种有益菌。我们可以通过"写"的方式，创造解决这个问题的基因，放到细菌里头，也许有害菌就变成了有益菌，对人体就有好处了。通俗地说，就像人学武功，武术练得挺好，跳得很高，出拳速度快，但是学了这些东西干什么？一定要学以致用。前期是"读"，读完了以后要转化、要应用，就通过"写"的方式解决问题。

基因技术，就是一种手段，就像一把菜刀

问：如果和您面对面的是薛定谔。也就是假设穿越时空，回到 80 年前，或者薛定谔穿越时空来到 80 年后，您想跟他说点什么或者您想问他点什么？

张国成：这个问题很深刻，也充满想象力。如果遇到薛定谔，可以问问他：将来随着科学技术发展，我们能不能解决现在医学遇到的所有难题或者问题？能不能通过生物技术或者方法，真的让人们长生不老？

说穿了，技术的发展就是要应用。以前确实遇到很多人，大家对基因不熟悉、不了解，总是问我转基因的问题，或者总是问基因好不好的问题。我就说，基因或者基因技术，就是一种手段，就像一把菜刀——用完以后，你认为菜刀好还是不好？如果刀被坏人拿到，他在社会上到处杀人放火，刀就是凶器，它就非常不好。如果刀用在家庭，切菜做饭，它就是好东西，是吧？如果不用刀，你连一根绳子都割不断，或者一个西瓜都切不开。

所以说任何事情都有两面性。对于基因技术，希望能真正用在疾病治疗、诊断上，解决人们日常生活中遇到的问题。看一个医生水平、能力的高低，就看他能不能真正解决病患的疾病痛苦。以前对疾病诊断治疗，有些时候完全靠经验、靠学习或者掌握技术的能力，有了可靠的、能了解你患病根本原因的基因技术，对疾病的治疗就会变得容易一些。

既要解决生存问题，又要解决科研领域领先性的问题

问：如果华大是一个生命体，是一个怎么样的生命体？

张国成：从自我认知来说，华大是一个研究机构，主要从事基因相关学科的研究。如果是国家设立的研究机构，会有国家相关经费支持和政策支持，可以心无旁骛地去搞研究，搞学术发明。但是真正从华大本身来讲，既要解决生存问题，又要解决科研领域领先性的问题，所以华大应该是企业，应该解决好现金流、解决好盈利能力，通过很好的盈利能力把资金用到科研上，反向支持研究，向着更高的技术、更高的学科水平发展，这样就可以相得益彰。不能在科研方面使劲投入，在产业方面投入过少，这就会造成偏颇，企业的发展就会受到牵制、影响。处理好产业、科研的关系，这是华大现在要进一步好好解决的问题。

产业应用方面的研究相对来说少了

问：是指产业投资少、市场开发少？

张国成：倒不是市场开发，主要是产业应用方面的研究相对来说少了，基础技术的研究可能多一些。产业技术研究即产品研发这一块要多一些，才能对客户、对医院服务实现很好的支撑。

问：华大基因新成立了一个智惠研究院，是不是就是干这个？

张国成：对。智惠研究院就是要在应用端解决问题，成立起来了，就看到了希望。

我们可能打开了"天书"的第一页和第二页

问：薛定谔在"生命是什么"演讲里，多次用"密码本"形容基因。您怎么看？这个"密码本"它有多厚？

张国成：对生命的认知在不断深入、不断变化，还有好多的未解之谜。生命就是一本"天书"，我们可能打开了"天书"的第一页和第二

页，后面章节的走向和具体内容，我们虽然有一些预测、有一些认知，但是还远远没有真正揭开谜底。

如果要解开生命密码，就要通过技术手段解决，再通过技术手段让生命体向着你需要的或者你认为应该走的方向去引导，也许这个人可以变得无比聪明、学习能力很强，或者让这个人个子很高，适合打篮球。这些完全是人们能认知可控的状态。

目前我们只是有一个认知的过程，还没有把认知转变成行动和将来能真正应用的过程。技术也罢，对基因检测出来的数据的分析判断也罢，现在都属于初级阶段，后期把这些数据很好地应用、开发起来，未来用在疾病诊疗、康复预后上，才能说掌握好了技术。

适应者生存，不适者就会逐步消亡

问： 宇宙有 130 多亿年历史，地球有 40 多亿年历史，生命有 30 多亿年历史，包括能在云南澄江化石群看到那些寒武纪前大爆发的古生物化石，海口虫、中国巨虾等，那么，从五六亿年前到现在，生命之树是怎么进化的？从无脊椎到有脊椎，从冷血到热血，生命太神奇了。想请教您，生命有来处，生命究竟要向何处去？它会消失吗？

张国成： 说到这一块，就得说说达尔文的进化论。生命刚开始形成时，就会分化成两部分，一部分适应环境、适应生存条件，在进化；另一部分不适应环境，慢慢就消亡了。所有的生命都是按照有利于生存、有利于生命延续的方向进行进化。生命会一直存在，生命的走向都是按照顺应社会、顺应环境变化、顺应自然规律的方向在进化。适应者生存，它就会存活下来，不适应者就会逐步消亡。

遇到过很多坎坎坷坷，也有过很多迷茫的时候

问： 您从事医学研究、生命产业近 40 年，探索过程中，您作为生命个体遇到过迷茫甚至无助的时候吗？

张国成：确实遇到过很多坎坎坷坷，也有过很多迷茫的时候。

大学毕业后到医院当医生，工作特别单一，觉得人一辈子要是就这么干下去没什么意思。后来从医生这个职业里跳出来了，参与经营企业，面对市场，面对产品，面对企业会遇到这样那样的问题，一些普通问题好解决，有时遇到一些大的问题事关企业生死存亡，这个时候就会有一些迷茫。

开始时不太适应市场竞争，企业发展受到了一定限制。这种情况下，要么企业关闭，要么进行方向性调整，作出改变。从华大吉比爱的发展过程看，我们遇到过三次危机，三次差点都关门了。第一次，是吉比爱刚开始时主要做血液筛查产品，市场相对比较小，产业规模不大，做到后期考虑转型，那时候华大基因已经发展到一定程度了，也比较大了。当时考虑吉比爱全部转型到华大基因，做和基因相关的东西，把原来的东西去掉，又考虑还有好多员工，相对来说基础比较薄弱，对基因的了解度不高，如果关了原有业务，企业能转到华大基因的可能就十个八个人，其他五六十号人就会离开。

这种情况下，我们就跟实际控制人汪老师沟通，说反正自负盈亏，只要企业能自主发展还是能做下去的。如果把吉比爱都转了的话，这个企业就不存在了。汪老师一看说，你们要是有信心、愿意做，可以继续做下去。这种情况下，就不能单纯做血液筛查了，我们开始考虑未来转到哪里去，一个目标是明确的：一定要在临床应用。因为临床市场是非常大的，全国几万家医院，用的诊断试剂品类多、产品多。作为医生，我深刻知道，医生离不开诊断技术辅助，我们一定要全力以赴做好这件事情，去做有临床需求的产品。

第二次，又做了大概10年，进入瓶颈期，也是平台期。企业收入从1000万元左右上升到了2000万元，下一步企业发展亟须新的转型，所以我们在产品品类、产品平台、发展方向上作出改变。企业也进行了一些调整，进入快速发展阶段。从2000多万元到4000多万元，从

8000多万元到两三亿元，很快我们就跃升到一个更高平台了。到了这种平台后，企业又会面临新的发展。

我们现在面临第三次转型。企业发展的各种条件出现了。比如厂房，原来的厂房面积太小，不适应企业的需求，要选择一个新地方，或者选择一个更大场景的地方来解决企业发展问题。这种情况下就面临着企业何去何从、怎么来选择的问题。

现在是医学发展最快的时代

问：有人说21世纪是生物学世纪，站在21世纪第三个10年的开头，您怎么看？

张国成：社会发展确实是分阶段的，工业革命时期，蒸汽机、汽车都是在解决动力源问题，汽车工业的发展解决了效率问题、生产力问题，是一个非常大的进步。

信息革命带来了改变，改变了社会的信息交流和互动形态。人们的生活状态也发生了改变，改变了效益和速度。

生命科学和医学的发展带来了新的改变，现在是医学发展最快的时代，会有好多机会，也有非常多的需求。通过满足这些需求，社会发展情况、人们生活质量、疾病治疗手段都会有改变，会有全新的变化。

工具和技术能改变人们的速度和效率

问：有一本书叫《遗传的革命：表观遗传学将改变我们对生命的理解》，英国伦敦帝国学院客座教授内莎·凯里写的。她说："达尔文在创立进化论的时候根本不知道什么是基因。孟德尔在奥地利的修道院花园里种着豌豆，发展他关于遗传因子代代相传的理论时，还对DNA一无所知呢。这并不是问题。他们看到了别人没见过的东西，突然，我们有了一个观察世界的新途径。"作为一个集体，华大在"生命天书"的探索之路上已经奔跑了20年，我们也有了这样一个"观察世界的新途径"吗？

张国成：对于华大来说，现在解决了测序问题，分为两个层面：一是又快又好，通过又快又好的基因测序技术，再加上成本的大幅度下降，对我们探索未来的科研、未来的发展提供了非常必要的条件，华大未来在这个领域一定能取得更多的成绩。二是遗传学的发展和科研、技术息息相关。不论是孟德尔的豌豆杂交实验，还是袁隆平的杂交水稻试验，都是在田里进行的。袁隆平一辈子聚焦大田，不断进行水稻杂交，挑选优良品种，来解决老百姓的温饱问题。从技术角度讲，如果我们很早有了基因检测技术，通过实验设计，也许不用长时间在田里，而是通过实验室就能很好解决这些问题。工具和技术能改变人们的速度和效率。

华大在前期研究方面，用基因技术在相关领域不断进行探索，这一块有一部分技术应用是通过跟别人合作来做的。华大现阶段在脑科学这块确实有一种新的方法，取得的成绩也非常大，而人口老龄化和各个方面对脑科学的研究，确实是改变人们生存质量、认知变化的非常好的技术手段。

前几天我读了《我的大脑》这本书，人体两个部位或者说器官非常重要，一是心血管，心脏为人体提供动力；二是脑器官，它给人思想，让人有了认知，是社会进步和发展的贡献者。华大在脑科学领域的研究和发展，也许是未来我们对社会作出贡献的方向。

下一步：面向外部、面向未来、面向用户去扩张

问：企业2023年上半年情况怎么样？下一步有什么打算？

张国成：在吉比爱年中会上我就谈过，目前我们构建了一个非常完善的平台，产品不断丰富和扩展。前几年花大量研发经费做的一些事情，现在已经达到了一定水平。后期企业发展要向外，现在是在内部挖潜。3年疫情，企业投入资金全力以赴进行研发，取得了很好的效果。

产品有了，平台构建完成了，科研体系、生产体系、质量体系也已经完善了。下一步我们就要面向外部、面向未来、面向用户去扩张。

我们手里有"武器"，也已经做好了充分准备，在未来市场上一定会有长足的进步和发展，也许营业额从 3 亿元很快就能到 10 亿元，从而更多参与到市场工作中。

基因表现使得单一的受精卵得以在胚胎发育过程中变成 200 多种形态、功能迥异的细胞，以组成体内各种组织、器官和系统，如肌肉、血液、消化道、甲状腺、神经和肝细胞等。这个过程叫作分化。细胞分化到最后就成为一个独特的生物体，或是人体，或是玫瑰。

——《生命之书》，〔美〕舍温·B.努兰

当前研究的广度、强度以及发展速度，充分说明我们还生活在生物学与医学发生大变革以前的时代。那些长期困扰人类的问题，比如生命的起源与多样性，还有我们智力与意识的来源，可能远远得不到明确的答案。然而，以前所未有的强度加速进行的跨学科融合，让我们感觉正处在一个转折点，即将不可逆转地奉迎新技术的降临。这些技术将会改变我们对生物学的理解与控制，它们将以非常新颖又有效的方式，赐予我们力量治疗自身，从而延长或改造我们的生命。

——《纳米与生命：攸关健康的生命新科学》，〔西班牙〕索尼娅·孔特拉

敢想敢干，相信科学最终会取得胜利

——金鑫访谈录

深圳华大生命科学研究院精准健康研究所所长、群体基因组学领域首席科学家，中国科学院大学博士生导师，华南理工大学教授，现任广东省人类疾病基因组重点实验室学术委员会委员，广东省遗传学会青年委员，广东省生物信息学会理事，广东省生物物理学会理事。"广东省自然科学杰出青年基金"获得者，并获得"广东省特支计划科技创新青年拔尖人才""深圳市国家级领军人才"等荣誉。

主要研究方法为基因组学、生物信息学，主要研究方向为基因大数据、液体活检与精准医学。累计在《细胞》《自然》《科学》等杂志发表论文90余篇，其中2篇论文入选了ESI全球高被引论文。

创造多个"首次"，首次发现藏族人高原适应核心基因 EPAS1；首创使用液体活检基因大数据，绘制迄今最大规模的中国人群基因频谱图；首先利用新型液体活检技术，发现重症新冠患者新型血浆游离核酸标志物。参与人类基因组计划"中国卷"的生物信息学分析，助力中国基因组学研究的发展；以课题负责人身份承担多项国家级科技项目，于 2012 年、2016 年两次入选美国人类遗传学年会大会报告。

导言　勇于自我革命，持续探索生命科学前沿

2003 年，金鑫看到人类基因组计划完成的新闻，看到中国科学家团队的重大贡献，倍感心潮澎湃。

后来，金鑫得知人类基因组计划"中国卷"是华大团队完成时，心中对华大的向往油然而生。

2008 年，一场讲座，让金鑫与华大结缘，开始了他的科研之路……

金鑫，华大首届创新班"大师兄"，学生时代实现 CNS 大满贯，首个参与项目即"千人基因组计划"，现任深圳华大生命科学研究院精准健康研究所所长、群体基因组学领域首席科学家。加入华大十余年，他历经多个职位，最后回归科研岗位，研究精准健康和群体基因组学。

"我很幸运能参与到这个浪潮中来，见证了中国的基因组学或者生命大数据领域逐步与世界同步，甚至在部分领域领先。"金鑫感慨道。

人类基因组计划是一个划时代的项目，它不仅是一项科学研究，也是一个大的科学工程，影响了生命科学领域，也让全世界不同领域的人深刻了解生命与基因的具体含义，引起人们对这个领域的足够关注。

他认为，人类基因组计划让我们意识到中国科学家团队的能力，给予我们极大的信心，也让更多青年一代关注这个领域，其推动作用功不可没。

有人说，我们早已进入后基因组时代。

对此，金鑫表示不赞同：今天全世界有自己基因组数据的人不

到 1%，怎么能叫后基因组时代呢？

他表明，现在的生命科学领域处在一个大数据和假说共同驱动的时代。假说驱动的生命科学依然非常重要，能够解决很多核心问题，但大数据对生命科学的新发现也起到了巨大的推动作用。

谈及"基因科技造福人类"，金鑫有不同的理解。十年前，他只知道基因科技是一个很好的研究工具，可以用来做科研和发表优秀的论文。然而，十年后，随着基因科技应用范围的不断扩大，以及人们对生命现象的深入理解，我们面临着新的机会和挑战。虽然有冲击，但更多的还是机会。

生命科学实际上就是将生命数字化。通过建立各种基础数据和信息库，逐步形成生命科学领域的数据基础，并基于这些数据库进行分析和验证。他认为，大数据正在引发一场生命科学的范式变革。

他呼吁，面对快速变化的世界，我们要勇于自我革命。物种的生存优势源自多样性，年轻人初生牛犊不怕虎，带来全新冲击，为体系注入新的多样性，使体系发展更加稳健。

相信科学，敢想敢干，直面争议，勇于自我革命。未来，金鑫和团队也会持续探索，继续为生命科学领域的发展添砖加瓦。道阻且长，行则将至……

大学期间：心中就生出对华大的向往

问：能否谈一下您与生命科学结缘的过程？

金鑫：我从高中起就对生物特别感兴趣，尤其有个时间记得特别清楚，那就是 2003 年，我从新闻上看到了人类基因组计划完成的消息，其中特别提到了中国科学家的贡献——1% 的人类基因组序列的破译。

当时是非常心潮澎湃的，因为一直觉得破译人类基因组这件事情是非常伟大的壮举，没有想到，中国科学家团队也能在其中作出这么重大的贡献。

后来，我在大学期间，第一次知道了人类基因组计划"中国卷"是杨焕明老师、汪建老师等带领华大团队完成的，当时心中就生出对华大的向往。

机会来了！是不是我也可以参与这样的重大项目？

问：您在了解到华大代表中国完成人类基因组计划之后，又是如何与华大建立联系并加入华大的？

金鑫：2008 年，汪建老师到我的母校华南理工大学作报告，讲到在完成人类基因组计划"中国卷"之后，华大计划启动一项更深入的研究工作——绘制第一个亚洲人的基因组图谱，把中国人自己的基因组图谱绘制出来。

当时还是本科生的我，听完了之后，觉得机会来了，心想是不是我也可以参与这样的重大项目？我就给汪老师写了封邮件，说我特别想参与这个项目，并投了一份在今天看起来非常粗糙的简历。非常意外的是，汪老师回复了邮件，就两个字——"来啊"。而且，他还安排了当时华大教育体系的负责人，让我到华大参与暑期实践。

特别有意思的是，我在暑期实践结束的时候写了一份实习报告，交给了汪老师。他又将这份报告转发给了我们华南理工大学生物科学与工程学院王小宁院长。院长看完后认为应该再多派些学生去实践，并且探索一个能有更长实践时间的机制，提出可以直接把在校学分换为到华大实习。

在这个过程中，也得到了时任华南理工大学校长，也就是现在的中国工程院院士李元元的支持，这就有了后来的"华大—华工创新班"。2009 年，我作为第一届本科创新班的学生，通过这种创新教育和联合培养的模式，获得了在华大长期做科研项目的机会。

人类基因组计划"中国卷"让更多青年一代关注并投身这个领域

问：回顾中国参与人类基因组计划 20 多年的历程，您觉得，对我们每个人以及这个领域来说，最大的变化是什么？

金鑫：经常有人讲，生命科学是个"天坑"专业。但实际上，一个非常重要的原因是，以前在生命科学、生物医药产业方向上，中国跟世界一流水平是有差距的。我觉得，人类基因组计划让我们意识到，中国科学家团队能够与世界顶尖的科学团队一起，完成全球领先并具有重大影响力的工作。

这给了我们信心，也让更多青年一代关注到这个领域，愿意把自己的青春和热血燃烧在这个领域，成为这个学科发展非常重要的支撑。我很幸运能参与到这个浪潮中来，见证了中国的基因组学或者生命大数据领域逐步与世界同步，甚至在部分领域领先。人类基因组计划"中国卷"的推动作用功不可没。

人类基因组计划绝对是一个划时代的项目

问：人类基因组计划的完成，对我们认识生命而言，有什么重要意义？

金鑫：人类基因组计划绝对是一个划时代的项目，它不仅是一项科学研究，也是一个大的科学工程；它不仅影响了生命科学领域，实际上也让全世界不同领域的人都了解到了什么是生命、什么是基因，它也让人们开始对这个领域投入足够多的关注度，这也奠定了过去 20 年新兴生物技术发展的基础。

比如，新冠疫情期间开发出来了以 mRNA 作为载体的新冠疫苗，这在以前是不可想象的。mRNA 是什么？它是生命中心法则从 DNA 到

RNA 的第一步。如果没有人类基因组计划所奠定的整个框架结构、工具体系以及人才团队，不知道要花多少年才能做到这一步。所以人类基因组计划的意义，不只在于这个项目本身，它也为很多后来的项目提供了参考借鉴和目标。同时，它还启发了更多人在这个基础之上，去做更多创新性、前瞻性的探索。

这个方法很大程度上提高了人类基因组计划完成的速度

问：人类基因组计划对整个生命科学来说具有革命性的影响吗？

金鑫：是的。在人类基因组计划之前，很多人可能都认为生命科学就是一个实验的学科，就是要通过做大量的实验、观察和统计，去寻找一些规律，验证自己的想法和假说。

而我们做人类基因组计划用的方法叫作"鸟枪法"，就像一把霰弹枪一样，一枪把这个基因组打成了碎片，然后再用计算机去把这些碎片拼接起来。这在今天听起来，不就是一个有点暴力美学，但又简单有效的方法吗？这个方法很大程度上提高了人类基因组计划完成的速度。同时，也为后来怎么去研究生命科学提供了另外一条路线，或者说是另外一种研究范式。产生大量数据之后，我们再用计算的方法，或者新型人工智能的方法，去寻找其中的规律，并与以前假说驱动的研究范式相配合，大大加速了生命科学领域的新发现。

生命科学领域处在一个大数据和假说共同驱动的时代

问：很早就有人说，我们进入了后基因组时代。您认为，生命科学究竟到了什么时代？这是一个基因组时代，还是多组学时代？

金鑫：我个人不赞同将现在称为"后基因组时代"。原因非常简单，今天全世界有自己基因组数据的人不到 1%，怎么能叫后基因组时代呢？是不是至少 10% 甚至 100% 的人都有了自己的基因组数据之后，才能称之为"后基因组时代"？

我会更倾向于认为，现在的生命科学领域处在一个大数据和假说共同驱动的时代。假说驱动的生命科学依然非常重要，能够解决很多核心问题；但是，大数据对生命科学的新发现也起到了巨大的推动作用。

基因组学、表型组学，都是在将生命数字化。从人类基因组计划绘制最底层的基因组图谱开始，再到后来的人类单体型图谱、"千人基因组计划"、人类细胞图谱，以及基因转录的表达和蛋白图谱等，我们不断建立各种各样像参考地图一样的基础数据和信息库，逐步形成了生命科学领域的数据基础。

在这个基础之上，我们如鱼得水。很多以前需要花大量时间重新采样、重新产生数据的研究，现在可以直接基于这些数据库去做分析和验证。这就是数据科学和生命科学结合所带来的重大改变。大数据正在使生命科学发生范式的变革。

未来是不是有可能真的做出一个数字孪生人？

问：BT 正在倒逼 IT 的发展，但您仍然认为，对生命科学领域而言，目前的数据量还远远不够？

金鑫：我觉得远远不够。我们今天讲生命的时候，应该讲两个法则。

一个是中心法则，也就是从 DNA 到 RNA 到蛋白质的整个过程。之前认为 DNA 是不变的，每个人有一套自己的基因组，它能延续很多年，去贯通其他的多维组学数据和表型数据。但最近这个观点也在不断被挑战。

最近，美国刚刚启动"体细胞突变轨迹研究计划"。什么叫体细胞突变轨迹？比如我们喝很烫的水，或者紫外线照一照，这些都会对我们的细胞或者 DNA 造成损伤。当损伤积累到一定程度后，细胞的功能就不能正常运行了。因此，随着年龄的增长，以及各种内在、外在环境的影响，每个细胞的基因组都在发生变化，我们每个人不仅要有一套基因组，还应该将体细胞的基因突变图谱绘制出来。

生命除了中心法则，还有时空法则。我们每个人有数十万亿个细胞，普遍认为，大部分细胞的基因组是没有什么差异的，但是为什么皮肤细胞与肌肉细胞、大脑神经细胞不一样？其底层代码是什么？我们一直在想，未来是不是有可能真的做出一个数字孪生人。

比如说，今天对话的是我们两个人，可能未来对话的就不是我们两个真实的人；你可能跟我的数字孪生人在对话，它有跟我完全一样的身体、行为特质，可以在每一个细胞的层级去模拟所有东西。但我们首先要知道它背后的底层规律是什么，才有可能将这门技术更好地应用于疾病治疗。

科学发现、技术发明、产业应用，并非一定有谁先谁后，很多时候是并行发生的

问：无创产前基因检测是第一个基于基因测序技术的临床检测产品，它与大数据有什么关联吗？

金鑫：以前一直认为，想准确掌握胎儿的染色体异常，或者可能出现的出生缺陷情况，最稳妥的办法就是直接取到胎儿相关的样本。比如通过羊水穿刺的方法取羊水，直接获得来源于胎儿或者跟胎儿高度相关的样本做检测。而无创产前基因检测则是从孕妇的血浆中分离出胎儿的游离 DNA。

无创产前基因检测技术是源于 1997 年的一个重要发现，科学家在怀男胎的孕妇的血浆中检测到了 Y 染色体的存在。我们知道，男性和女性主要的差别在性染色体，男性有 Y 染色体，女性没有，所以在一个怀女胎的孕妇的血浆中，是不会看到 Y 染色体出现的。那时候还没有人类基因组图谱，我们只能知道 Y 染色体是不是存在，并没有办法对它进行非常好的定量。

1997 年到 2007 年间，人类基因组计划完成、"鸟枪法"诞生、毛

细管电泳技术快速发展、高通量测序技术诞生，新技术和新发现走到了一起。

我们突然发现，可以用"鸟枪法"去测一个人的完整基因组，也可以把孕妇血浆中混杂的胎儿的基因片段读取出来，并通过大量的数据读取和分析，得到有规律的结果。比如，通过这项技术，我们能够发现21号染色体三体的异常情况，也就是唐氏综合征。而这个技术可以存在的根本，就是我们得到的每个短片段，都能够依托人类基因组计划所建立的参考基因组序列图谱，进行准确地比对和拼装，从而看它是否符合正常的分布规律。

科学发现、技术发明、产业应用，并非一定有谁先谁后，很多时候是并行发生的。在合适的科学技术条件之下，大的应用场景就产生了，这是我们所见证的一件事情。即使是在 2010 年前后，无创产前基因检测技术对于业界而言，也还是觉得过于科幻，觉得要把它做出来难度很大，直到高通量测序技术诞生、测序成本快速下降，它才变成可能。现在，深圳、长沙以及河北全省等地区的孕妇已经可以用很低的价格甚至免费做这样的检查，这就是技术和科学给我们带来的福利。

基因数据是整个生命数据解析中最根本、最基础的

问：您怎么看待"基因科技造福人类"这句话？

金鑫：我们经常谈"基因科技造福人类"，但对比十年前我刚来华大的时候，今天再去理解这句话会非常不一样。

十年前我还是一个学生，那时候最关心的是我能不能参与有影响力的科研项目，有好的科学发现。那时候的理解就是，基因科技是一个非常好的、研究用的工具，我们可以用它来做科学研究，发漂亮的论文。但是，十年后的今天，随着基因科技应用场景的不断扩展，以及我们对生命现象理解的不断深入，我们也面临着一些新的机会和挑战，当然也有冲击，但更多的还是机会。

生命科学实际上就是将生命数字化。在互联网时代，出行数据、环境监测数据等大量数据不断产生和积累，但目前在生命科学领域，数据积累的速度实际上是不够快的。如果对比整个人类社会的数据，来自生命科学领域数据的增速、增幅以及占人类所有现有数据的比例，实际上是不够的。但随着新技术的不断涌现，生命数据也迎来了爆发式增长。比如，2023 年 7 月发表的基于华大时空组学技术绘制的猕猴大脑皮层细胞图谱，一项研究成果就产出了 300TB 数据。这在以前是不可想象的，而这都还仅仅是个开始。

今天，有自己基因组数据的人，占全人类的比例很显然远不到 1%。而基因数据是整个生命数据解析中最根本、最基础的数据。如果大家连这些数据都还没有接触和掌握的话，我们很难说能很好地掌控或者理解生老病死。

另外，如何在数据基础之上，去开发更好的针对每个人的健康管理方案和新型的治疗方法、药物等？我现在越来越觉得，相关领域的探索速度还可以加快。这些都是在为我们真正理解生命的智能做铺垫。一旦掌握了这样的能力，我相信对于人类社会而言，会是一次新的飞跃。

解析健康状态，绘制这种状态下的多维生命组学基线

问：您现在也是华大生命科学研究院精准健康研究所的所长，能不能介绍一下精准健康研究所在做什么？什么是精准健康？

金鑫：精准健康是对应精准医学的。实际上，精准健康就是汪建老师讲的"防大于治"。我们要理解疾病，理解生老病死，可能并不单单是研究疾病本身，还需要去解析健康状态，去绘制这种状态下的多维生命组学基线。我们精准健康研究所主要是做这方面工作。

如果把它更简单地用两个词描述，就是 Life Index 和 Disease Index。相当于把各种分析结果汇集、交叉，最后形成一套指数。这套指数可以提示疾病风险和健康状态，也有相关概念提供理论上的支撑。

2008 年前后的生命科学是一个相对蛮荒的领域，是一片蓝海

问：习近平总书记提出，我们要"抓住新一轮科技革命和产业变革的重大机遇，就是要在新赛场建设之初就加入其中，甚至主导一些赛场建设，从而使我们成为新的竞赛规则的重要制定者、新的竞赛场地的重要主导者"。您能聊聊对这句话的理解吗？

金鑫：很显然我不是在一开始就加入的，人类基因组计划"中国卷"绘制出来的时候，我还只是一个旁观者，或者说仰慕者。而我真正加入生命科学这个领域，是在 2008 年前后。

回过头去看，当时的生命科学其实是一个相对蛮荒的领域，或者用比较时髦的词来讲，是一片蓝海，能做的事情太多了。我印象中，那时候我们在华大一办综合楼的 5 楼，办公室里每个人做的课题都是不一样的，有人做无创产前基因检测技术的算法开发，有人做一万年前的古人类 DNA 研究，还有人做人类肠道菌群研究等，最后这些项目都取得了巨大的成功，成为这个领域的奠基石和里程碑式的存在。

所以，在早期参与进来，我们虽然对整个领域是一无所知的，但却有无限憧憬，因为每个方向都有可能做出极具突破性的成果。

这些方向有失败的，但也有做着做着就开拓出了一个全新领域的

问：在早期对这个领域还不够了解的情况下，怎么选择具体的探索方向？

金鑫：我们当时一方面是跟全世界最好的科学家团队合作，通过不断参与国际上最好的、最前沿的项目，来持续学习和提升对这个领域的理解，包括参与"千人基因组计划"、重要物种研究等。另一方面，我们根据自己对这个学科、领域的理解，提出了一些之前少有的工作基础的新方向。这些方向有失败的，但也有做着做着就开拓出了一个全新领

184

域的。

华大的发展有一条清晰的底层脉络，那就是工具决定论

问：在过去这 20 多年的探索中，您认为华大有找出一条观察世界、观察生命的独特路径吗？

金鑫：我觉得华大的发展有一条非常清晰的底层脉络，那就是工具决定论。我们今天已经能够以很低的成本、很快的速度做一个人的全基因组测序，我们的单细胞技术、时空组学技术也都是全球领先的。

在参与人类基因组计划的时候，我们的测序技术与设备都是进口的，绘制第一个亚洲人基因图谱的时候，依然是这样。但随后我们就意识到了被人"卡脖子"的痛苦，当我们想要用基因测序技术开发临床检测产品，让前沿技术惠及更多人的时候，之前的设备供应商不再给我们供应新的设备了。在这种情况下，我们逐步研发出了完全自主掌控的基因测序设备。

而基因组只是一个生命的源代码，我们要理解源代码，就需要在不同时间和空间维度去观察生命，所以我们又基于测序技术研发出了单细胞组学和时空组学技术，为我们打开了全新的世界。以前，我们做的很多项目是绘制一个基因组图谱，找一个疾病的风险易感基因等。但是从 2022 年开始，我们陆续绘制了小鼠胚胎发育时空图谱、蝾螈脑再生时空图谱，2023 年又绘制了猕猴大脑皮层的细胞图谱，这些成果的背后是底层核心技术的突破。

年轻人最大的特点就是初生牛犊不畏虎，带来不一样的声音，带来不一样的思考，带来新的冲击

问：华大一直注重创新，在这个过程中，年轻人发挥了什么作用？

金鑫：任何学科、领域的技术，都不是说今年发明出来了，就能够 10 年、20 年、50 年都吃这个技术的红利。所有东西都是在不断变化

演进的，这两年尤其今年以来，整个世界变化非常快，不断有新东西涌现。这个时候，真的要勇于自我革命。

如果将一个物种看作一个整体的话，它最大的生存优势可能就来源于它的多样性。年轻人其实就是在注入新的多样性，让整个体系发展得更加稳健。年轻人最大的特点就是初生牛犊不畏虎，带来不一样的声音，带来不一样的思考，带来新的冲击。不会的就自己去学，有不明白的就跟大家一起讨论。在这个过程中，不一定每个年轻人都能取得巨大的成就，但华大愿意给更多年轻人平等的机会，让大家在这里充分发展。

大科学工程的核心和最根本的支撑还是人

问：各种"五颜六色"的人也是大科学工程的研究范式所需要的？

金鑫：没错。大科学工程，大家很多时候会强调"工程"，强调它是有组织的。但是大科学工程最终还是要解决科学问题，而科学的问题是靠一个一个的个体去解决的。

所以在一个大科学团队中，要有各种各样的个体，有聪明绝顶的，也有善于组织的，还要有善于实践的。整个大科学工程的核心和最根本的支撑还是人。那么，人从哪儿来？一方面得有原来就在这个领域的人不断进行自我革命，另一方面就是培养新人。只有这样，才能持续走下去。

我这么幸运发现了自己热爱什么、擅长什么，肯定就要全身心投入

问：2009年您以第一届"华大—华工创新班"学生的身份来到了华大，并在这里完成了后续的深造，这种全新的教育模式，当时对您最大的吸引力来自哪里？

金鑫：当时首先是受到了这个团队的感召，包括华大创始人所讲的

人类基因组计划精神，以及他们来深圳从头创业的勇气。而在真实接触这个团队之后，我一直在想，已有的这些工作成果，究竟有多少是在华大这个体系的加持下，才得以实现的？

辩证地看，一个人和一个团队，肯定是相互成就的，我也是一样，我绝对是受益于华大这个平台非常多的。最初就是想参与到一些全球前沿的研究工作中，而且大学那个阶段，大家多少都会有些迷茫，不知道该做什么好。

当时我接触华大，参与到这些非常有意思的项目中，最重要的收获就是发现了自己擅长什么、喜欢什么，那就是生命科学、基因组学。很多人终其一生都不一定能真正发现自己热爱什么、擅长什么，我这么幸运地发现了，那肯定就要全身心投入。

再回到底层去做新的研究，我们一定会找到新的机会

问：在探索生命科学前沿的过程中，您最大的收获是什么？

金鑫：我在华大多个岗位上都有过历练，包括做科研项目，做产品经理，做大数据分析和云计算等，最后又回到科研岗位，负责精准健康和群体基因组学研究。

在这个过程中，我不仅了解到前沿的生命科学和基因组学研究是什么样子，也看到了领域内全球顶级的学校和生物技术公司在做什么，以及他们是怎么去做的。

此外，我还看到了前沿技术在发展中国家的场景下是如何产生应用的。如果将这些应用积累下来的数据进行分析和提炼，能够形成更好的算法和应用，这个时候再回到底层去做新的研究，我们一定会找到新的机会。

要知道什么是异常，就得先刻画出来什么是正常

问：您认为，群体基因组学研究的意义主要体现在哪些方面？

金鑫：要知道什么是异常，就得先刻画出来什么是正常，或者说正常的范围是什么。所以我们这些年做的很多群体基因组学研究工作是不断积累，逐步形成一套比较可靠的基因频谱图。有了这个基因频谱图，当我们再做疾病研究的时候，将它拿出来进行比较，就能够知道是什么情况。而且，随着数据的不断积累，我们的计算模型会越来越精确，预测的可靠性也会越来越高。

读懂"生命天书"，就需要将中心法则与时空法则结合

问：您觉得人类的"生命天书"破译到什么阶段了？

金鑫：那我问一个问题，怎么样算是破译了这本"生命天书"？是把它上面的每个字母读出来就是破译了，还是真的知道它在说什么？肯定是后者。

现在我们基本上把这本"生命天书"上的每个"字符"都读出来了，但这些字符连起来到底是什么意思，我们真的知道吗？这个答案我觉得还需要去探索，而这个探索的"钥匙"就是时空法则。

我们要真正读懂"生命天书"，就需要将中心法则与时空法则结合。我们现在做的不管是大脑，还是胚胎发育、肿瘤发展等的时空图谱，都是围绕着如何破译这本"生命天书"。当有一天我们积累的数据足够多了，可能到时候用各种新的人工智能算法，最后会发现实际上生命的规律非常简单，我们用这个简单的规律，就能很好地掌控很多我们今天觉得不可思议的事情。

还处于不断积累数据、形成这个模型的过程中

问：生命科学怎么突然就从"读"生命到了"写"生命的时代了？

金鑫：实际上这不是突然发生的，而是经历了漫长的积累。有一句非常著名的论断就是，当一个东西我们不会去使用的时候，很难说我们真正理解它了。

在"读"的过程中，一开始我们可能只是"读"到了皮毛，但是随着"读"的深入，我们积累了更多的信息和数据，掌握了更多的连接和规律，然后就能够应用这些规律去"写"了。这个过程我觉得很像今天的人工智能大语言模型中的智能涌现。我们现在还处于不断积累数据、形成这个模型的过程中，已经初现一些苗头和曙光了。

华大之路是一条科技创新之路，也是一条非常励志的路

问：从1999年到现在，华大经历了从跟踪跟随到同步跨越，再到部分领域领跑的不同发展阶段，如果有一条华大之路的话，您觉得这条路是什么样的？

金鑫：华大这条路肯定是一条科技创新之路。这就意味着我们在科技研发上的投入，以及人才培养和储备方面必须有足够的战略判断和定力。过去这些年，我们在很多关键节点上都能够作出重要决策，我觉得是跟创始人和管理层对这个行业的深刻洞察有重要关系的。另外，华大这条路也是一条非常励志的路。最开始，很多发达国家的研究团队可能觉得中国研究团队能跟上就不错了，但后来发现，我们竟然可以参与甚至引领一些国际大合作项目。

华大精神：Science Will Win（科学最终会取得胜利）

问：如果有一种精神叫华大精神，它的实质意义要如何概括？

金鑫：有一句非常契合华大精神的话——Science Will Win（科学最终会取得胜利）。我们要相信科学，敢想敢干。华大之前做的很多事情是有争议的，包括最早参与人类基因组计划，以及后来做大量测序工作。但这些其实并不是蛮干，而是源于对生命科学领域科学问题的深刻思考和认识。

当我们认识到解析生命需要有这样那样的能力和支撑的时候，我们就这么去做了。可能在当时不被人理解，但科学就是科学，科学最终会

取得胜利。

相信规律，相信科学，敢想敢干

问：是不是也是要相信规律？

金鑫：相信规律，相信科学。除此之外，还有一点很重要的就是敢想敢干。愿意相信的人肯定是有的，但很多人只是精神上支持，相信一下就算了，而华大是真的在相信之后去把它实现了。

跟着华大一起看世界，见证了这个领域的快速发展

问：您如何总结您个人在华大的成长？

金鑫：如果现在的我跟十年前刚来的我对话，我会告诉当时的自己，我这十年做了什么东西，有什么成果，华大现在有什么新技术。我觉得可能十年前的我是根本不敢想象的。

很多时候人对世界的认识是跟他所经历的事情、眼界有关系的。实际上在某种程度上，我是跟着华大一起看世界，跟着华大一起见证了这个领域的快速发展。在这个过程中，我也在不断学习和成长，今天依然是如此。在这一波新的人工智能来了之后，有非常多新的东西要去学，这也需要我和团队一起努力，继续为华大未来的发展添砖加瓦。

第一个作为第一作者的项目是藏族人基因组研究：发现与藏族人高原适应相关的核心基因

问：能讲一下您参与的第一个大项目吗？

金鑫：第一个我是第一作者的项目是藏族人基因组研究。汪建老师很喜欢爬山，他当时观察发现，同样都是登珠峰，去攀登的汉族人需要有各种户外装备，但那些夏尔巴人向导轻轻松松就上去了。我们意识到，个体与个体的差异，个体对高原和低氧环境的适应能力，很可能来源于我们的 DNA。

在这个基础之上，就提出了这么一个课题。我在接手这个项目之后发现，我们通常认为，不同人群之间会有差别，某个基因在这群人中的携带率是 10%，那群人是 20%，这已经是很大的差异了。但当时我们发现有一个基因片段在汉族人中间携带率不到 10%，而在藏族人中间却超过了 87%。

这样巨大的差异是之前的算法里都没有考虑过的。在发现这样的信号后，我们进一步分析验证发现，这是一个与藏族人高原适应相关的核心基因，叫作 EPAS1。

这项研究成果后来被写入教科书。它是人类迁徙到不同的区域，去适应当地环境的一个非常经典的案例。

当时的世界还没准备好，他太超前了

问：薛定谔在"生命是什么"系列演讲中向一系列科学家前辈致敬，其中包括孟德尔。他评价道，"他的发现在 20 世纪竟会成为一个全新科学领域的'灯塔'"。在 80 年后的今天，您怎么看待这个"灯塔"的评价？

金鑫： 在人类历史非常关键的时间点上，就是由少数人做了非常重要的事情。很多学科都是这样，生命科学领域也不例外。从达尔文到孟德尔，可能在他们的时代很多人都无法理解他们。比如，孟德尔起初所受到的关注和认可，远不如 1900 年几位科学家声称重新发现孟德尔的研究成果时所引起的轰动。这是因为当时的世界还没有准备好，他太超前了。

我们今天重新去看《生命是什么》这本书，一方面是学习薛定谔从一个物理学家的角度怎么认识生命，另一方面确实很钦佩前辈们开创了一个这么多姿多彩的领域。

相信未来会有更多物理领域、人工智能领域的专家投身到生命科学领域来

问：您怎么看薛定谔呢？一个量子物理学家，在生命科学领域却作出了这样的贡献，他也是那座"灯塔"吗？

金鑫：我非常钦佩这样的科学家，从整个人类的科技树的发展来讲，物理学也一直是最核心和最基础的学科之一。目前，研究生命科学的物理学家太少了，我非常希望有更多物理学家能对生命科学感兴趣，能够投身到生命科学中来。

以前，生命科学更多的是一个实验和假说驱动的学科，纯粹的理论、数据和计算能发挥的作用是有限的。现在，随着多组学大数据时代的到来，我相信未来会有更多物理领域、人工智能领域的专家投身到生命科学领域来。

称之为"灯塔"的人：如果只选一个人的话，我觉得是詹姆斯·沃森

问：您认为过去这80年里，还有哪些成就或者哪些人是可以被称为"灯塔"的？

金鑫：如果只选一个人的话，我觉得是詹姆斯·沃森。我非常有幸见过一次沃森老先生，当时是杨焕明老师带着我们去冷泉港开会，会议期间我们到他的办公室去拜访他。令我非常惊讶的是，那时候已经90多岁的他，思路依然非常清楚。他说，听说你们做了一个熊猫基因组测序，这个很不错、很好玩。能够讲到这些非常具体的事情，说明他即使90多岁了还在坚持看科学论文，还在关注这个领域的发展。

作为一个划时代的人物，詹姆斯·沃森在1953年跟弗朗西斯·克里克一起发现了DNA双螺旋结构。这是一个重要的分水岭，在那之前，生命科学还没有真正进入分子生物学时代。另外，詹姆斯·沃森也

是人类基因组计划的重要推动者和奠基人。那时候关于人类基因组计划的争议很大，因为当时技术还不成熟，到底要怎么干，要干多长时间都不清楚，而且要花几十亿美元才能做一个人的基因组，它究竟有没有意义？这个时候就非常需要沃森这样有远见卓识的科学家，去团结整个科学圈，去跟当时的美国能源部、各个国家的科技部等掌握资源的机构讲明白这个事情为什么重要，并呼吁他们支持。我觉得他是真的战略科学家。

他让很多之前我们觉得不太可能的事情发生了

问：在华大有人能被称为"灯塔"吗？

金鑫： 是汪建老师。他是不走寻常路、打破常规的人。而往往正是这种人，会为这个领域的发展带来革命。我们在做课题研究的时候，总会遇到一些现实的困难，会犹豫到底要不要扑进去做。但是，往往汪老师的几句话就会让士气大振，让我们觉得还是干吧。很多时候也就这么干成了。

今天如果要在美国科学界找一个旗帜的话，可能很多人会说是埃隆·马斯克，他不是科学家，但他革命性地将电动汽车，还有 SpaceX 给做起来了。这也使得现在他再提出很多新东西时，大家就觉得他能干成。

我觉得在生命科学领域，汪建老师比马斯克还要神奇，他让很多之前我们觉得不太可能的事情发生了。比如，参与人类基因组计划、绘制第一个亚洲人基因组图谱，自主研发基因测序仪、时空组学技术等。这些都是难以想象的，但就是在大家都不相信，内部也有很多不同声音的时候，因为汪建老师坚信，大家也就跟着硬扛下来了，最后也就做成了。

像薛定谔这样的大家，如果他能够用更多时间思考生命科学……

问：如果您真的和薛定谔面对面，想要对他说什么或者想问他什么？

金鑫：我会非常想问他对于量子物理和生命的基本分子，包括神经大脑的运作之间的联系有没有什么新的思考。很多时候如果纯粹用经典物理世界的东西来看这些生命的现象，很多东西是解释不了的，那可能就需要有新的理论。

在这个过程中，物理学家一定有最敏锐的视角。像薛定谔这样的大家，如果他能够用更多时间思考生命科学，我觉得可能我们会进步得更快一点。

生命是序列的，序列是可以解析的

问：DNA 双螺旋结构的发现，对生命科学领域的发展具有何种意义？

金鑫：生命是序列的，序列是可以解析的。如果没有双螺旋的互补配对，我们测序怎么测呢？现在的测序技术基本上都是依托于这个基本原理，不管是最早的 Sanger 测序，即双脱氧链末端合成终止法；还是现在的高通量测序技术，即边合成边测序技术；都是利用了 DNA 双螺旋结构这个最基本的物理特性，它是根。

为理解宇宙和生命的奥秘做一些努力，也许这就是我们人类存在的意义

问：人类诞生了几百万年，又在过去短短的一万多年里面统治了整个地球，不少专家学者提议将全新世更名为"人类世"。您认为，究竟应该怎么看人类和地球的关系、人类和自然的关系、人类和生命的关系？

金鑫： 首先我们还是要有敬畏之心，茫茫宇宙，地球就是一粒虾米，甚至更微小。但我们的存在一定是有原因的。我们能够做一些事情，为理解宇宙和生命的奥秘做一些努力，也许这就是我们人类存在的意义。

在华大这十多年的时间里，历练过不同的岗位

问： 您认为，对生命的探索是无止境的吗？在这种探索的过程中，您有没有感到迷茫或者无助的时候？是否想过要保持乐观的心态，以有利于基因的表观修饰？

金鑫： 这个问题真的很深奥，既有哲学，又有生命科学。我的回答是，肯定是有的。

我在华大这十多年的时间里，历练过不同的岗位。而当时会选择从研究岗位到不同岗位历练，就是因为我一度有很强烈的困惑，那就是我们做这些研究，究竟有什么用？

但有了在应用和产业等方向不同的体验之后，回过头来看，很多事情就不一样了。我发现可以回来做一些新的研究，更有利于其他方向的发展，也更符合我自己的特质和所长。经过这么一番轮转，我对自己有了一个重新的思考和定位，现在做得非常开心。

生命的奥秘未必那么宏大，可能就在我们的日常生活中

问： 您对自己的生命有什么期望？

金鑫： 生命真的非常神奇。十年前，我还是个学生，单身一人。今天，我成家了，我们家有两个非常可爱的小朋友，这就是生命的传承。我的基因有一半传给了我的小孩，当然他们两个人传的一半是不一样的。我们家小朋友头发有点卷卷的、黄黄的，跟我很不一样，他们妈妈也不是这样，但据说他们妈妈小时候是这样。

所以我已经给他们设计好了一个课题，等他们有能力去做这个工作

的时候，可以研究一下自己的基因，是哪一段让他们的头发变得黄黄的、卷卷的。生命的奥秘可能未必那么宏大，可能就在我们日常生活中每天接触的人、接触的事情中。

现在最希望做的事情就是找到一条路子，把生命的中心法则和时空法则贯穿起来

问：关于研究，您下一步希望在哪些方面重点突破？

金鑫： 我觉得现在最希望做的事情就是找到一条路子，把生命的中心法则和时空法则贯穿起来，而且要将新型的人工智能技术应用到生命科学研究领域。实际上，目前大家的思考和投入不够，积累的数据也不够。以前我实际上是做中心法则中的那个 D，即 DNA，也就是中心法则从 DNA 到 RNA 的过程，你会发现 D 相对来说是单一维度的，是相对比较确定的。现在我们要做 DCS，C 是 Cell，S 是 Spatial，但是在这个 D 到 C 和 S 的过程中，就发生了非常多的变化。所以，接下来我们会把这些贯穿起来，至少先把 D 和 C 连接起来，S 以后继续努力。

相信在 21 世纪我们能够看到重大突破不断涌现

问：20 世纪总有人说，21 世纪是生物学世纪，站在现在，您如何看这个论断，这句话还是正确的吗？

金鑫： 我觉得必须是。21 世纪现在才过了 20 多年，还有 70 多年的时间。而在 70 多年之前，我们难以想象这个世界现在会是什么样的。现在的生命科学领域，新的发现正在不断涌现。我非常相信，在 21 世纪我们能够看到重大突破不断涌现。

希望你们保持好奇心，对这个世界继续充满热爱

问：对于未来进入生命科学领域的年轻人，您想要对他们说什么？

金鑫：对生命科学这个领域感兴趣的同学们，希望你们保持自己的好奇心，对这个世界继续充满热爱。我们会有越来越多新的工具、新的技术来支持大家去探索，去实现你们心中所想。

在生物学和医学领域，我们同样也在经历着一场基因组变革，它正在改变着我们看待疾病的主导范式以及研究病因的方式。

——《基因组时代：基因医学的技术革命》，［美］史蒂文·门罗·利普金、［美］乔恩·R.洛马

DNA分子双螺旋结构就像一层层盘绕而上的梯子，两条螺旋中间的核苷酸结合在一起，就像梯子上的横木。科学家称这种组合原则为配对……所有动植物的DNA都是一样的，之所以造成这么多不同的种类，就在于组对次序的不同，不同的遗传信息便因之而生。

——《生命之书》，［美］舍温·B.努兰

不断追求技术的进步，探索生命底层的规律

——沈玥访谈录

　　研究员，博士生导师，深圳华大生命科学研究院合成生物学首席科学家，华大工程生物学长荡湖研究所所长，政协常州市金坛区第十一届委员会委员，国家重点研发计划项目首席科学家，国家自然科学基金优秀青年科学基金项目获得者，广东省高通量基因组测序与合成编辑应用重点实验室副主任，ISO/IEC 生物数字融合工作组专家。

　　致力于 DNA 合成生物技术与装备、合成基因组学及其下游应用、数据存储等领域的研究。作为合成基因组学领域里程碑项目"人工合成酵母基因组计划（Sc2.0 Project）"的中国协作组代表之一，主导完成多条酿酒酵母染色体的设计与合成工作，并建立一系列合成基因组学的技术与方法。突破"卡脖子"技术，开发了自主知识产权高通量芯片 DNA 合成设备。建立大数据存储新范式，开发自主知识产权 DNA 编码系统及可拓展集成与系统评估平台，实现 DNA 数据信息高密度存储及 100% 无损解读。

主持或参加国家、省、市基金项目 15 项。近年来在《科学》、《基因组研究》（*Genome Research*）、《自然·通讯》（*Nature Communications*）等杂志发表论文 45 篇。申请发明专利 42 项，授权专利 11 项，软件著作权 20 项。编制国内首部 DNA 存储行研报告《DNA 存储蓝皮书》。部分科研成果荣获"2017 年中国科学十大进展"、"2019 年度天津市自然科学"特等奖、"2021 年深圳市科学技术奖自然科学类"一等奖、"2021 年度深圳市科学技术奖青年科技奖"。

导言　合成生物学是高度交叉的领域，其技术突破可能是颠覆性的

高中时，沈玥在教科书上了解到人类基因组计划。当时的她完全没想到，后来自己竟然有机会可以和参与人类基因组计划的科学家面对面地学习和工作。

2010 年，沈玥加入华大不久，便因为个人的兴趣使然，加上华大提供的平台支持，踏上了合成生物学领域的探索与实践之路。彼时这一全新的发展方向，对包括沈玥在内的一群年轻华大人来说，都是一个充满挑战的未知领域。

同年年底，华大的几位创始人基于对合成生物学未来目标的判断，决定深度参与"人工合成酵母基因组计划"大科学项目。在项目开展过程中，沈玥切实体会到了人类基因组计划精神和范式的延伸与传承。

2017 年，当"人工合成酵母基因组计划"的里程碑式阶段性成果在国际顶级学术期刊《科学》以封面、专辑形式发表时，以沈玥为代表的华大团队已经在探讨如何通过工具变革，支撑更多、更大体量的染色体设计和合成工作。一年后，沈玥团队把第一台高通量合成仪原型机做了出来。而今天，华大已经具备了全国最大体量的合成能力。

如今，合成生物学已成为各国重视的战略布局方向，并且正快速向产业化发展。对于合成生物学未来的应用前景，沈玥认为，合成生物学作为一个高度交叉的领域，其技术的突破可能是颠覆性的。在下游应用层面上，合成生物学可以说是衣食住行都会涉及。

从开拓一个全新的方向，到产出重磅的科研成果，再到建立

自主的底层工具，到拓展前瞻性的下游应用……可以说，过去13年来，沈玥带领团队见证并引领了华大在合成生物学领域的发展之路。

在人类对生命科学的探索历程中，技术的进步不断拓宽我们的视野，帮助我们更好地探寻生命的奥秘。沈玥的故事和思考，展现了一位科研工作者对自身从事领域的热情与执着，也揭示了科学技术在推动生命科学领域发展中的重要作用。

当然，和大多数科研工作者一样，在持续探索生命科学的过程中，沈玥也并非总是所向披靡。对于如何应对科研事业中碰到的挫折和压力这一实际问题，她以亲身实践回答现今的年青一代：选择自己感兴趣的领域，并坚持下去。不论遇到多大的挑战，一旦坚持下来，自身获得的成长是无法言表的。毕竟，坚持这件事情，本身就筛掉了很多人。

没想到竟能和参与人类基因组计划的科学家面对面地学习和工作

问：请您分享一下与生命科学领域结缘的故事。

沈玥：我读高中的时候，受生物老师的启发，觉得生物非常有意思，所以就把生物选为专业课方向，并在高考志愿中填报生物工程专业，以此规划后面学习发展的方向。

那时候人类基因组计划已经写进教科书里了。当时完全不会想到自己以后竟然有机会可以和当时参与人类基因组计划的科学家面对面地学习和工作。这是一种非常有意思、很奇妙的感受。

这是一个很特别的研究机构

问：最初接触华大、认识华大是什么感受？

沈玥：刚加入华大的时候，觉得这是一个很特别的研究机构。一群20多岁的年轻人，做事不循规蹈矩，与教科书上所谓的"科学家"直观感受差别很大。大家都非常有活力，在一个开放的环境中共同讨论科学问题，整体氛围非常积极向上。

人类基因组计划就是将生命的底层密码解析好，形成一个参考集

问：人类基因组计划对我们理解生命具有什么意义？

沈玥：整个生命科学认知的轨迹是从最早确定人类遗传信息的载体是核酸，到进一步的解析，知道了遗传信息是怎么传递下来，以及信息发生变异之后会产生什么样的结果。人类基因组计划就是沿着这条线，不断结合技术的发展进步，把最底层的密码解析好，形成一个参考集。这个参考集能够为后续的功能研究、物种起源与演化以及疾病诊疗等提供基础。

数据体量会越发庞大且复杂，这是我感受到的趋势

问：人类对生命的认知，是怎么一步步走过来的？

沈玥：在当下，大家更多是去尝试理解那些"眼见为实"的东西有什么规律。比如，在显微镜出现之前，我们更多是观察生命体的性状，它有什么变化，以及在整个周期里有什么潜在规律能够被总结出来。这是基于观察去理解生命的一种尝试。再到后来，随着不同技术工具的出现，我们能从更微观的层面观察生命的结构及其底层支撑。当我们在微观层面上有了很大突破之后，还需要进一步将微观和宏观结合。

从原来的工具受限，到现在的工具不断迭代，未来我们还会把这种

微观、宏观、时间、空间因素结合，去尝试理解生命。随着我们逐渐从单一路线到多路线结合，再到多维度信息结合，支撑我们发现规律的数据体量会越发庞大且复杂，这是我感受到的趋势。

每一个技术突破、科学发现，它的底层一定伴随着恰逢其时的技术

问：认知生命由粗到细，由浅到深，从"读"生命到"写"生命，这个过程太神奇了。在您看来，人类对生命的认知过程遵循着什么规律？

沈玥：我们对生命的认知一定和当下的技术能帮助我们怎么样去理解生命是密切相关的。我们认知生命的方式也会受到当下技术发展的极大影响。

为什么我们从最开始"读"生命，"读"还没读清楚，就进入"写"生命的阶段？在我看来，"写"生命也是理解生命的一种方式。我们常说"建物致知"，就像我们最开始看到鸟飞行，去尝试理解它飞行的原理是什么，然后把飞机造出来，让飞机能够顺利上天，这就是通过实践进一步深化对规律的理解。所以说到"写"生命，从合成生物学的角度，我们其实就是换了一种理解生命的视角，尝试按照我们的认知把它重新再造出来，通过这种方式去印证，到底我们前面对于生命现象的理解是否正确。

所以，"读"和"写"在一定的发展历程中可能是并行的关系。"读"是为了有相应的信息输入，帮助我们去"写"。"写"的一些实践试错，又反过来帮助我们理解到底"读"得对不对。它们是一个互相印证，共同发展的趋势。

做了这么多基因的解读，为什么不做合成生物学方向的尝试？

问：您认为是什么契机，让我们开始关注到"写"生命？

沈玥：2010年加入华大后，我了解到在合成生物学领域有科学家

实现了从头再造一个原核生命，在和文献研讨小组交流的过程中，我逐渐对这个新的领域产生了兴趣。同年，华大集团联合创始人杨焕明院士邀请了合成生物学领域比较活跃的一位科学家——美国斯坦福大学教授德鲁·恩迪来华大做了一场演讲。在交流的过程中，他说，华大做了这么多基因的解读，掌握大量资源和信息，为什么不做合成生物学方向的尝试？这给了我们很大的信心。

于是，华大从原来"读"生命开始尝试"写"生命。这对当时刚加入华大的年轻人来说，是一个全新的发展方向。我也由此开启了合成生物学领域的探索与实践。

给你一片空间，让你自由成长、自由探索

问：不管是对华大来说，还是对您和团队成员个人来说，那时候在合成生物学领域都是从零开始，是什么让大家愿意投入这么多资源去做这一方向的研发？

沈玥：我觉得这可能就是华大很特殊的文化气质。在华大，当你提出一个新的方向，敢于去尝试的时候，华大会愿意在你什么都不懂的情况下，给你一片空间，让你自由地去成长、去探索。生命科学需要自由探索的空间，很多突破可能并不是当下主要研究方向的产出，而是一个偶然。

那个时候，华大更多的是给了我们空间去尝试、去试错，这可能是华大和其他机构很不一样的地方。

人类基因组计划精神和范式的延伸与传承

问：从 2010 年开始布局合成生物学领域，到后来参与"人工合成酵母基因组计划"并发表专刊，现在在工具方面也有一些成果，可以讲一下其中的故事吗？

沈玥：2010 年年底，"人工合成酵母基因组计划"的发起人杰

夫·伯克教授向我们介绍这个大科学项目。当时合成生物学还处于非常早期的阶段，杨焕明院士等几位华大创始人判断，未来合成生物学的终极目标就是从基因组层面对整个生命系统进行重构。所以当下就决定，一定要深度参与这个项目。在项目开展的过程中，华大几位创始人所秉承的人类基因组计划精神和范式，也不断得到延伸和传承。

其间，当我们发现已有的 DNA 合成技术无法支撑这么大的工作体量的时候，华大集团联合创始人、董事长汪建老师提出"写"也需要有自己的工具。于是，我们便开始围绕底层工具进行布局。

当 2017 年"人工合成酵母基因组计划"研究成果以专辑形式在《科学》杂志发表时，我们已经在探讨如何通过工具变革，支撑更多、更大体量的染色体设计和合成工作。通过快速组织团队进行攻关，我们在 2018 年把第一台原型机做了出来，再到今天，华大已经具备了全国最大体量的合成能力。

技术和方法的自动化，带来了效率、准确性、成功率的快速提升

问：从手工合成到机器合成大概经历了多长时间？

沈玥：我们经历了从原来的手工合成，到机器合成，再到机器串联自动化合成的过程。最开始，用纯手工的方式合成一条染色体，花了 5 年的时间。2016 年我们开始考虑布局新的机器合成的方法，2017 年有了一些相应的讨论，2018 年合成的原型机就出来了。现在，我们合成一条染色体只需要半年时间。

在研发过程中，有些想法出现得也非常随机。当时我还在英国，汪建老师凌晨 3 点给我打电话，说有一个新想法，能不能把柱式合成和高通量合成做一个结合，给我隔空比画了一通，说要让它循环起来。我说好，大概知道了。然后就组织团队探讨输出了一些原型方案，同步找工业化的原型去实践和验证。

这种技术和方法的自动化，带来了效率、准确性、成功率的快速提升。同时，我们也在不断进行技术迭代。一方面不断将成熟技术自动化，另一方面又不断对技术本身进行迭代。这个过程使我们可以越来越高效、准确地进行染色体合成。

快速实现合成工具突破的核心原因

问：2017 年开始有这个构想，2018 年第一台原型机就已经出来，为什么可以快速实现这一技术突破？

沈玥：华大在研发基因测序仪这一条"读"的路径里，长期积累和沉淀下来的底层功夫，使得我们能把相应的能力快速在一个新的领域里进行复制。这种复制拓展的能力是经历了长期储备而形成的。

"读"和"写"，一个是逐步解析，另一个是从头再造，但很多底层原理工具是相通的。因此，在我们能够将"读"这套技术做到极致，掌握其底层原理之后，相应的能力可以快速复制和拓展到"写"的领域。这是我们能快速实现合成工具突破的核心原因。

大量数据的产生，倒逼合成技术往高通量方向发展

问：合成的成本近年有下降的趋势，但远比测序成本的下降速度慢得多。您认为，合成技术多少年后可以普及？

沈玥：为什么在很长的一段时间里，合成的成本没有太大的变化？我认为，这不仅是技术自身迭代的问题，迭代的速度也跟领域的发展趋势以及过程中对技术的需求和要求的变化趋势密切相关。过去 10 年间，基因测序技术快速发展，越来越多数字化的信息和数据产生。这对合成生物学带来了更多的数据和知识的冲击，有越来越多的应用可能性也被陆续提出，也有了更多合成生物学研究的开展。那自然而然地，就会对合成技术本身提出更高的要求。当一个科学问题探究所需要的合成能力的需求极大，而现有的技术和成本难以支撑时，必然就会倒逼合成技术

往高通量低成本的方向发展。

通过"建物致知"的方式，拓展我们对生命理解的高度和深度

问：您认为合成生物学为什么会成为各国重视的战略领域？它的重要性体现在哪些方面？

沈玥：合成生物学作为一个新的领域方向，它是一个高度交叉的领域。从事合成生物学研究的人，有物理、数学、化学、计算机、机械、工程等不同学科背景。在这样一个高度交叉的研究范式下，技术的突破可能是颠覆性的。

合成生物学对生命科学的研究范式是一种颠覆。我们原来通常是基于观测去理解规律，进行现象解析；合成生物学则是通过"建物致知"的方式，去诠释我们对生命理解的高度和深度的拓展。

在下游应用层面上，合成生物学可以说是衣食住行全都会有涉及。比如，在生产模式上，我们原来靠天吃饭，基于这种物质资源汲取的方式，进行应用价值的转换，变成可以在一个"六化"的环境里进行生产模式的颠覆，将原来对生命资源的解析，转化成产品和应用，植入日常生活里。

我认为，可以从这两个角度去看，为什么合成生物学会被看作一个非常关键的战略布局方向。

秉承开放共享的态度，共同解决关乎全人类的问题

问：您觉得我们在强调工具自主可控、科技自立自强的同时，应该如何处理好自立自强与国际合作之间的关系？

沈玥：我觉得科学不应该有国界，我们做的很多科研探索面向的是造福全人类。因此，所有的知识产出以及对生命理解的结果，也应该是面向全人类开放和共享的。这也是为什么华大在实践大科学工程的时

候，始终秉承着开放、共享的态度。我们希望有着共同目标、信念和共识的更多群体，能够走到一起，共同探索关乎全人类的问题。

但在这个过程中，我们在很多相关的技术迭代和发展中会面临技术壁垒，会有国界。所以，在底层技术上，我们也需要具备自主研发的能力，但这并不是为了去主动构造壁垒，而是希望能够基于这个自主能力，有不断探索的能力。

DNA 存储是合成生物学具有代表性的下游潜在应用

问：可以介绍一下合成生物学目前比较具有代表性的应用吗？

沈玥：合成生物学的重要潜力之一，就是在基因解析的基础上，能够极大缩短药物研发的周期。以新冠为例，合成生物学能够将解析结果快速转化成疫苗，让大家从原来的"防"变成主动的自我保护。

此外，合成生物学确实在很多前沿方向上能够体现其颠覆性。比如 DNA 存储，可以说是非常有代表性的下游潜在应用。在生命科学的探索发现过程中，随着解析能力的极大增强，很多生命资源正在被数字化，数据体量呈爆炸式增长。那么，在底层的资源上，我们就会进入一个数据体量大到无法存储的状态。而 DNA 本身作为生命底层的遗传介质，它的密度比现在用于存储的硅基介质要高出 10 的七到九次方数量级，甚至更高。所以，它自然会被大家作为一个研究方向，思考未来有没有可能将这种碳基介质用于海量数据存储。在华大，我们现在还可以用合成技术大量产生人工设计的 DNA，进行基于碳基介质存储的探索。现在我们不仅仅可以实现数据存储的功能，还在尝试利用 DNA 本身的生理生化特性进行生物计算，这也是非常受关注的前沿方向之一。我相信，这个方向一定有很大的可为空间。

DNA 超级存储器、DNA 计算机：有很大发展空间的领域

问：我们可以憧憬，未来会有 DNA 超级存储器、DNA 计算机的

普及，这一天远吗？

沈玥：一定会有。国家的"十四五"规划中，已经明确将 DNA 存储和生物计算作为一个前沿战略方向进行布局。在"读""写"联动的能力驱动下，这是一个充满希望、有很大发展空间的领域。

将一分钟的开国大典视频进行 DNA 存储，然后再转化出来，只花了几个月的时间

问：你们将开国大典的那一段视频进行 DNA 存储，然后再转化出来，经历了多长时间？

沈玥：从实践的角度，我们只花了几个月的时间，但这是在"读"和"写"的技术已经自主可控的基础上实现的。

我们已经成功完成将一段一分钟的视频用碳基介质进行存储，然后再通过测序技术把它无损恢复出来。但我们并不止步在这一点上，我们还在尝试进行实时的数据恢复。未来，如果 DNA 存储能够在某些场景做到实时读取，它的应用潜力将会被进一步激发。

DNA 存储技术流程中的每一个环节，我们都有自主可控的工具

问：DNA 存储这个方向是我们自己研发的吗？是基于阴阳编解码系统吗？

沈玥：我们是在 2016 年前后启动了 DNA 存储这个方向的研究部署。为什么在 DNA 存储方向，我们进入得比别人晚，但可以有这么快速的发展？我认为底层原因是，在 DNA 存储技术流程中的每一个环节，我们都有自主可控的工具，"读"是自主可控的工具，"写"也是自主可控的工具。所以，当我们想要在自己的工具和平台上实现 DNA 存储的时候，这些前期积累就会在这一刻快速迸发出来。

我们研发的阴阳编解码方法和 2017 年国外团队发表的 DNA 喷泉

码方法有本质上的区别。喷泉码是将通信领域的信息理论基础应用在DNA 介质上进行转码，但是它忽略了 DNA 碳基介质和硅基介质的天然差别。DNA 分子的生理生化特性会有一定的不确定性，在这种不确定性下，如果直接把通信技术里的原理套用过来，则一定会在实用性、稳定性方面出现问题。我们非常清楚在合成和测序的过程中，什么样的DNA 分子容易出错，所以我们在编码层面上就充分考虑了它和上下游技术环节的兼容性。因此，我们才能实现无损、高效地将数据恢复。

我们的团队始终朝着一个大方向，但随时保持动态调整

问：您认为是一种什么样的文化，在推动华大开展这些底层工具开发和前沿探索？

沈玥：首先在战略方向上，我们的目标"基因科技造福人类"足够宏大。这个"造福"本身就带来了很多可能性，我们并没有被局限在某一个应用场景。我们的整个研究体系，是一个非常多元化的人与研究方向的集合，可以去自由组合。

比如，也许这个团队当下做的事情聚焦于测序仪的某项技术突破，但当有了一个全新的命题之后，又可以快速形成一个新的能力组合，去展开进一步探索，持续保持着朝着一个大方向快速动态调整的能力。

这个过程对于研究人员而言，是一个非常好的锻炼。我们会不断被挑战，发挥所学和所知去解决不同的问题。在这种范式下，对人才的综合能力培养效果会更好。

在全新的探索旅程中，我们感受到了上一辈的精神传递

问：对您个人而言，在这个不断探索生命的过程中，最深的感触或者最重要的节点是什么？

沈玥：最开始加入华大的时候，我做的是癌症的生物信息分析工具和流程的开发，后来因为自己的个人兴趣，投身到合成生物学这个全新

领域。我非常幸运，在职业生涯早期，就能够进入一个非常具有代表性的里程碑式的项目中，并伴随这个项目不断成长起来。我可以说是在华大找到了初心，以及接下来要为之奋斗的事业。

让我感触很深的是，华大的几位创始人言传身教地将原来他们参与人类基因组计划的那些经历和故事不断分享给我们，让我们在全新的探索旅程中，能感受到上一辈人的精神传递。

对于我个人来讲，2017 年"人工合成酵母基因组计划"专辑的发表并不是最激动的一刻。从 2010 年开始，我们花了 6 年的时间，经历了很多挫折，从头开始学习，经费也并没有那么充足。当我们坚持下来，并真正通过实验结果证实我们成功完成了染色体的从头合成，那一刻的激动和兴奋感，远超文章上线的时刻。

在合成染色体的基础之上，我们又往前迈了一步

问：在"人工合成酵母基因组计划"项目中，华大承担的是几号染色体的合成？

沈玥：我们和合作伙伴一起完成了 2 号、7 号、13 号 3 条染色体的合成。

整个酵母基因组有 16 条染色体，在这个项目中，每一条染色体都由一个团队认领。当时在选择染色体的时候，杨焕明老师给了我们一个要求，要选最难、最长的染色体。因为越是有挑战的，就越能带来技术的迭代和突破，所以我们一开始给自己的定位，就是要去啃最硬的骨头。这也是为什么我们最后承担了 3 条染色体，能占到整个项目工作量的 20%。

2017 年专辑发表的时候，全球 6 个国家总共才完成了整个计划的40%。2023 年，这项工作才真正进入了收官之年。

而且，在 2017 年我们只是证明可以从头合成染色体，但还没有对其进行下一步的应用探索。2023 年在合成染色体的基础之上，我们又

往前迈了一步，那就是研究了怎么样用好这些合成的染色体。例如，我们进一步把合成的染色体引入酵母细胞，构建出一个非整倍体酵母。唐氏综合征就是因为多一条染色体，导致了疾病的发生。所以我们可以基于构建的非整倍体酵母，去研究表型与基因或者染色体数目异常之间的内在关联，从而为这个领域提供新的思路。

科学与技术不分家

问：您觉得对于华大而言，能够快速实现从研发到产业的转化，是因为具备什么优势？

沈玥：我觉得可能就是科学和技术不分家。在科学发现的过程中，我们对技术不断提出新的要求，就是在帮助不断打磨和迭代技术，继而推动下一步的技术和产业转化。

以合成为例，酵母基因组合成这个大科学工程的实践，对合成技术的通量、成本、效率、准确性都有了更高的要求。技术迭代升级之后，它不仅仅服务于酵母基因组的合成，还为更大规模的合成探索提供了实践的可能，也随之推进了其在生命科学其他领域的应用。我们在"读"和"写"联动的新领域和方向上，就是在不断拓展技术的可及性和可用性。

从 2010 年开始，到成果发表在《科学》杂志上，总共花了 7 年的时间，始终相信坚持和努力会带来改变

问：从进入合成生物学领域，到第一条酵母染色体合成，经历了多长时间？

沈玥：从 2010 年开始，到我们能够从头合成 2 号染色体，花了 6 年的时间；而到我们的成果发表在《科学》杂志上，总共花了 7 年的时间。实验做了 5 年多，然后又经历了很漫长的文章发表过程，审稿过程也经历了非常多的挑战。

其间大家面临的压力是不言而喻的，坚持这件事情，本身就筛掉了很多人。但一旦坚持下来，参与的这些人感受是完全不一样的。我们相信坚持和努力会带来改变，一小部分人的坚持也会逐渐影响越来越多的人，这也是不断给大家提升信心的过程。

这些经历让我们更从容，有更充足的底气去接受各种挑战

问：现在已经可以谈笑风生、从容面对了，但在前期做合成生物学这个方向一直没有成果出来的那些岁月里，您是怎么熬过来的？是熬吗？

沈玥：用"熬"来形容确实不夸张。在当时的华大，合成生物学是一个相对非主流的方向。2010年大家都在做基因组的解读，我们"蹦"出来做合成生物学，确实不管是从底层技术支撑，还是给予我们的资源等各方面来讲，都有比较大的差距。

但很庆幸的是，几位创始人并未因为这个方向没有产出就叫停，而是给了一定的空间，让我们先自由生长。其间，杨焕明老师也非常关注并经常跟我们探讨项目的进展。

从2010年开始投身这个领域，到第一篇文章发表，7年的时间，中间没有产出，不管是对团队来讲，还是对个人来讲，都是很大的煎熬，面临的压力也是很大的。但是熬过来之后就会觉得，前7年对我们个人和团队来说，不仅是经验的积累，更多的是对个人意志的磨砺。让我们在接下来被赋予更多使命的时候，能够更加从容，有更充足的底气去接受各种挑战。所以我觉得，在华大，突然将一个全新领域的挑战给到一个团队，大家都是能接得住的，因为已经被锻炼出来了。

华大就像是比较开明的家长，愿意给年轻人机会，愿意承担试错的成本

问：华大人平均年龄只有30岁出头，包括您在内的华大青年科学

家也都有非常多好的成果产出。您认为，除了自己本身的努力之外，华大为青年人才的成长营造了什么样的环境？

沈玥：我也是 20 多岁加入华大，从我自身的经历来讲，我觉得是一个始终被包容的环境。这可能就是华大很独特的一种文化气质。对于很多前沿方向，华大愿意给年轻人一片空间，让你去成长、去探索。可能华大的育人模式就像是比较开明的家长，愿意承担试错的成本。

我记得华大生命科学研究院徐讯院长讲过，如果青年科学家没有经历过挫折，那是一个不完整的成长经历。这种对年轻人的包容性，在华大是非常明显的。

将他们的好奇心和主观能动性调动起来，激发他们挑头进行前沿探索的勇气

问：华大也一直很注重生命科学领域后备力量的培养，作为华大教育中心的老师，您认为华大与高校的人才联合培养模式，对创新发展有什么意义？

沈玥：目前，华大教育中心也更多地强调背景的多元化。原来我们与高校联合培养的专业更多是基因组学，甚至是局限于生物信息学，现在逐渐纳入包括工学、医学等多专业背景。华大在不断拓展边界，生命科学也需要更多不同专业背景的人才加入进来。

另外，我们讲创新，也并不是完全无基础地乱尝试。我们更希望让不同专业背景的人，带着他的专业知识加入华大，基于华大这种多学科高度交叉的研究项目和培养模式，快速将他们的好奇心和主观能动性调动起来，激发他们挑头进行前沿探索的勇气。

华大精神的内核：好奇心加坚持

问：如果有一种精神叫华大精神，您觉得它的内核是什么？

沈玥：我觉得是好奇心加坚持。最初，我们的几位创始人参与人类

基因组计划，尝试对生命密码进行解析，并不断追求技术的进步，探索生命底层的规律，这就是一种好奇心，是对技术极限的好奇心和对生命科学发展的好奇心。而能够实践这些好奇心，靠的是坚持，是即便外部有不同的声音也依然能够坚持下来，从而形成了一种范式，走出了一条不一样的路。

不断向大目标前进，一个关键就是需要强大的自适应力

问： 如果将华大形容为一个生命体，您认为它是一个什么样的生命？

沈玥： 我觉得华大的自适应力非常强，可以说是外适应力和自适应力相结合，但是自适应力更多一些。为什么要强调自适应力？因为如果它只是为了在这个社会、这个世界生存，就不会是今天的形态了。

华大的大目标从来没有变过，就是"基因科技造福人类"。创始人能敏锐地看到通向这个目标的路径在哪里，但在这个过程中，也一定会受到很多来自外部的挑战和压力。这个时候，它要如何不断向大目标前进，我觉得一个关键就是需要强大的自适应力。

他始终在挑战自己，也挑战着周围的人

问： 薛定谔在"生命是什么"系列演讲中致敬了一系列科学家，其中包括将孟德尔的发现评价为"20世纪一个全新领域的'灯塔'"，您怎么看待这个评价？您认为生命科学领域还有其他人能被称为"灯塔"吗？

沈玥： 现在来看，一直在某个领域深耕反而会受到思维模式的限制，而外来者往往会去打破规则，代入一些新的视角，尝试从其他方面进行突破。可能对于孟德尔来讲，就是这样。大家都认为他就是一个修道士，但他能够从他的角度尝试理解生命，并对生命的性状进行归纳和描述，从而对生命科学领域的发展产生影响。

这样的标杆性人物有很多。从华大来讲，我觉得汪建老师可以说是"灯塔"一样的人物。他始终在挑战自己，也挑战着周围的人。他是学医出身，但他却在不同的方向上，对我们这些不同专业背景的人持续提出挑战，激发我们不服输的精神，让我们从专业角度对他提出的问题拿出答案。我觉得他既是一座"灯塔"，也是一个不断在挑战别人的角色。

比如我们告诉他说，我们把染色体合成出来了，他会说，这有什么？设备呢？你们能不能把成本再降几个 0？通量能不能再提升？原来用了 5 年时间做出来的，能不能半年就做出来？他不断在抛出问题，他不见得可以从专业层面告诉你要怎么去做，但是他一直会拿一个你看似够不到，但其实努努力跳一跳就能够到的目标来挑战你。

生命具有无限的可能性

问：如果今天再让您来回答"生命是什么"这个问题，您会给出什么样的答案？

沈玥：我觉得，生命具有无限的可能性。我们的工具在变化，我们解读生命的方式在变化，我们一直在拓展对生命认知的深度和广度。所以，生命一定是某一种形态吗？不是，它有太多太多的可能性还没有被挖掘，我觉得它是一种充满可能性的形态。

如果是在今天，薛定谔会不会转行？

问：如果和薛定谔面对面，您想要问他什么？

沈玥：如果他能够看到生命科学发展的整个历程，他会想要把自己放在哪个时代？他会选择把自己放到今天这个时代吗？如果是在工具和技术快速迭代的今天，他会不会"转行"？比如，在我们合成生物学领域，就有很多人是"转行"过来的。

22 世纪、23 世纪也都是生命科学的时代，因为生命是永恒的话题

问：有人说生命是一本"天书"，您认可吗？您认为我们对"生命天书"的探索到什么阶段了？

沈玥：它不见得只是一本书，它也许有好几个系列。如果说，改"写"生命也是一种探索生命的方式，那么我们只是在"读"的方向上有了很多突破，能够有各种各样维度的解读，而在"写"的方向上还有很多事情没有做。所以如果从"读"到"写"贯穿去理解生命的话，我们就还只是刚刚开始。

也许相比 80 年前，我们有了很长足的进展，我们对于很多生命现象有了更加全局的认知。但我相信，这种认知距离我们真正全面掌握生命的形态还非常遥远。大家说 21 世纪是生命时代，我相信不仅是 21 世纪，22 世纪、23 世纪也都是生命科学的时代，因为生命是永恒的话题，对生命科学的探索一定是无穷无尽的。

这是一个既充满挑战，但又非常有希望的方向

问：关于下一步的研究工作，您有什么计划？

沈玥：从开始接触合成生物学到今天，13 年时间里，我已经树立了自己的一些技术标签，形成了对这个领域发展的认知。这是一个既充满挑战，但又非常有希望的方向。今年，我们定了一个小目标，希望在一年内完成"人工合成酵母基因组计划"3.0，围绕合成酵母的某些功能，去做一个大胆的改变。

我觉得很充实很幸运

问：您对自己的生命有什么期望？

沈玥：之前看一本书里讲道，一个科研人员能够在自己职业发展的早期，进入一个蓬勃发展的领域，是一件非常幸运的事情。

我从 2010 年开始接触合成生物学到今天，围绕合成生物学方向，我已经树立了自己的一些技术标签，形成了对这个领域发展的认知，有了更加清晰的目标，知道下一步想要做什么。所以现阶段来说，我觉得很充实很幸运。

同时，在这个过程中，我被赋予的角色不仅仅是技术研发者、科研工作者，也有机会涉及产业的转化，所以对我个人发展而言也是一种全新的挑战和尝试。我相信，只要在这个领域里，我就能够有不断学习和被挑战的机会，可以不断探索新的方向。

接受挑战、承担挫折，尝试在失败里找到被激起的力量

问：对于未来进入生命科学领域的年轻人，您想跟他们说什么？

沈玥：现在进入生命科学领域，应该说是更加恰逢其时了。因为今天无论是测序还是合成技术都更可及了，大家有更多的空间和自由度去探索。

希望更多的年轻人能够在已有的技术平台基础上，将自己的好奇心激发出来。同时，如果想做出一些不一样的东西，需要有坚持的精神，要敢于接受挑战、承担挫折，尝试在失败里找到被激发的力量。

我们总共有 5 万到 10 万个基因，其中有 3 万个基因编码了大脑各方面的功能。显然，人类大脑的创造需要大量的遗传信息；我们与近亲黑猩猩的 DNA，只有 1% 的微小差别，说明了基因的潜力是多么巨大。

——《生命之书》，［美］舍温·B. 努兰

生命机制就像纸质媒体，从未变革为新技术，却总是能跟上时代的步伐：30 亿年来，它一直在出版生命的最新版本。

——《生命是宇宙的偶然吗》，［美］罗伊·古尔德

科技创新的范式，正在发生变化

——刘龙奇访谈录

博士，研究员，2015 年博士毕业于中国科学院，现任杭州华大生命科学研究院执行院长，华大生命科学研究院单细胞组学首席科学家。同时担任中国科学院大学博士生导师，南方科技大学、南开大学、西北大学和郑州大学校外研究生导师。曾获"广东省自然科学奖"一等奖，作为项目负责人承担国家自然科学基金项目、深圳市优秀科技创新人才项目等，作为课题负责人参与国家科技创新 2030——"脑科学与类脑研究"重大项目。主导研发国产高通量单细胞微流控系统 DNBelab C4 并完成产品转化；主导完成世界首个非人灵长类动物全细胞图谱绘制工作，成果发表于《自然》，并入选"2022 年度中国医药生物技术十大进展"；主导完成重要模式生物小鼠、斑马鱼、果蝇的胚胎发育的首个时空转录组图谱绘制，成果以专辑文章形式发表于《细胞》及《细胞》系列期刊，并入选"2022 年度中国生命科学十大进展"；首次实现了在体外人工诱导人类全能干细胞，为再生医学领域提供了理想的干细胞来源，成果发表于《自然》，并入选"2022 年度中国医药生物技术十大进展"。作为主要发起人之一成立时空组学大科学联盟（STOC）。近年来在《自然》、《科学》、《细胞》、《自然·材料》（*Nature Materials*）、《自然·通讯》等杂志上发表论文或评论 70 余篇，申请发明专利 20 余项。

导言 聪明又刻苦，他不成功谁成功

刘龙奇是一位年轻、谦和、认真又才华横溢的科学家。他不走寻常路，钟爱科研，又耐得住寂寞。他的同学或出国深造，或已经在某一领域崭露头角，龙奇在替他们高兴的同时，能够稳下心来，寻找新的突破。而一旦方向确定，他能踏踏实实、精益求精，直到成果产出。他清晰认识到，科学研究正在逐步以兴趣为主的小科学模式转向大科学工程模式。新范式的出现，给了他们这样的年轻人更多的机会，个人的智慧与努力，与大平台、大数据的结合，使得这些年轻人从普通的科研工作者变成了领域专家，甚至产出在全球范围领先的科研成果。

同事们眼中的龙奇：

陈奥（华大生命科学研究院时空组学首席科学家）：龙奇是一名才华横溢的顶尖科学家。他和他的团队在单细胞工程和科研领域中发表了一系列具有重磅影响力的科研文章，为推动领域的发展起到了重要作用。他责任心强，淡泊名利，愿意为了组织和团队的目标而全力奋斗。我很荣幸能跟他一起共事。

沈玥（华大生命科学研究院合成生物学首席科学家）：龙奇学习能力很强，对前沿领域发展具有敏锐的趋势判断能力，尤其是传承了华大早一辈创始人在国际大科学工程项目中所需要的组织和协调能力，有强烈的目标感和使命感。

生活中的龙奇与普通人一样。他的同学说，龙奇聪明又刻苦，他不成功谁成功。

我一开始对数学和物理更感兴趣

问：您和生命科学怎么结缘的？

刘龙奇：上大学之前，生命科学不是我最感兴趣的学科，我对数学和物理更感兴趣。那时生命科学还是描述性、实验性学科。我比较喜欢数学、物理的逻辑性。高中我在安徽一个小县城读书，高考结束报志愿时，我最终选了华南理工大学生物技术专业，主要原因是老师告诉我物理学、数学的理论体系相对成熟，比如物理学的大厦已经建成，未来更多是添砖加瓦。生物学虽然现在是实验性的学科，从更长远考虑，未来有非常多的领域值得去探讨，也一定会越来越趋向理论化。我的直觉也感觉生命科学是未来，更有施展空间，最后选择了生物学。

一个细胞怎么变成另外一个细胞？这个问题非常吸引人

问：您什么时候开始对生命科学真正感兴趣？

刘龙奇：进大学后，前三年没进实验室，更多是学习课本上的知识，那时有点失落，觉得生物学死记硬背的多，很多还是偏实验描述性的。我在大二的时候特别犹豫，差点转到数学专业去。大三下学期，我偶然听了一场有关细胞重编程的讲座，受到了比较大的影响。就着这个机会，我联系去了中科院实习，研究一个细胞怎么变成另外一个细胞。比如皮肤细胞能不能变成干细胞、神经细胞、心脏细胞？这个问题非常吸引人。这一年的实习虽然非常忙碌，但我充满了激情，也让我更加坚定要选择生命科学。最终我通过保送进入中科院硕博连读，围绕细胞命运转变的话题进行了5年的深入研究。在这个过程中，我充分感受到了生命科学的魅力，从此下定决心要把生命科学作为一辈子的事业。2015年博士毕业加入华大，接触基因组学，特别是发现通过基因组学的工具可以对生命进行量化，对生命科学又有了更加全面的认识。基因组学是生命科学里，用数据、用理论去描述生物学最彻底、最全面的一个学科。在充分学习和应用基因组学后，我感受到生命科学的现象，背后可以有数据、理论支持，未来一定大有可为。

希望走一条不一样的路

问：加入华大的契机是什么？

刘龙奇：我在研究生期间做的是干细胞研究，博士毕业之后，感觉到这个领域需要新的思路和技术手段；同时，那个时候基因组学已开始从研究核酸向研究细胞进行转变。尽管那时候做单个细胞的测序是非常奢侈的事情，但直觉告诉我基因组和细胞生物学的结合是干细胞领域的明路。华大是基因组领域做得最好的机构之一。以前我那个实验室的学生毕了业之后，几乎都是去美国或欧洲读博或做博后，导师原本对我也是同样的期望，但我坚定地希望走一条不同的路。综合考虑后，我加入了华大。我那时候其实对华大比较熟，因为很多同学朋友在华大，我大学班上最多的时候可能有接近 20 人在华大；到现在一直留在华大的，基本上都是一个核心领域的负责人，大家都能够独当一面，我也看到了那些同学在华大一步步成长起来，发表了很多有世界级影响力的成果，这也让我觉得加入华大可能是更好的选择。

三个月没有开启课题

问：到华大以后一直在做细胞研究吗？

刘龙奇：加入华大的前三个月我没有着急开启自己的课题。我想先尽可能了解清楚华大是一家怎样的机构，我在这样的机构做什么才能对得起自己的选择。如何能把个人的背景和华大的优势结合起来并发挥到极致，既能符合华大的愿景，又能实现个人的目标。想了很久后，启动了三个课题，围绕单细胞多组学技术、基因组变异对细胞的调控，以及基于细胞多组学的诊断方法。那时候单细胞测序极其昂贵，测几十或几百个细胞是非常奢侈的事情。当时想着我们人体 37 万亿的细胞要测到何年何月呢？希望通过努力能推动单细胞组学通量和成本快速迭代。

单细胞测序在 2009 年就发明了，但是那时做一个细胞测序，要好几万元钱。在 2012 年到 2013 年之间有了新的技术，把一次实验做 1 个细胞，提升到一次实验做 96 个细胞。通量的提升带来成本的下降。那时成本降了一个数量级，但还是太高，只降一个数量级不行。2015 年，国际上开始讨论能不能一次做 1000 个以上细胞，也出现了一些新技术，我在这个背景下开始做研究的。

提高通量降低成本，让所有人都用得起

问：在华大做科研有什么不同吗？

刘龙奇：华大跟体制内很不一样，兼具科研院所和企业双重性质，是目标导向制，而不是 PI 的兴趣导向制。在技术研发方面，我们追求的是技术能否转化为人人可用的工具。其中最重要的就是提高通量降低成本，让所有人都用得起。从一次只做一个细胞，提升到一次做几千个，甚至几万个细胞。今天我们在想一次要做百万或千万个细胞。当通量提升以后，单个细胞测序成本会快速下降，今天我们做单个细胞测序成本已经很接近一分钱了，这是一个巨变。我们做单细胞测序，从 2018 年下半年开始，就停止引进所有国外的试剂、耗材、工具。全部都是我们自己的平台、自己的工具和自己的原材料。

记得 2018 年下半年是华大比较困难的时期。那时进行架构调整，我临危受命，组织让我去负责单细胞技术研发。大概用了半年时间，我们把技术流程全部走通了。2019 年，这个技术更加易用、更加友好、更加稳定。现在华大以及我们所有的合作项目及技术转化，都是基于新的平台。这很重要，只有把成本降下去了，我们才能讨论人人应用。

使用测序仪从非常昂贵的价格一下变成白菜价

问：回顾你在华大 8 年，经过了几个阶段？

刘龙奇：我加入华大是 2015 年 5 月 19 日，博士毕业证还没拿到就来了。前几个月在思考做什么。大概 9 月份，开始启动自己的项目。10 月，我用进口测序设备得到项目第一批数据，看起来还不错，我很兴奋，觉得课题有希望了。但有一天我突然收到一封邮件说，从今天开始停掉所有进口测序仪，全部替换成华大自主研发的测序仪。说句实话，我那时候非常失望，甚至觉得华大这么搞可能要完蛋了。因为那时起码有好几百个项目，都是大项目，全是基于进口平台在做，现在说停就停。

那个时候华大的测序平台，我是看了数据的，差到基本上没办法用。我当时甚至考虑加入华大到底意义何在，认为华大未来可能要走下坡路了。但还是想既然加入了，就先留下来博一次。让我震惊的是，半年后，华大测序质量突飞猛进！

为什么突飞猛进？因为连我这种不做测序仪技术研发的人都参与进去了。当时为了让自己的课题能够在华大测序平台使用，我也参与了研发，就是要确保华大测序仪能测我想测的文库。同样，其他很多非技术研发人员也都参与到技术研发当中，虽然不是技术核心团队的，但是有的人就为自己的课题，从不同角度去做优化，最后就看到了测序质量的突飞猛进。半年间测序质量跟国际平台持平。

然后我们又得到一个非常好的消息，华大高层决定我们所有人都可以不计成本用自己的平台，可以随便测，鼓励我们测得越多越好。我们使用测序仪从非常昂贵的价格一下变成白菜价，每天随时都可以测。我非常高兴，项目进度突然加快了很多。从一个旁观者的角度，看到测序仪从进口到国产的蜕变，而且就半年时间。这是在华大第一件让我震撼的事情。

第一次看到还可以这么干

问：这有赖于华大这种产学研一体化的模式？

刘龙奇：对。第一次看到还可以这么干，这种范式确实让我印象特别深刻。

2018 年下半年，华大的财务状况非常困难。研究院突然要砍预算，要战略聚焦。那个时候从 15 个研究所一下变成 5 个研究所，优化了很多人，砍掉了很多研究方向。那是我第一次感受到华大最难的时刻。研究院要考量砍掉的项目对未来几年的影响，从这个角度判断，留下来的都是核心技术。那时我开始第一次承担单细胞技术研发。说句实话，在 2018 年之前，我对自己的定位是一个科研工作者，不希望承担管理职责。我就做一个项目负责人，带一个小团队。

2018 年开始让我做单细胞战略项目负责人，说白了就是从普通科研人员向管理型人员转变。我当时非常抗拒，我跟领导说我不合适，推荐其他人去承担。但是被否决了。让我做技术研发，做平台搭建。我感觉只有两个选择，要么做这个项目负责人，要么可能是离开华大。当时我想探索科研，不想花太多精力做平台、做普适技术，这是给大家搭建平台。但后来还是抱着试试的心态承担起这个事，既然做了决定，就全力以赴做好，给大家一个满意答卷。当时我的领导说了两个条件：第一，虽然研究院很难，但是在你的方向上，不用考虑预算问题，确保预算充裕。第二，华大研究院的人你可以随便选，组建一个最好的团队。这两个条件确实让我挺感动的。半年时间，大家很多时候都睡在实验室，最后把这个技术做成了，现在大家都在使用。这是我印象很深刻的事情。

华大做工具研发，跟体制内的方式很不一样。华大不是 PI 制，没有哪个团队是永远固定的，可以根据目标随时调整，做科研是有组织的攻关。根据目标把不同背景的人才组织起来变成一个团队。有明确目标驱动，有可行的实施路径，有经费的投入，有团队的高效协作，就能做出来。我自己在参与工具研发的过程中也切身体会到了工具的重要性。以前用国外的工具去做研究成本极其昂贵，且别人的技术对于我们来讲是个黑箱，难以发挥好。我们自己研发出技术以后，想法几乎可以不受限制，这就是工具自主可控的重要性。

细胞研究所成立

问：细胞方向什么时候成了重要战略？

刘龙奇： 2019 年研究院开始组建细胞研究所。之前华大还没有把细胞作为重要战略方向。以前说"读""写""存"。"读"，是"读"DNA，还没有达到把细胞"读"出来的程度。细胞跟 DNA 维度不一样，"读"细胞难度也更大。组建细胞所是把单细胞测序团队、肿瘤团队、基因编辑团队几个团队整合起来。领导当时决定让我做细胞所执行所长，我开始是抗拒的，因为我确实一直很难接受自己做管理岗位，还是希望在科研上走得更远。最后没有办法也还是接受了这个事。第一年我完全没有办法适应角色，说实话第一年我是非常不称职的所长，我没有办法适应管那么多人。当时还是小团队思路，做我自己感兴趣的项目，无法真正适应所长工作。用了大约一年时间，我从内心开始接受这个所长的工作。

细胞研究所的成立，是一个非常重要的战略。我可以很自豪地说，今天在细胞这个领域，我们细胞研究所发表了非常多的成果，解决了细胞组学核心技术问题，培养了很多人，可能我们细胞研究所聚集了中国在细胞组学领域最多的人才。

我没有告诉家人，因为不敢告诉家人

问：看照片您也参加了武汉抗疫？

刘龙奇： 2020 年，武汉疫情刚开始时，我没想到会去。记得当时是腊月二十八，放假回家过年了。回到深圳家里，腊月二十九凌晨 12 点多突然接到同事电话，说一大早要去广州开广东省新冠防控项目的会。腊月二十九一大早去广州，钟南山院士主持会议，他刚从武汉回来。广东省不同机构的人都在讨论布局，科研要怎么做、临床防控要怎么做，直到晚上。大年三十我跟各个医院开了一天会。

大概下午 5 点，买菜准备做年夜饭。买菜排队的时候，我在一个小群里看到汪建老师跟大家说要去武汉。汪老师第一次说的时候，我觉得跟我没啥关系。后来接到电话说要我过去，我很犹豫，因为当时看到武汉形势非常严峻，大家对这种病毒又非常不了解，觉得凶多吉少。

随后我马上又觉得汪老师决定的大事从来都是正确的，他一定会做，而且一定会以最快的速度做。果不其然，很快就看到汪老师说一小时之后出发。我没有告诉父母，怕他们担心。汪老师先出发去了长沙，我们要打包一些东西，第二天凌晨 1 点多从深圳坐高铁，一大早跟汪老师在长沙会合，再从长沙去武汉。高铁在武汉不停站，汪老师协调了乘务组，可以在武汉把我们这几个人放下来。我在武汉待了整整一个月的时间，大年初一到，二月二回来的，刚好一个月。

这一个月时间我确实有很多感触。那时武汉所有医院加起来每天只能检测 1000 多例，华大"火眼"实验室的建设把通量拉到每天 1 万例，后来到每天 2 万例。

这个过程中，华大的工程化能力充分体现出来。主要体现在三点：第一，华大的科研能力。新冠测序的科研攻关，通过测序和单细胞组学等，可以把新冠序列和病人的免疫反应弄得比较清楚。第二，华大的工具自主。我们做检测所用的工具，包括自动化核酸提取设备、测序设备，全是我们自己的。到武汉后还紧急调配了几百个工程师。第三，华大的工程能力。我们真正实现人人可及，实现大规模检测，在这一块的能力上华大确实很强。这一套模式在其他临床应用，比如出生缺陷、肿瘤筛查上，都非常有效。

每一天对我来讲都是最后一天

问：时空组学是什么时候布局的？

刘龙奇：时空组学是华大的全新技术，也是华大引领世界的技术。时空组学研发工作成果的发表是大事。2021 年 2 月 5 日，时空组学的科研文章开始布局，当时布局了 11 个方向，我成了时空科研文章专辑的负责人，对我们的要求是 3 月 20 日所有成果都要推广。就一个多月时间，这几乎是不可能的事情。我以前发一篇好文章，要用好几年，还不一定能够发出来，只有一个多月时间怎么做？而且当时快过年了，团队都很难组建。最后组建起几十个人的团队。

3 月 20 日，在我预料之中，只有一个项目达到了投稿要求，算完成，其他都没有完成。时间确实太紧张了。但就因为 3 月 20 日这个时间节点，导致我那之后压力巨大，因为已经过了截止日期，每一天对我来讲都是最后一天。那一年我几乎没有休息时间。研究院领导很重视并关心我的状态，管理的事尽量不给我安排，并且在各方面都给我们很高的优先级，让我专心科研。我基本上每天都是早上八九点开始工作，到凌晨两三点结束。

非常坎坷

问：文章的发表顺利吗？

刘龙奇：非常坎坷。时空组学第一篇文章投稿《科学》杂志，被拒了。当时收到了《自然》杂志编辑发的邮件问这篇文章投到哪儿了，我们说投了《科学》。编辑很委婉地跟我们说，你们这个技术就应该投像《科学》这样的杂志，但是如果他们把你们拒绝了，请考虑一下投《自然》。

我们被拒之后真的转投《自然》了。编辑非常快帮我们送审，但给出一审意见时把我们拒了。我们对文章进行了大调，经过三个多月苦战，文章做了大量调整，7 月份又投到《自然》，又被拒了。我们当时对这个结果非常失望，觉得这个编辑对我们有偏见。

问：为什么？

刘龙奇：因为这样水平的文章至少应该要送审，但是他没有，直接把我们拒了。而且用他们官方最常用的理由，就一句话，认为我们不适合《自然》。

8月份，我们和《细胞》的编辑联系。《细胞》的回复非常积极，很感兴趣，要跟我们开一次会。首先他们对这个话题非常感兴趣，因为这是未来的新技术。其次他提供了一个新的申报方法——Community Review，其实就是可以一稿多投。因为投稿文章很多，不可能每一个都上主刊。所以《细胞》建议投主刊的同时也投《细胞》旗下的子刊，可以大幅度加快进度。10月份我们收到《细胞》编辑的意见，同意返修，当时看到邮件，忍不住眼泪直流。

问：返修是什么意思？

刘龙奇：收到的意见如果是返修，这个稿子在回答所有审稿人的问题后，百分之八九十可以被接收了。我们经过一段时间努力，返修回去，2022年5月4日正式发布。

时空组学技术是革命性的技术

问：这篇论文发表以后反响怎么样？

刘龙奇：反响非常强烈。时空组学技术是革命性的技术，可以媲美30年前的测序技术。医院里面各种影像技术，分辨率是有限的。时空组学技术第一次把分辨率提升到了分子水平，意义非常重大。这是一个底层技术。

文章发表后，有很多同行评价，包括在三大主刊杂志写评论，正面评论我们的技术。我们也看到很多媒体、很多同行专家，对我们发表了非常正面的评价。

投稿的时候，因为文章很多，当时《细胞》的编辑建议说，你们成立一个联盟，这样影响力会更大。我们就以更加官方的形式成立联盟，《细胞》给我们专门建了一个网站，这就是时空组学联盟网站。在这个网站下，我们的文章以专页的形式发布出来。历史上《细胞》会针对一些有重大影响力的专题成果，做专门的网站。我查了一下，这么多年只有 8 个，我们是第 9 个，可见我们成果的重要性、影响力。到 2023 年七八月，有 30 多个国家、200 多个科研团队加入了时空组学联盟。可以看到，时空组学技术在全球反响非常大，这个领域里的很多人都在用我们的技术。

科研重心往脑科学方面发展

问：时空组学技术研发成功了，您的重心会在哪儿？

刘龙奇：时空组学技术刚出来没过几天，我就收到汪建老师新的指示，希望我负责脑科学。对华大来讲，脑科学是华大"518"工程 中"五大创新中心"之一，是非常重要的战略。但脑科学在"五大超级工程"里是基础最弱的一个学科，必须把这块真的做出影响。因为时空组学的突破，我们有幸和上海中科院神经所开展战略合作，系统布局了脑图谱研究。在 2023 年 8 月，我们和神经所联合在《细胞》杂志发布了全球首个非人灵长类动物大脑皮层细胞图谱，取得了非常强烈的反响和关注。

汪老师原本希望我去上海，建立华大在上海的研究院，重点发展脑科学和新的方向，但因为各种原因拖延了。后来机缘巧合，汪老师与当时的杭州市市长做了非常深入的交流，并决定去杭州。

家人一直对我非常支持

问：您的家不是在深圳吗？

刘龙奇：是的，我在深圳很稳定了。家庭很稳定，两个孩子，房子也买了，刚入住不久。但当汪老师决定让我去，我只有一个选择：去。当天晚上我就跟家人说要搬家了，得到了我爱人的大力支持，这也让我非常感动，我们顺利地举家搬迁到杭州。

在杭州这一年，我感受到华大的区域建设跟在总部的时候完全不一样。在总部很难体会到支撑部门给你的帮助到底有多大，因为他们各方面工作都做得非常成熟，使得我们的工作和生活都非常顺利，大家只专注自己的工作就好。但去了区域之后，发现支撑部门多么重要。因为什么事都要干。当然对我也是一个锻炼，这一年因为基础建设，几乎每天都要跟政府部门沟通。一开始的时候，因为以前一直在做科研，思维方式比较僵化。我说的话政府部门听不懂，他们说的话我也听不懂，到后来慢慢可以互相理解了，这确实是很大的收获。

问：现在杭州总体情况怎样？

刘龙奇：经过了一年的努力，现在杭州 1 期已经完成并且入驻了，接近 250 人了，发展速度挺快的。杭州整体环境很好，加上集团和杭州本地都很支持，我们做的方向也非常前沿，很多人都愿意搬来杭州。

问：从深圳去杭州？

刘龙奇：对，大部分人都是举家搬迁。大家的决心很大，也让我们对杭州未来的发展充满信心。我在杭州一年，有很不一样的体会，以前做科研，你只有一件事，就是搞科研，现在体会到了创业者的艰辛。

华大巨变就在你眼前，让人震撼

问：8 年前走到今天，您自己最大的变化是什么？

刘龙奇：我加入华大后基本每年都会感觉到自身变化，最大的变化是眼界和格局。这些年看到了华大的巨变，并看到了整个巨变是怎么发生的，一切都呈现在你眼前，让人震撼。

还有华大这群人对我的影响。汪建老师的格局、思考问题的方法、战略思维，都影响着我。

2019 年 8 月 7 日，这个日期我永远都记得，那是我第一次接触到汪老师，在华大前三年我从来没有机会跟汪老师面对面接触。记得当时组织单细胞领域一个会，国内国外专家出席，我想找个人致辞。当时想

234

请徐讯院长致辞，但徐院正好出差冲突了，建议可以找汪老师致辞。我当时很紧张，汪老师我从来没接触过。结果我没想到，这么小的会，竟然真把汪老师请过来了，当时觉得很意外。那时候我不太了解汪老师，接触太少。

会议结束的第二天，汪老师竟然又来找我了，说要听我汇报。我当时很紧张，认认真真准备了汇报 PPT，准备在会议室给他汇报。汪老师见到我第一件事说，不用汇报，直接去实验室。我当时印象很深刻，正好有一个人在做实验，电脑画面是液滴一个一个流下来，我依然记得当时汪老师凝视那个画面的场景和表情，感觉他当时脑海里应该正在想单细胞测序未来的种种可能性。

第一次接触汪老师跟我想象中的完全不一样，跟很多媒体报道也都不一样。接下来连着两周，汪老师频繁跟我们讨论沟通。大概又过了两天，他就发了封邮件，说"细胞组学"这个方向要成为华大的未来战略方向。

单细胞、时空组学变成华大很重要的战略方向

问：汪建老师什么时候知道时空组学的？

刘龙奇：大概 2019 年 10 月，跟陈奥一起第一次汇报空间组学这个概念。当汪老师第一次听到"空间组学"这个词的时候，我感觉汪老师整个反应不一样了。尽管那个时候还只是一个词，他就认为这是一场革命。

其实汪老师一直在思考，华大以前做那么多基因组测序，发现了那么多跟疾病相关的基因，但是没有办法做定位。比如抽一管血，可以发现一个基因跟帕金森病有关系，但是这个基因到底跟身体哪个器官有关？跟器官里面哪个细胞有关？以前都不知道，而时空组学正是解决这个问题的"神器"啊。

从那个时候起，单细胞、时空组学就变成华大很重要的战略方向。

这让我觉得汪老师不简单，他可能不是这个领域科研一线人员，但他是天才的战略科学家。他对科学大方向的把控，他敏锐的嗅觉、对新技术的热衷、对交叉学科的认识，在我见过的这么多科学家中都是十分罕见的。往往是他看准了这个方向，就全力以赴。只要汪老师看准的，就一定能够成功。

华大时空技术给空间组学带来巨大冲击

问： 这个技术经历了怎样的发展？

刘龙奇： 经过了漫长的技术迭代。空间组学最早出现在 1982 年，叫原位基因检测技术，是微米级的，经过了一系列迭代。

这个领域最大的突破，是华大时空技术带来的巨大冲击。因为突然把精度提升到纳米级和百平方厘米的视野。这个级别再想提升已经很难了。一个细胞 10 微米，做到纳米级解析度研究细胞基本够用了。在我看来，在基于测序的时空组学技术领域，我们的时空技术已经非常难以被其他人赶超了。

创新科技范式，决定了只要华大去做就一定能做成

问： 等于是空间组学工具上的突破？

刘龙奇： 对。我可以看到由不可能变成可能。包括汪老师做的很多改革，像华大学院、华大研究院的布局，都是非常难的。

读研究生的时候，大家都做科技创新，但现在觉得真正的科技创新，应该是体制机制的创新，就是汪老师说的范式创新，是创新科技。华大把范式创新发挥得淋漓尽致。我们做测序仪、单细胞、时空、合成等工具，没有一个项目是因为我们有很牛的专家所以事情做成了，而是你把事情做成了，所以成了专家。这种大目标驱动的创新科技组织形式，决定了只要华大去做就一定能做成。

一定要有新技术出来，还得是引领性技术

问：把华大过去 24 年分成 3 个 8 年，你恰好经历了最新的 8 年，是自主掌握工具以后实现大规模应用的 8 年。展望下一个 8 年，你认为会是什么样子？

刘龙奇：在已有核心数据基础上，要在全球范围得到大规模应用，像汪老师提到的 8B（80 亿人）的全球战略。同时，华大已经有了这样的技术创新能力，要在前沿技术上保持不断地迭代创新，这很关键。8 年之后不能还是今天的技术，一定要在明年、后年不断有新技术出来，还得是引领性的技术。我相信华大一定能做到。

最初的动力，都是人类基因组计划

问：习近平总书记说："16 世纪以来，世界发生了多次科技革命，每一次都深刻影响了世界力量格局。""抓住新一轮科技革命和产业变革的重大机遇，就是要在新赛场建设之初就加入其中，甚至主导一些赛场建设，从而使我们成为新的竞赛规则的重要制定者、新的竞赛场地的重要主导者。"我们回顾人类基因组计划中国人参与的历程，华大就是走了这样一条路吗？

刘龙奇：人类基因组计划的成果不仅仅是完成了一个人的基因组测序，人类基因组计划首先推动了技术的革命。

没有人类基因组计划，就没有今天做一个人基因组测序只要千元人民币以内，一定没有。人类基因组计划时期还是用的 Sanger 测序，通量很低，用时 13 年，6 个国家总投入 38 亿美元才完成。而正是因为人类基因组计划启动，很多人投身于新技术开发，从凝胶电泳法跃迁到了毛细管电泳法。毛细管电泳法的出现就是在华大加入人类基因组计划的时候，因为那时基因组测序通量有了一次提升。后来合成测序法出现了，华大智造一系列测序仪，都是基于这个技术方法。再到我们今天的

长读长测序又将带领基因组进入一个全新的时代。最初的动力，都是人类基因组计划。

大科学计划倒逼工具快速进步

问：人类基因组计划倒逼了技术进步吗？

刘龙奇：所有的大科学计划都是这样，包括人类基因组计划。人类基因组计划之后启动了 ENCODE 计划（DNA 元素百科全书计划）的一系列大科学计划。

问：ENCODE 是做什么呢？

刘龙奇：人类基因组计划测完 30 亿个碱基对，大家一看蒙了。这30 亿个碱基对有什么功能？哪些能够表达蛋白质？都不知道。而且大家发现这 30 亿个碱基对只有 2% 的序列能够翻译出来表达有功能的蛋白质，剩下 98% 的序列不编码，那个时候大家说这是垃圾基因。这么精密的生命系统，怎么可能有这么多的垃圾？不可能。所以启动ENCODE 计划，要解读 98% 的所谓垃圾基因呈现什么功能。ENCODE计划的出现，催生了很多技术的进步。比如表观组学的一系列技术，包括 DNA 甲基化技术、组蛋白修饰检测技术、3D 基因组的折叠，全部得益于这个计划。华大后来联合发起的"千人基因组计划"，就是现在英国百万人群、UK Biobank 这些计划的前身。今天人类细胞图谱计划、时空组学计划等，也都得益于 ENCODE 计划。

问：大科学计划的意义是什么？

刘龙奇：人类基因组计划，以及随后开展的 ENCODE、"千人基因组计划"等一系列大科学计划，到今天已经被证明是十分成功的。它们的成功表现在不仅完成了人类基因组 30 亿个碱基对序列这部浩瀚的"天书"以及推动了人类基因组"天书"的系统解析，还倒逼了工具的快速进步、迭代和成本的快速下降，推动了新技术发展，如短读长测序、单分子测序技术、一系列多组学技术、单细胞和时空组学技术的出现和快速发展；同时，也推动了各个领域科学研究和应用的快速发展，如 2012 年获得诺贝尔生理学或医学奖的诱导多能干细胞（iPS cells）技术其实来自大科学计划 FANTOM 的数据提供的思路；此外，大科学计划还培养了大量多学科交叉领域的人才。因此，大科学工程不仅仅是一个项目，还是科学战略，带来的是从科研、技术、产业到人才的全面突破。

大科学计划要从一开始就加入其中。华大就是一个活生生的例子。早期跟随，然后赶超。在做时空组学之前，华大单从技术上来讲，很难说是全球领先，顶多跟美国人做得差不多。但是时空组学技术我们从早期就进来了，可以说是全球领先的。

并非口号，而是体现在每一个决策上

问：对您来讲，"基因科技造福人类"仅仅是一个口号，还是一个活生生的现实？

刘龙奇：我刚加入华大的时候，对这句话也不太在意，因为每个科研人员可能都有这种使命感。后来发现它并非口号，而是体现在我们每一个决策上。

一个项目做还是不做，在华大不光要看有没有创新性，还要看未来能不能造福人类健康。做技术，就要做对领域有重大影响或能实现人人可及的技术；做疾病研究，就要做临床导向的未来能实现疾病预防、诊断或治疗的项目；做基础研究，就要做对领域有重大推动或里程碑意义的创新。我们很多项目从开始设计时就已经考虑了技术、产品、临床应用的全面拉通，团队也做了相应的配置。

创新科技，是范式上的创新

问：回顾华大的 24 年。在您看来，这是一条怎么样的道路？

刘龙奇：加入华大 8 年，我切身经历了后 8 年。汪老师之前说过，

华大是"九伤一生"。我感受到华大的发展很不容易，华大所做的事都是创新。我们的创新还不是单纯的科技创新，而是创新科技，是范式上的创新。这种创新很不容易。

问：如果说华大是一个生命体的话，你看到的华大是一个什么样的生命体？

刘龙奇：借用汪老师的比喻，华大是赑屃（bì xì），古代汉族神话传说中龙的第六子，善驮重物，具有强烈的使命感，负重前行，给人民带来福音。华大的机制是我见过的体制机制里面最科学的一个，这套体系很适合中国的现状。华大的使命：一、科学使命。要在科学上达到领先水平、形成突破。二、社会使命。造福人人、对社会有价值。三、民族使命。要利国利民。

生命演化的过程，归根结底是对环境的适应

问：你从事生命科学研究，从大学开始算现在多少年了？

刘龙奇：14年。

问：在你看来，生命究竟是什么？

刘龙奇：我可能受《自私的基因》这本书影响比较多。薛定谔《生命是什么》一书的阐述非常重要。薛定谔的主要成就是量子力学，他讲生命科学，提供了很多方向、影响了很多人。包括 DNA 双螺旋结构的发现人之一沃森，也受到这本书影响。薛定谔对物理学的贡献是巨大的。对生命科学的贡献，更多的是他提出想法，让更多交叉学科能够研究生命科学。

生命到底是什么？我觉得生命是遗传基因信息传递的一个载体。因为基因需要不断延续下去，需要有一个明确的载体，这个载体一定要有非常强大的适应能力。地球的历史有 40 多亿年，在地球环境不断变化过程中，生命一定要不断地适应，才能保证基因能够延续下去。环境一直在发生变化，所以生命也一直在发展。生命演化的过程，归根结底还

是对环境的适应。

假如没有薛定谔，我相信依然会有这样的英雄

问：薛定谔在"生命是什么"系列演讲里面，向孟德尔致敬说，他的发现在 20 世纪竟会成为一个全新科学领域的"灯塔"，无疑也是当今最有趣的学科之一。80 年以后的今天怎么看薛定谔的贡献？

刘龙奇：薛定谔在物理学领域的贡献是巨大的，他绝对是"灯塔"。在生命科学领域，他提出了问题，吸引了非常多的科学家进入生命科学领域，同时他提出很多思路。假设薛定谔没有讲这些东西，生命科学今天还是不是这个样子？我相信依然还会有这样的英雄去推动生命科学的发展，但可能会稍微晚一点。

问：如果你对面坐的是薛定谔，你想对这位量子物理学家说点什么？

刘龙奇：我想问薛定谔先生，80 年过去了，今天生命科学的发展如您所愿吗？下一个 80 年生命科学领域还会出现哪些革命？

不可否认薛定谔对生命科学的影响非常大，他的《生命是什么》一书是推动后面一系列革命的一个重要驱动因素，包括 20 世纪 DNA 双螺旋结构的发现，到后面分子生物学的建立。有本书叫《创世纪的第八天》，这本书我非常喜欢，把整个生命科学的分子生物学革命写得非常清楚，正是我们今天基因测序技术等一系列新技术的基础，而这里面很多人其实都受到薛定谔的影响。

用"天书"形容，似乎还不足以解释生命的复杂性

问：如果形象地比喻，生命是"天书"吗？

刘龙奇：把生命比喻成一部"天书"是很形象的，但似乎还不足以体现生命的复杂性。人类生命不仅是 60 亿个碱基，这 60 亿个碱基到底发挥了什么作用？为什么能够形成人类这么精密复杂的生命系统？这里

面的调控非常复杂，如基因为什么在不同的细胞里面选择性表达、人类 37 万亿个细胞是如何形成的等，都有待我们去探索。

为什么不同细胞功能会不一样？

问：如果说生命是一本"天书"，这本"天书"的破译现在究竟到了哪个阶段呢？

刘龙奇：非常早期的阶段。这个"天书"DNA 序列的部分算是接近完成，但是这本"天书"大家都看不懂。生命不只有 DNA 的部分，DNA 缠绕在核小体上形成具有高级结构的染色质，染色质的状态如何决定不同细胞的命运？如何决定疾病的发生？如何决定衰老的进程？这些问题其实我们还远不能回答。对生命天书的破译也才刚刚开始。

举个例子，人类基因组计划完成之后，大家发现 98% 的编码都是垃圾序列。这衍生出了一个新问题，我们基因组里只有 2% 是编码区，98% 是非编码区，这个基因组到底是怎么决定生老病死的？我们身体的每一个细胞，都有这 30 亿个碱基对，为什么我们的鼻、眼睛、耳朵、心、肝、脾、肺都不一样？后来大家发现这 2% 编码在每个细胞里面都不一样。为什么会不一样？这是 98% 的非编码区行使功能导致的，叫基因调控。调控哪个基因编码在这个细胞里面，哪个基因编码在另一个细胞里面。

破译 98% 非编码区

问：破译这 98% 非编码区意义何在？

刘龙奇：关于这部"天书"中 98% 的非编码区到底是干什么的，人们还远远不知道。如果能够破译 98% 非编码区是干什么的，调控是怎么完成的，生命科学就真正从实验阶段进入理论阶段了，我们就可以通过数学公式来描述。但现在远远没有达到。这就是为什么我们需要通过不同的组学，不光是 DNA 测序技术，还要通过一系列组学技术，去读懂 DNA 和组蛋白修饰、染色体怎么折叠等。这是下一步需要做的事情。为什么要发展单细胞组学、时空组学？其实就是为了回答这个问题。归根结底，回答了 98% 非编码区序列是干什么的，你才能回答一个受精卵怎么变成完整的个体、生老病死是怎么发生的、癌症是怎么形成的、衰老为什么会发生、人类大脑 800 亿个神经元是如何连接工作的。这些全部都依赖这 98% 的非编码区序列的功能解析。只有把 2% 和 98% 不断深入进去，这些问题才可能被解答。

生命不是一成不变的，永远都在发生变化

问：您觉得生命是什么？这是一个能够回答的问题吗？

刘龙奇：要永远去回答、去探索。生命不是一成不变的，永远都在发生变化，永远都在跟环境互相影响。你很难去预测生命的下一个阶段是什么。因为生命在不断演化过程中，演化的规律又取决于外界环境自然选择的压力。很难完全理解和预测生命的未来发展方向是什么。

硅基生命和碳基生命有许多相似之处

问：脑机结合，机器人也许会有自主意识，机器人是不是生命？未来生命的表现形式究竟是什么？

刘龙奇：生命的未来表现形式取决于科技的发展和人类对生命本质的认识。随着技术的进步，我们可能会看到许多令人惊奇的可能，但如何定义和界定这些新的生命形式仍然是一个有待探讨的问题。如果我们说生命是一种遗传信息的载体，会通过不断适应环境把信息永远传递下去，从这个角度来讲，硅基生命是不是生命？你把机器人设计出来，它可能也一样需要完成一个特定的使命，不论外界环境如何变化，这个机器人需要不断适应以更好地完成使命。这么来看，硅基生命和碳基生命有许多相似之处。

30 亿个碱基对怎么变成一个完整个体？

问：有人提出，生命科学尤其是基因组学进入了后基因组时代。您怎么看？

刘龙奇：这个问题跟您刚刚提到的生命的"天书"到底写完了没有，异曲同工。基因组这个时代我们还处于早期。我们现在能够很清楚地把基因序列测出来，但这仅仅完成了"天书"的一小部分。我们写完这本"天书"，还需要解读这本"天书"。这是所谓后基因组时代。

"天书"怎么解读，说白了你要回答：生命从一个受精卵细胞如何变成生命体？受精卵细胞里面的指令是什么？30 亿个碱基对怎么变成一个完整个体？没有人能够很好地回答这些问题。这就是后基因组时代要研究的东西。

汪老师总结得非常好，基因组领域过去一个巨大的理论突破就是中心法则。中心法则回答的是遗传信息是怎么流动的。生命科学领域下一个里程碑式的理论可能是生命的时空法则。时空法则就是我们每一个细胞，如何通过时空调控最后形成完整个体的。这是我们未来要做的事情。

到底是一团纸，还是一个毛线球？

问：DNA 到底有多大？

刘龙奇：DNA 不是一条线，如果你把它拉直了 2 米，那么小一个细胞，10 微米的细胞里面，细胞核大概也就 1 微米，DNA 团缩在细胞核里。

问：有人拉过吗？

刘龙奇：计算的，因为 DNA 双螺旋结构已经非常清楚了。根据这个结构，以及它有 30 亿个碱基对，可以推算出来。但是它就装在那么一个大概 1 微米直径的细胞核里，非常高效有序。它到底是以一个什么样的方式装在里面的？它到底是像纸团一样，揉成一团放进去的？还是非常精密的，比如像毛线球一样放进去的？反正它是有一定结构的。关于到底是以什么样的方式，现在大家的很多认识，就得益于后基因组时代。后基因组时代有一些新的技术。

你把 DNA 拉长变成 2 米，会发现某一个区域的 DNA 碱基，可能跟很远的碱基是在一起实现功能的。举个非常有意思的例子，我们知道 80% 的肥胖跟某个 DNA 变异有关，这个变异位于基因组上一个叫 FTO 基因的内含子区域，但是它能够调控跟它线性距离非常远的另外一个基因，那个基因是控制热量代谢的。隔得很远，是怎么调控的？因为在基因组折叠的时候，细胞里面它俩折叠挨在一起。其实有很多像这样的例子，我们未来需要把这种基因表达调控背后的原理弄清楚，这个就是时空法则。

我希望做一个细胞工厂

问：下一步您要探索什么？

刘龙奇：生命科学未来还需要付出非常大的努力去探索。前期在基因组这个领域，我们有了非常好的一些进展，下一步我觉得更多要探索生命的时空方面。

问：具体探索什么问题？解决什么问题？

刘龙奇：对我来讲要回答细胞的命运转变，背后是怎么发生的。

问：细胞的生长和凋亡？

刘龙奇：细胞命运的转变。我一开始是做多能干细胞技术研究，可以把皮肤细胞变成受精卵细胞。在这个基础之上，把皮肤细胞变成神经细胞、心脏细胞、肝细胞，都可以实现。其背后的规律是什么？我希望后面的时间去研究为什么一个细胞是一个细胞，比如为什么肝细胞是肝细胞、神经细胞是神经细胞、心脏细胞是心脏细胞；还想研究怎么把一个细胞变成另一个细胞。

未来，我希望做一个细胞工厂。在了解细胞转变规律的情况下，未来能不能去程序化、自动化、规模化地生产人类需要的各种细胞或者器官？这些细胞可以治疗疾病，可以抵抗衰老。实现这个梦想，首先需要我们对细胞类型和功能有充分的认识，然后要有明确的手段去驾驭细胞命运。这就是细胞的"读"和"写"。当前细胞"读"相关的技术有了飞速发展，希望未来能很快进入细胞的"写"时代。

全能干细胞能不能变成各种器官？

问：取得这些细胞能做什么？

刘龙奇：现在基因组学技术、干细胞技术、组织工程技术发展非常快，在这个基础之上，我相信未来可以把干细胞分化真正应用到临床上。这是指日可待的。

未来的运营要程序化，可以编程。比如把皮肤细胞变成神经元细胞，设定一个程序，自动完成细胞转变的过程，变成我们想要的细胞。

细胞的再生与衰老也是非常重要的方向，可以从干细胞角度去回答这些问题。2022年我们在《自然》上发表的文章中，在世界上首次实现了直接把皮肤细胞变成全能干细胞。通过全能干细胞，能不能变成各个不同的细胞类型或器官？比如从皮肤细胞变成全能干细胞，再通过全能干细胞进一步分化成造血干细胞，在细胞工厂里得到的造血干细胞，会跟人真实的造血干细胞很像，未来可以生产我们想要的 B 淋巴细胞、T 淋巴细胞。那么未来血液疾病就可以通过这种方式治疗。

非常认同"21世纪是生物学世纪"

问：20世纪老有人说21世纪是生物学世纪或者生命科学世纪，站在21世纪第3个10年的开头，您怎么看？

刘龙奇：我是非常认同这种看法的。中国过去几十年的发展非常快。最近10年，我看到了中国生命科学的飞速发展，10年前在国际主流期刊主刊上发一篇有影响力的文章，在中国是一件罕见的事情，但是在今天已经习以为常了，这说明中国的话语权、影响力起来了。从世界范围看，我们可以看到随着技术进步，生命科学新发现新成果进入了快速增长期，呈现指数级增长态势，特别是生命科学大数据时代已经到来。同时，我们也看到生命科学进入快速产业化阶段，包括一系列医疗设备、临床诊断治疗等应用都起来了。一系列事实让我们看到这个领域在科学、技术、产业、人才等各个方面的巨大变化，我相信21世纪一定是生命科学的世纪。

医学正在演变为一门数据科学，大数据、无人监督的算法、预测分析、机器学习、现实增强、神经形态计算等正在快速崛起。同时，医疗还面临着疾病预防的机遇，或者至少是拥有预防的机会。也就是说，如果在疾病发作前就能发出可靠的预警信号，同时针对预警具有相应的可应对方案，就可以实现疾病的有效预防。

——《未来医疗：智能时代的个体医疗革命》，
[美] 埃里克·托普

面对批评与失败仍坚持不懈，是成功的突破性创新者最重要的特征之一。在成功的道路上走得最远的创新者，是那些在大多数人都已离去的时候坚持到底的人。

——《奇才：连续突破性创新者的创意启示录》，
[美] 梅利莎·席林

给年轻人机会，把"异想天开"变成现实

——陈奥访谈录

正高级工程师，现任华大生命科学研究院时空组学首席科学家，研究方向为测序技术和空间多组学技术研发，主要研发了测序生化技术和时空组学技术 Stereo-seq。累计申请发明专利100余项，参与国家"863计划"等项目并成功结题。

搭建400人的生物化学技术研究所及核心测序生化团队，并成功完成多种测序技术研发，数据产量和质量达到世界领先水平。此工作助力解决了重大的"卡脖子"技术瓶颈，填补了国内基因测序仪空白，推动基因测序通量持续提升及成本持续下降。

时空组学技术可同时实现"纳米级分辨率"和"厘米级全景视场"，获得年度"中国生命科学十大进展"和"中国生物信息学十大进展"。

导言　时空组学技术将为人类认知生命带来新的见解

"我希望能贡献自己的力量，推动生命科技、医疗技术更快地发展，让更多人从中受益。"这是陈奥的梦想。

高中时期外公的一场疾病，让他立志从事生命科学领域研究，帮助更多的人战胜病魔；看到高中生物课本里华大代表中国参与了人类基因组计划，他对华大产生了好奇与敬佩。2013年，他加入华大，与华大携手并进，为生命科学领域的发展贡献力量。

十年光阴，陈奥与华大一起成长，走过了一段漫长的发展之路。

从最开始的测序技术到现在的时空组学技术，陈奥与团队一直坚持自主研发，推动解开更多生命科学领域的未解之谜。

谈及20年前完成的人类基因组计划，陈奥坦言，参与人类基因组计划，与全世界的科学家们站在同一起跑线上，让华大真正意识到短板在哪里。华大能下定决心去攻克测序技术，甚至基于测序技术，开发出了自己独有的时空组学技术，这一切都是源于1999年的那个决定。

当讲到时空组学技术研发的心路历程时，陈奥表示，它起源于一个很小的想法。他们的生化团队从测序仪研发一路走过来，曾负责细胞组学测序技术的探索。在细胞组学测序技术不断延伸的过程中，他们想到是否可以把细胞和组织直接与芯片进行结合，让他们既能了解每个细胞的分子信息，还能获取它的空间位置信息。时空组学技术由此开始萌芽生长，从最初的原理验证，经过一步步探索，最终由一个小小的想法变成了现实。

时空组学技术出现后，人类离真正认识自身、重新定义疾病已经不远了。"希望时空组学能够给人类认知生命带来新的见解。"这是陈奥对未来时空组学技术发展的美好憧憬。

陈奥表示，他们现在已经有了底层工具，基于底层工具产生的数据也是海量的，下一步便是如何将海量数据与最终的应用更加紧密结合起来。来自国内外的合作伙伴对时空组学技术的应用充满期待，认为它能为人类的生命健康带来很大帮助，这也激励着陈奥及其团队更加努力攻克技术难关，推动时空组学技术的进一步发展。

他认为，生命科学领域正在以一个前所未有的速度发展着，他期待更多的年轻人加入其中，并为这个领域创造更大的价值。

前路漫漫，荆棘密布。即使前面有各种各样的困难，依然要保持乐观，勇往直前……

选择生命科学，就是希望推动医疗技术发展得更快一点

问：您是怎么与生命科学、与华大结缘的？

陈奥：其实我本来想选与信息工程、电子相关的专业，但是高三的时候发生了一件事情，改变了我的决定。那时候，我的外公得了急性胰腺炎，这是一种非常严重的疾病，5年生存率不到10%。在很多医生的帮助下，他活了下来。但这件事对那个阶段的我打击非常大，也促使我在大学本科阶段选择了生命科学专业，研究生阶段进一步选择了生物医学工程专业。我希望能贡献自己的力量，推动生命科技、医疗技术更快地发展，让更多人从中受益。

而最早听说华大，则是在高中生物课本里，当时看到华大代表中国参与了人类基因组计划，觉得挺不可思议的，也由此对华大产生了好奇和敬佩。2013年，我在硕士毕业后加入了华大，希望能够与华大一起，为生命科学领域的发展贡献力量。

下定决心攻克技术，是源于 1999 年的那个决定

问：人类基因组计划对于认识生命来说具有革命性的影响吗？

陈奥：是的。当我们能够破解人类基因组的时候，实际上就知道了人类基因组具体是怎么组成的，它的结构是什么。在完成人类基因组图谱绘制后，我们终于知道了每个人总共有 3 万个左右的基因。在得到了这些信息之后，我们终于有能力对这些信息进行解读和转化了。比如，我们可以利用这些信息，更精准地诊断和治疗疾病，开发新的药物。

人类基因组计划是一个划时代的里程碑，它与阿波罗登月计划、曼哈顿原子弹计划被并称为 20 世纪人类三大科学工程。中国作为唯一的发展中国家参与其中。我国科学家，尤其是华大团队，通过参与该计划建立了一整套的实验方法，与全世界的科学家们站在同一起跑线上。同时，也正是因为参与人类基因组计划，我们真正意识到短板在哪里。这也是为什么在人类基因组计划完成 10 年后，我们能下定决心去攻克测序技术，甚至基于测序技术，开发出了我们独有的时空组学技术。我相信这一切都是源于 1999 年的那个决定。

掌握核心技术之后，是不是能回答生命科学领域更多未知的问题？

问：从最开始的测序技术到现在的时空组学技术，坚持做自主可控的技术平台，对华大而言做自主研发的原因是什么？

陈奥：我觉得是两方面的原因，第一个是我们经历过被别人"卡脖子"，被"卡脖子"也就意味着没办法自主做一些决策，研究会受到一定的影响，这是我们要自主研发的重要原因。

第二个是当已经掌握了这些核心技术之后，我们就会不由自主去思考：这个技术接下来可以怎样发展？基于这样一个强大的平台，我们是不是能回答生命科学领域更多未知的问题？这是时空组学技术发展的一

个由来。

我们组建了一个多学科交叉融合的团队，一起将这个技术实现了

问：作为时空组学技术最初的提出者，当初是怎么想到要做这项技术研发的？

陈奥：我在华大目前主要参与了两个核心研发项目，一个是测序技术，一个是时空组学技术。华大有很好的项目管理机制，会将不同的项目分为探索项目和战略项目。当一个项目还处在探索阶段的时候，资源可能会相对比较少，但在管理上不会受到太多限制。而最初时空组学技术研发其实就属于一个探索项目，它起源于一个很小的想法。

我们的生化团队是从测序仪研发一路走过来的，也曾负责细胞组学测序技术的探索。正是在细胞组学测序技术不断延伸的过程中，我们想到，是不是可以把细胞和组织直接与芯片进行结合，这样我们不仅能够了解每个细胞的分子信息，同时还能获得它的空间位置信息。

当我们向华大集团董事长汪建老师和华大生命科学研究院徐讯院长汇报这个想法，提出我们有可能研发出一个全世界此前还没有办法实现的技术时，他们认为可以干，而且给了初创团队大力支持。于是，我们就从最初的原理验证开始，启动了时空组学技术的一步步探索。最终，在大家的共同努力下，这样一个小小的想法变成了现实。目前，时空组学技术也已经由探索项目转变成了战略项目，并有望在不远的将来实现产业转化。

这是研发团队坚持初心，一步一步走出来的一条路径

问：您曾将华大时空组学技术的发展分成了三个阶段，包括组建团队、实现技术原理验证、满足不同合作方的个性化需求。您认为哪个阶段最具挑战性？

陈奥：每个阶段都挺难的，或者说都带有不同的难点。

在组建时空组学团队的过程中，我们首先要让大家明白，时空组学技术未来能给华大、给我们大家带来非常大的提升。在这个过程中也遇到过一些阻力，一方面是每个人都有来自原本岗位的工作压力，另一方面是大家对时空组学这个全新概念的理解也需要一个过程。

而在技术原理验证阶段，我们也走过一些弯路。当时大家都是从头开始做，没什么经验，对不同的技术路线可能有不同的想法。我们不断摸索，才找到一条独立自主的技术路线。

此外，我们还需要不断去解决一些技术上的难点。比如标准品做出来之后，在全球科研合作中，我们面对的是各种不同的物种，如何将同一个标准的试剂盒应用于不同物种的研究，对于技术团队来说难度是非常大的。

比如，临床上需要检测的是石蜡包埋样本，这是目前病理科最标准的一个样本处理方式。但这个处理方式会使 RNA 降解比较严重，导致之前版本的芯片很难检测到。因此，我们就需要对时空芯片的底层架构进行全面改进。通过研发团队的不断努力，我们找到了一种新方法，通过先在组织里进行扩增，然后去捕获扩增完的序列，从而解决石蜡样本或者其他低质量样本 RNA 降解的问题。这条路非常难，世界上采用这条路径的人非常少，可参考文献、方法也很少。目前，我们的技术是全球唯一能够实现无偏差地检测石蜡包埋样本的空间组学技术。这是研发团队坚持初心，一步一步走出来的一条路径。

希望时空组学能够给人类认知生命带来新的见解

问：时空组学技术将如何推动我们对生命的认知？

陈奥：华大的时空组学技术 Stereo-seq 是一项同时具备高精度、大视场的空间转录组技术，将认识生命的分辨率提高到了 500 纳米的亚细胞层级，相比过去同类技术，分辨率提升了 40000 倍。目前它已被成功应用到胚胎发育、脑科学、器官再生、疾病研究等领域，并彰显出了巨大潜力。

比如，在数字病理方面，过去由于技术手段的局限，我们无法对肿瘤患者进行特别精准的分层管理。而通过时空组学技术，我们有望对肿瘤患者的每个肿瘤细胞及其所处环境进行多组学、多模态的解析，进而知道使用什么药物或者手段进行治疗能达到最好的效果。

胚胎发育方面，我们通过时空组学技术全面了解了小鼠胚胎内器官发育和形成的细胞演变过程。若使用以往的技术开展这项研究，需要开展上万次实验才能绘制出如此完整、精细的细胞图谱。这个成果在 2022 年以封面文章形式发表在《细胞》杂志上。

脑科学方面，我们与中国科学院脑科学与智能技术卓越创新中心等团队合作，基于时空组学技术对猕猴大脑皮层细胞图谱进行了解析，发现了大量以前基于图像检测无法发现的全新信息，这对我们解读灵长类甚至是人类大脑的结构和功能都是具有里程碑式意义的。这个成果在 2023 年 7 月发表在《细胞》杂志上。

未来，当研究了小鼠、猕猴以及人类大脑的演化后，我们就能够大概推导出每个器官在演化过程中发生了什么变化。也许，我们还能推测出人类演化的下一个阶段是什么样的。虽然这可能比较"开脑洞"，但我希望时空组学能够给人类认知生命带来新的见解。

基于这些图谱，未来我们能更好地对抑郁症或其他精神疾病进行解析

问：猕猴大脑皮层细胞图谱研究产生了大量的数据，这些数据将如何发挥作用？

陈奥：在猕猴大脑皮层细胞图谱研究中，我们最终产生了 300TB 的数据，就像是几百万部 8K 高清电影在同一张图上进行展示，数据量是巨大的。

当我们知道了每个细胞的时间和空间多组学信息之后，就有能力对细胞的多维度信息进行解析。基于此，我们能够掌握这个细胞是怎么发育而来的，它的功能是什么，它与周围其他细胞之间的相互作用关系是怎样的。

对图谱的分析，取决于最终我们想要实现什么目的。比方说，我们想知道神经元的连接是什么样的，可能就需要把不同神经连接的关系找到。在进一步解析它的功能之后，我们就能够知道，当我们在想某件事情的时候，调用了什么神经连接。基于这些图谱，也许未来我们就能更好地对抑郁症或其他精神疾病进行解析。这些都是可以展望的事情。

这本"天书"我们现在是能看了

问：如果说生命是一本"天书"，那您觉得这本"天书"目前已经破译到什么阶段了？

陈奥：我觉得这取决于怎么定义"破译"。这本"天书"我们现在是能看了，但是这本"天书"在不同细胞里是不同代码的组合，每一个细胞都承载着不同功能。

那么，在对基因组有越来越多的认识之后，我们要怎样从细胞层面，从时间和空间维度，对生命个体进行分辨率更高、视野更大的解析？我想这是时空组学应该做的事情，也是我们与全球科学家共同发起的时空组学联盟想做的事情。

不仅是时空组学技术，最近大热的大语言模型的核心就是基于预训练生成解读。生命实际上是另一个维度的语言。所以我也在想，如果与大语言模型相结合，我们是不是能够加速实现对"生命天书"的破译？

离人类真正认识自身、重新定义疾病，已经不远了

问：我们距离真正攻克癌症、了解生命的本质还有多远？

陈奥：我觉得离人类真正认识自身、重新定义疾病，已经不远了。

我们现在已经有了底层工具，基于这个底层工具产生的数据也是海量的。下一步就是怎样将海量数据与最终的应用更紧密结合起来。就像当年绘制完成人类基因组图谱之后，也是花了将近十年的时间，才开发出了无创产前基因检测这类与大众直接相关的临床检测应用。我相信会有这样一个过程。

目前，从全球合作方的反馈来看，大家对我们的时空组学技术的应用都是充满期待的。大家一致认为，这个技术能为人类的生命健康带来很大的帮助。这也正是我和团队希望把这个事情做得更好的原因。

撰写一本时空病理教科书，开展一项临床试验，形成一个专家共识

问：怎么基于时空组学技术重新定义疾病？

陈奥：举个例子，比如三阴性乳腺癌，它是一种非常恶性的乳腺癌，其特点是 3 个最常见的靶点是阴性的。如果我们不知道怎么去定义一种癌症，不知道怎么去分析它，我们就没办法开发出相应的治疗药物。

基于时空组学技术，我们检测肿瘤的时候，不是只检测 3 个靶点，而是同时检测 30000 种转录组，从而真正找到这些肿瘤的发病机制以及用药方式，让这些患者能接受更好的治疗，有更好的预后。

目前，我们在重庆已经建设了西南华大生命科学研究院，正与病理学家卞修武开展合作。我们首期的目标是完成 3 个"一"，也就是撰写一本时空病理教科书，开展一项临床试验，形成一个专家共识。我们相信，时空组学技术能够真正为临床攻克某些疾病带来价值。

人类基因组计划是生命科学领域一座毋庸置疑的"灯塔"

问：薛定谔"生命是什么"系列演讲中特别致敬了孟德尔，评价他的发现是一座全新科学领域的"灯塔"。您认为，在生命科学领域，还

有哪些成就或者哪些人也可以被称为"灯塔"？

陈奥：我觉得人类基因组计划是生命科学领域一座毋庸置疑的"灯塔"。它实现了人类对自身基因组的解读，这个解读给生命科学、遗传学带来了翻天覆地的变化。我觉得它的意义不亚于遗传学定律。

汪老师的目光往往能看到二三十年以后

问：那您觉得，华大有能称之为"灯塔"的人吗？

陈奥：当然有，就是汪建老师。汪老师的目光往往能看到二三十年以后。而灯塔的意义，就是指引船只往前航行。我相信，在汪老师的言传身教之下，我们能够把方向确定下来，脚踏实地把目标分解好、实现好。

生命是可自我复制、自我调节、自我循环的个体

问：如果现在让您来回答"生命是什么"这个问题，怎么回答？

陈奥：生命是一个可自我复制、自我调节、自我循环的个体，同时它也是一个相互配合、相互协作的群体。它能够自我繁衍、自我进化，它是宇宙当中不一样的存在。

希望不是别人给的，希望是自己干出来的

问：基于过去 20 多年的发展历程，您认为是否存在一条独特的华大之路？在与华大共成长的 10 年中，您最大的感悟又是什么？

陈奥：以前，我们在工具领域无法实现自主可控，只能先借助一些进口仪器设备，从科研角度不断积累知识；当具备一定的物质条件，相应的知识也逐渐积累起来后，我们开始追求底层工具的自主可控；现在，在完全吃透底层工具的基础上，我们可以进一步开发出世界上还没有的全新的方法和技术。

因此，我认为从工具角度，华大之路就是从跟跑，到并跑，再到领

跑。我相信这也是中国科研的发展道路。

在与华大共同成长的这 10 年里，我个人最大的感悟就是：希望不是别人给的，希望是自己干出来的。也许眼前会遇见各种各样的问题，但只要目标明确，终将有一天会迎来胜利。

一个好的科技，一定是可及而且可负担的

问：您如何理解华大"基因科技造福人类"这一使命的内涵？

陈奥：我觉得基因科技造福人类，其实是两件事情。首先，我们要定义什么是好的基因科技，以及我们能够怎样使用它。其次，造福人类，更多的是研究怎样将基因科技应用到科研或临床上。对科学家来说，就是让他们能更高效地找到以前找不到的信息，帮助其科研更上一层楼；对医生来说，是帮助他们更好地了解患者的情况，选择更好的治疗方式，让患者以成本更低、痛苦更少的方式治疗疾病；而对普通百姓来说，就是以更便宜、更准确的技术，帮助自己了解身体处于什么状态，如何调整到一个更为健康的状态。

围绕这三个方面，我认为一个好的基因科技，的确是能够造福人类的，但前提是成本不能高，要可及且可负担。

问：那是不是就需要通过自主可控的技术去降低成本？

陈奥：这是肯定的。对每个人来说，购买力都是有限的。如果要定期去检测我们的身体指标，这个成本一定不能高。这就是为什么一个好的科技一定是可及而且可负担的科技。

华大育人模式的核心是愿意给年轻人更多机会

问：一群年轻人从零开始，研发出了具有全球领先性的时空组学技术，除自身的努力以外，您认为华大独特的人才培养和发展模式在其中发挥了什么作用？

陈奥：华大的育人模式，最核心的是愿意给年轻人更多的机会。为

什么像我们这样一群二三十岁的年轻人，能够将一些最初可能是"异想天开"的东西变成现实？我认为主要归功于华大创新的育人模式。

华大鼓励所有有想法的人一步步验证自己的想法，并将其转化为具体的成果。不仅是我们自己，我们所带领的团队是一群更年轻的人，我们也会去激发他们产生一些"异想天开"的想法，帮助他们实现，并且鼓励他们在内外部做一些分享。这样的机会我们得到了很多，我们也愿意把更多的机会给到团队里更年轻的小伙伴们。

另一个我认为很关键的是，时空组学技术研发是一个多学科交叉的项目，它不仅需要生化团队，还需要算法团队、硬件团队等多学科背景的人才共同协作。正是因为华大集聚了非常多来自不同领域的人才，让我们得以快速组建一个多学科交叉融合的团队，一起来实现这样的技术突破。

此外，在时空组学技术研发的过程中，我们也得到了来自华大集团各个团队的全力支持。这对于我们而言是至关重要的。因为当我们研发出一项技术之后，如何让它更好地应用于基础科研和临床，是需要不同团队一起合作拓展的。

提供先进的底层工具，把提升人类健康水平的这座丰碑驮住

问： 如果用一个物种或者生命体来形容华大，您认为是什么？

陈奥： 最像华大的应该是赑屃，赑屃是中国古代传说中龙和龟的儿子。它的特性是能够背负重物，承载很多东西，它能够把别人的丰碑给承载起来。对于华大来说，我们的核心之一是提供先进的底层技术和平台，助力全球的科学家、临床工作者，将 80 亿地球人的健康水平提升到一个更高的层次。我们希望把这座丰碑驮住。

我必须保持乐观，带领大家往前走

问： 作为一个生命个体，您有迷茫或者无助的时刻吗？是否想着保

持乐观的心态，以利于基因的表观修饰？

陈奥：没有想过这个问题。当我遇到困难的时候，我必须保持乐观，如果我不保持乐观的话，我很担心这个事情会做不成。我必须带领大家往前走，虽然前面有各种各样的困难，但最终是可以实现的。我记得有人曾说过，悲观者永远正确，乐观者永远前行。

新技术研发是我最底层的兴趣

问：您下一步有什么计划？做更多新技术研发吗？

陈奥：新技术研发是我最底层的兴趣。我希望能够从几个方面贡献我的力量，一方面，希望时空组学技术持续为华大的科学发现、产业发展、技术发明作出贡献。另一方面，也希望能够帮助我们的合作方，为他们的科研、临床发现提供更多底层的技术支持。此外，我还希望能够为团队的小伙伴们争取到更多的支持，希望他们都能够有所成长、有所收获，展现自己的价值。

21 世纪一定是生物学的世纪

问：20 世纪有人说 21 世纪是生物学的世纪，您怎么看这个论断？为什么？

陈奥：自从 21 世纪初我们获得了人类最关键的"生命天书"之后，我们逐渐可以更精准地对每一个人进行健康管理、医疗管理。在大数据、人工智能等技术的加持下，我觉得，2050 年之前还会有更多更大的成就在基因科技领域出现。

除了从科技的角度，从我们每个人认知的角度来说，大家慢慢也开始更关注自身的健康了。所以，我相信 21 世纪一定是生物学的世纪。

别想太多，干就行了

问：对于接下来要进入这个领域的年轻人，您有什么想说的？

陈奥：别想太多，干就行了。现在有这么多先进的工具、平台，支撑科研成果的持续产生，我们正在以一个前所未有的速度发展着。对年轻人来说，现在加入这个领域，能够学到很多以前学不到的知识，获得快速成长。所以，我想对即将加入这个领域的年轻人说，加入这个领域是幸运的，也相信他们能够为这个领域创造更大的价值。

为了维持生物体内的机能运作，细胞会从外部的生态环境中吸收物质、能量和信息，因此可以将生物看作一台能够自我循环的机器。

——《生命简史》，[西班牙] 胡安·路易斯·阿苏亚加

达尔文在创立进化论的时候根本不知道什么是基因。孟德尔在奥地利的修道院花园里种着豌豆，发展他关于遗传因子代代相传的理论时，还对DNA 一无所知呢。这并不是问题。他们看到了别人没见过的东西，突然，我们有了一个观察世界的新途径。

——《遗传的革命：表观遗传学将改变我们对生命的理解》，[英] 内莎·凯里

我们做到了全价值链全要素覆盖

——马喆访谈录

2012 年硕士毕业于武汉大学，现任华大集团西亚区总经理。曾在国家外交系统、华为工作，2020 年加入华大基因，加入伊始便参与中沙两国间的新冠抗疫合作项目，带领 500 人的团队扎根沙特 21 个月之久，完成了 5 座"火眼"实验室的建设、运营，为沙特国家公共卫生体系交付了 1800 万人份的新冠核酸检测试剂，受到了两国政府、使馆，以及沙方卫生体系和民众的好评。在此基础上，他还规划了华大集团体系下医学、智造、万物等各个体系在西亚区的战略布局，主导谈判并推进了沙特第三方独立医学实验室 Genalive、沙特新未来城（NEOM）等战略项目的实施，承担打造"沙特标杆"的战略任务。在此过程中，坚持在"518"工程大目标的指引下，通过项目带人才，在业务转型期，打造面向核心价值客户的作战团队，进行体制机制创新。

导言 在沙特"坚守"已1年

马喆的工作照很职业、老成持重，见到本人，会发现是一个年轻帅气的小伙子。这也是他的小苦恼。职场男性似乎都希望自己显得更成熟，以获得商业伙伴的信赖。马喆不是靠外表，而是靠踏实肯干的工作作风，在沙特阿拉伯赢得了竞争对手的尊重、合作伙伴的信赖。

马喆对工作有着用不完的热情，跟他交谈，不管是在什么时间、什么场合，超不出三句，一定会谈回到工作上来。笔者在沙特半个多月短暂停留，与马喆的接触记忆点，全是工作。哪怕是周末晚间的聚餐，也会被他设计成"团建"，其间还要颁发工作奖牌，以示激励。

他曾经在外交部、华为工作过，但与他接触的华大员工都会觉得他是"老华大"。生命科学领域有些专有名词知晓度并不高，去网上查找，也都隐藏在拥有同样缩写、更流行的另一个词身后。华大内部也有自己的话语体系，许多缩略语是词典查不到、网上找不着的。马喆的学习能力很强，说到这些"生僻"词，他侃侃而谈，又恰到好处，完全感受不到他是非生物学专业、加入华大并不是很久的。

同事眼中的马喆

曾昊（华大基因国际交付中心负责人）：外交部、华为、华大，马喆能如海绵一样快速吸收新的知识并在跨界领域运用自如。正如大将生来胆气豪，因为相信，所以看见。他在海外业务开拓中，不断挑战和突破，胸怀造福，传递基因科技价值。

徐辉（华大基因产品总监）：马喆是天生的领袖，以广阔的视野和强大的学习能力快速融会贯通华大各体系的业务，并以近乎偏执的信念努力实现自己的抱负——华大造福大目标的中东践行。

封立平（华大基因西亚项目中心运行管理经理）：沉稳、谦逊和周到是马喆给我的第一印象。从 2020 年加入华大参与沙特抗疫到 2023 年"后火眼"时代，伴随着华大海外拓展的步伐，他亦从区域的 BD 成长为区域指挥官。虽不是生物学专业背景，但曾经在外交部和华为的海外工作经历，赋予他"外交格局"和战略把控力，在保障"火眼"大项目圆满结束的同时，也成功落地了沙特"前店后厂"的战略布局。他有较强的危机公关能力，能稳定局面，控制事件的进一步发酵。

接受"生命天书"系列访问，马喆委婉表示说不好哲学问题。他的回答，还是紧紧围绕着他在西亚地区的实际工作而展开。

让中国好范式、中国好产品得到国际认可

问：请简单介绍一下您的学习工作经历。

马喆：我是 2004 年考进武汉大学，学土木工程，又学了国际法。硕士毕业后，从事外交工作。2013 年从外交体系离开加入华为，在华为北非地区负责政府项目和政府关系。

问：这些工作经历看起来差别还是挺大的。

马喆：我们到海外去开拓市场，怎么让中国好产品、中国好标准得到国际认可，把我们的价值对外传播，在这方面，跟外交官所秉承的观念是一致的。

用工程化的方式去解决生命科学问题，从而造福人类，这给我非常大的触动

问：您为什么加入华大？

马喆：2020 年被华大的精神所感召。过去几年，可能是人类近些年共同面临的最大的一场疫情。疫情面前，汪建老师逆行武汉，我通过新闻媒体了解到，华大代表国家参与中国政府对外合作。"火眼"品牌已经不仅仅是国内的一个抗疫品牌，在全球范围内，它也代表了中国的产品、中国的标准、中国的运营模式、中国的解决方案。我们的生物技术、我们的基因检测技术，不是"躺"在实验室，而是可以用工程化的方式去造福人类，这给我非常大的触动。这也是促使我加入华大的一个契机。我加入华大一个月，就到海外，2020 年 10 月，加入沙特这场抗疫活动。

沙特政府提出的要求，非常有挑战性

问：到沙特发生了什么？

马喆：沙特的故事，应该是华大对外抗疫合作的一个缩影。2020 年 4 月新冠疫情开始在沙特暴发，并且快速蔓延。沙特皇家委员会也找到了欧美很多顶级的做体外诊断试剂的厂家。一方面因为这些厂家当时受制于所在国的限制，抗疫物资是被列为限制出口的，因为那个时候各个国家的供应链都非常紧张。另一方面，沙特政府提出来的要求非常有挑战性，因为需要的不光是试剂、产品，还需要帮助沙特把检测能力提起来。

在全球疫情蔓延、没有国际航运的情况下，绝大多数国家自顾不暇。沙特找到中国政府，希望中国政府能够指派一家中国的机构合作，快速提升自己的核酸检测能力。

沙特卫生部已经用过华大的产品，对其质量是非常认可的。但是如

果放大到两国层面的合作，由一家民营公司来承接，沙特政府多少心里还是会有一些忐忑不安，需要中国政府背书。中国政府的表态非常坚决，第一，华大是一家优秀的企业；第二，在中国国内用的也有华大的方案；第三，中国政府对外的很多抗疫合作物资也是华大提供的。基于这几点，请沙特政府放心，可以选择华大去帮他们提升整个国家公立体系的新冠核酸检测能力。在合作过程当中，沙方对于华大的信任也逐步提高。

沙方也希望借这次机会能够进一步扩大合作。我觉得新冠疫情给所有人上了生动的一课，新冠疫情之前，很多人都没有听说过 PCR 技术。

我们在沙特 5 个城市建设了"火眼"实验室

问：华大为沙特做了哪些服务？

马喆：我们在沙特 5 个城市建设了"火眼"实验室，包括首都利雅得，其国家疾控中心也是委托华大运营管理。沙特全国人口 3000 多万，其中本国国民不到 2000 万。我们总共完成了 1800 万例检测，可以很自豪地讲，新冠期间，平均下来我们为每个沙特国民提供过一次新冠检测。

最早在武汉，大家反复提到"疑似阴性""疑似阳性"，为什么后面我们再也没有听到"疑似"的说法了？因为刚开始的时候检测通量没有提升起来，对于以 PCR 和 NGS 为代表的分子检测技术储备和能力是不足的。所以才有了汪建老师大年初一逆行武汉，在武汉建成全球第一个"火眼"实验室，把检测通量提升到每天 1 万多例，从本质上解决了新冠检测"堰塞湖"的问题。

中国在精准医学检测基础设施层面面临这样的困难，全球绝大多数的国家都面临这样的困难和挑战，特别是面对像新冠病毒，海啸般的需求扑面而来的时候，大家没有做好准备。

帮助当地认识到精准医学检测的价值

问：当地核酸检测能力提起来了吗？

马喆：第一，沙特是一个遗传病高发的国家，有 52% 的近亲结婚率。这么高的近亲结婚率，使得新生儿遗传病高发。第二，由于饮食习惯上喜欢吃肉，同时缺少蔬菜等，导致慢性病、糖尿病、肥胖等问题高发。随之而来的还有肿瘤等问题。另外，每年全球上百万朝觐人员会聚在麦加、麦地那圣城，使得传染病在非常短的时间内暴发成为可能。在这几个维度上，沙特认可华大工程化的能力。第三，沙特也意识到需要提升精准医学检测的国家能力。人性是相通的，人心也是相通的，我们中国人强调家族意识。沙特人都是从沙漠部落出来的，也是大家族。在这个点上，双方家庭观念都非常强，都希望能够先去交朋友，先认可你这个人，再谈商业上的合作。随着国产高通量测序仪陆续发布，测序成本持续下降，在国内研发、产品和前端本地化实验室的共同努力之下，我们希望可以面向沙特民众提供普惠的精准医学服务。

这么多年来，沙特的特检样本绝大多数都是送到境外的。从国家的生物信息、样本安全、数据安全的角度来讲，他们急需一个真正的合作伙伴，能够帮助他们把核酸检测能力提起来。沙特政府表示，华大很打动他们的一点是跟欧美一些厂家不一样。我们是真心诚意地去做技术转移，帮助他们一起把能力建在当地。在整个新冠合作的 21 个月里，华大累计为沙特培养了 430 名持 PCR 上岗证的实验室操作人员，并且都是完全免费培训。因为我们真的希望帮助当地逐步拥有这个能力，帮助当地去认识到精准医学检测的价值。

要全要素、全组学、全贯穿去做

问：请您介绍一下华大在沙特的现况？

马喆：利雅得这个实验室，是中东地区最大的实验室，面向当地的公立、私立医疗机构，提供精准医学检测服务。我们希望这个实验室后续能够成为沙特国家重大科研技术平台。

汪建老师最近也提出来"13311i"、Life Index 概念。我的理解，过去是对 NGS 技术路线找应用场景。但单一依靠 NGS 技术是回答不了所有关于预防性医疗健康管理问题的。我们希望能够提供一种更综合、更全面的预防性健康管理，汪老师叫"治未病"，其实就是预防性健康管理。这个过程中，NGS 只是其中一个手段，还需要影像技术等综合性的手段。要全要素、全组学、全贯穿去做。

华大在沙特整体布局是双轮驱动战略。双轮驱动回答了两个重大民生问题，一个是健康，一个是农业和环境。在健康医学领域，我们合资建设的 Genalive 实验室，是中东地区最大的精准医学实验室。另外，我们跟当地最大的药房紧密合作，希望精准医疗能够走进社区。这家药房在沙特有 900 家门店，都建在人口最密集的社区。新冠期间，这个药房跟政府有非常好的互动，沙特很多疫苗注射，是在药房里完成的。新冠之后，政府也在考虑怎样把药房入口的便利性充分用起来。随着国产高通量测序仪陆续发布，测序成本持续下降，在国内研发和前端实验室的共同努力之下，我们将面向沙特民众提供精准医疗服务。

基因科技造福各行各业

问：再见到华为的老朋友，他们怎么看？

马喆：他们觉得这几年发展速度非常快，过去 20 年是以信息化为代表的第三次工业革命。接下来到底是新能源时代，还是生物技术为代表的生命科学时代？大家很看好生命科学行业，觉得是非常好的发展方向。另外，新冠疫情让各个国家意识到了精准医学检测的重要性，而精准医学检测背后的底层逻辑是生命科学技术。

2020 年 8 月到现在，我负责西亚区域。从有这个项目，到团队慢慢成长，业务领域、业务范围慢慢扩大，在这个过程中我感触良多，认为不仅是基因科技造福人类，基因科技其实也造福各行各业。

举个例子，在沙特，"火眼"这样一个工程化范式，提供的精准医学检测不光是面对疫情，还可以面对生命健康、传感染病、肿瘤等疾病，提供精准医学筛查、诊断、治疗服务。还有华大万物，底层逻辑是一样的，即怎么去赋能万物？

在沙特这几年，就是按照这样一个思路，从"火眼"服务疫情的检测，到日常提供的精准医学检测，在本土化的基础上，在当地建立了中东地区最大的精准医学实验室。第一期已布局华大智造 G400 测序仪，接下来国产测序平台 T7、T20 都会逐步进场。

2023 年 6 月，中阿合作论坛企业家大会，华大集团 CEO 尹烨代表中国企业家在"医疗保健与生物制药"论坛上发言，取得了非常好的反响。沙特食品和药品监督管理局局长在公开场合，只表扬了一家私营公司，就是华大，肯定了华大在新冠期间对沙特作出的历史性贡献。

基因科技造福人类，我觉得基因科技也造福各行各业。希望"火眼"这样一个工程化范式，提供精准医学检测，不光是面对疫情，而且是面对生命健康、面对传感染病、面对肿瘤，提供筛查、诊断、治疗服务。从此延展开去，还有华大万物、华大精准营养，其底层逻辑是一样的，用基因科技造福世间万物，包括动物、植物以及环境治理领域等。

我们做到了全产业链全要素覆盖

问：您觉得生物技术对整个经济的影响或者对社会的影响是什么？

马喆：医疗、健康、农业、食品等，所有的垂直行业，都是基于这样的一个底层的技术平台。从理论科研、产品研发、行业赋能，就像我们说过去二三十年是信息化的革命浪潮带来翻天覆地的变化，智慧城市、智慧教育、智慧医疗影响了各行各业。

举个例子，沙特政府牵头提出"绿色中东"和"绿色沙特"倡议，希望在未来几十年种植百亿级棵树木。有一次沙特政府提出来，华大基因可不可以通过分子育种的方式选育出优良的品种，更好地适应干旱地区，可以在沙特大规模种植，助力其碳达峰、碳减排的目标实现？

再举一个例子，国内我们做政府民生项目是非常有意义的。不管是河北百万三级防控，还是深圳地贫筛查，都实实在在见到了效果，给民众带来了实惠，同时也减轻了政府的医疗支出负担。这样的模式，在海外怎么复制？

沙特是一个福利非常好的国家。如果生病，所有医疗是免费的。但还是治已病，没有转向预防性医疗健康管理。这次新冠疫情带来一个核心变化，沙特国家疾控中心升级为国家公共卫生总局。这是很大的思维上的转变。从疾病控制，到公共卫生预防性健康管理。比如刚刚提到的沙特由于近亲结婚带来的新生儿基因遗传病高发的问题，我们在传统质谱学筛查基础上，升级为新生儿基因检测，可以在高发地区先做试点，让沙特政府和人民实实在在感受到精准医学检测带来的价值，继而在全国推广。肿瘤方向也是这个思路，我们计划做肠癌早筛，因为沙特男性最高发的癌症就是肠癌。

我觉得，未来生物技术也是这样，无法估量它的潜力。我坚信我们横向的平台能力建设和技术储备和在纵向的各个领域应用，一定会擦出颠覆性的火花。我对外介绍华大的时候非常自豪，很重要的一点是我觉得华大覆盖了整个行业的全价值链。从华大教育中心的人才培养和储备，再到华大智造核心工具的生产制造，从面向临床应用、面向人类健康，到面向万物，还有最底层的科研平台——华大生命科学研究院和国家基因库这样公益性的国家大科研创新型平台，我们做到了全产业链全要素覆盖，有了面向 21 世纪"生命是什么"科学终极之问的能力储备。

任何一家真正有生命力的企业或机构，一定要有底层精神内涵。如果一家公司仅以赚钱为目的，肯定走不长。

创造生命之前，我们是不是就已经有了一套程序？

问：您觉得生命是什么？

马喆：我非常有感触的是有一次去参观我们的合成实验室。过去这么多年，我们所有信息的存储是通过硅基进行的。但通过生物合成技术，发现通过 DNA 介质有望实现极高密度的大数据存储，通过 ATCG 编码的方式进行存储。目前来看，技术上是可以实现的。

在那一刻，我觉得生命太奇妙了，在创造生命之前，我们是不是就已经有了一套程序？我们的世界纷繁复杂，现在全球所有信息，通过 ATCG 这样的生物方式存储，是非常具有颠覆性的。

生命科学，不光是对人类的健康有帮助，能够造福人类；对动植物、微生物、环境治理等各个方面都有帮助。21 世纪是生命科学的世纪。

人类肉眼所及、人类足迹所及，是远远不够的

问：您对"基因科技造福人类"的愿景是怎么看的？

马喆：我觉得应该是基因科技造福万物，人类只是万物当中的一部分。就像刚刚说到的，基因科技是底层逻辑，一定可以和我们各个垂直行业碰撞出美丽的火花。听汪建老师讲过一个故事，他去马里亚纳海沟科考，到了海平面万米以下，还发现有微生物的存在，并且还从微生物中分解出可降解塑料的酶。这个故事告诉我们，人类肉眼所及、人类足迹所及，其实远远不够，还有很多可以探索的东西。

我觉得我们的创始人有一颗善的初心。有的时候汪老师带我们去见客户，他的出发点已经远远不是商业上的一些考量，而是这个事情能持续给大家创造价值。还有一个是执着，对生命科学的终极追求。再一个是不断自我更新、自我迭代。

21 世纪，除了信奉生命就是"基因、细胞、器官、有机体和环境相互作用的交响乐"，科学已经没有其他在理性上可行的路线。

——《纳米与生命：攸关健康的生命新科学》，［西班牙］索尼娅·孔特拉

"生命之书"利用 4 个碱基作为"单词"，写下了众多编码蛋白质的基因"句子"，并通过转录方式选择性地"阅读"这些基因。近年来的研究发现，生命发展了许多精巧的手段来帮助基因的选择性"阅读"。这些调控手段中主要的一类是对核苷酸和蛋白质进行化学修饰；其中最常见的是 DNA 的甲基化修饰和组蛋白的乙酰化或甲基化等修饰。

——《生物学是什么》，吴家睿

越是这个时候，越坚定认为21世纪是生物学世纪

——侯勇访谈录

　　华大集团欧洲区首席代表。华大基因研究院资深副院长，欧洲研究院院长，深圳市单细胞组学重点实验室主任，博士毕业于丹麦哥本哈根大学，深圳市海外高层次人才（B类），2017年被破格评定为正高级研究员。

　　担任中国科学院大学未来技术学院博士生导师，西北大学、郑州大学兼职教授，广东省精准医学应用学会免疫治疗分会常务委员，中国医药生物技术协会基因检测技术分会常务委员。

　　主要从事单细胞组学与癌症演化，单细胞转录组与器官发育及细胞谱系解析，利用单细胞组学研究基因表达与调控异质性等研究，致力于高通量组学技术及单细胞组学分析技术生物信息方法开发及数据挖掘。

参与国际肿瘤基因组协作项目（ICGC-PCAWG）1 项，科技部"863"项目 1 项，科技部精准医学重大专项 1 项，重大慢病专项 1 项，国家自然科学基金—广东省自然科学基金联合重点项目 1 项，负责国家自然科学基金青年基金项目 1 项，广东省自然科学基金项目 1 项，深圳市重点技术攻关项目 1 项，深圳市孔雀计划技术创新项目 1 项。2014 年膀胱癌单细胞测序相关成果获"中华医学科技奖"二等奖。

已在《自然》、《细胞》、《自然·生物技术》（*Nature Biotechnology*）等国际顶级科学杂志上发表科研论文 70 余篇，总引用超过 7000 次，已申请基因组学与生物信息学相关发明专利 50 余项。现为 *Clinical and Translational Medicine* 杂志 *Clinical Bioinformatics Session* 的特邀编委，*Scientific Reports, BMC Bioinformatics, Cell Biology and Toxicology* 等杂志特邀审稿人。

导言　一个人的信仰和坚定，何尝不是无数人的共同信仰和坚定？

有时候，一个问题往往决定一个人的一生。

"凭什么一个跟我年纪差不多甚至年纪比我还小的学生，就能够在这种顶尖的期刊上发表论文？"侯勇就是这样想的。2010 年，还在东南大学本硕连读的他成了东南大学和华大联合培养的学生，在深圳的四五年里，他大部分时间都在华大："所有的科研都是在实战项目里面完成的。"

自从结缘，便一发而不可收，毕业后他留在华大继续工作，从事从 0 到 1 的研究，探索单细胞技术、单细胞的应用，在顶尖刊物发表文章，不断探索、积累前沿技术，然后用建立的技术能力、大平台跟医院合作，当然更多的还是解决大家的科研问题。到 2019 年被派驻到欧洲时，30 岁的他已经成长为华大生命科学研究院执行副院长。派驻欧洲这 5 年，从研究"转行"到技术应用、市场开拓，使他对生命、对基因组、对国产设备都有了全新的认知。

这是他对"生命天书"的认知——"生命是信息，也是信息的载体。""生命科学的中心法则是不变的，就是从 DNA 到 RNA，到蛋白质，再到其他的小分子。""但是在不同发展阶段，随着科研成果不断涌现，我们不断修正对生命的认识，就像新华字典每隔几年会有一个修订本，但是这个字典的索引、提纲还是原来的索引、提纲，每个版本会随时代的科研成果不断增删、不断迭代，内核还是'密码本'或者'天书'。"

这是他对人类基因组图谱完成 20 年影响的认识——"从人类基因组计划完成之后，在生命科学特别是组学这个领域里面工具的迭代、科学的发现层出不穷。""生命科学工具的突飞猛进，给研究范式带来了变化，从假说驱动或者假说驱动为主导，转变为数据驱动这样一个彻底的范式的转变""影响真是革命性的，反馈在产业上，实际上也是自从人类基因组计划完成以来，整个组学产业、生命科学产业其实呈爆发式的增长"。

这种影响是实实在在、逐步惠及寻常百姓家的——"从人类基因组产生的这些知识、技术，已经大大改善了某些疾病的诊断、治疗或者说某些疾病的筛查，像无创产前诊断，像单基因遗传病的诊断、治疗。我们看到基因科技已经在造福人类了"。

这是他发自内心的骄傲——"目前市场上的测序仪肯定还是以美国品牌为主，但是我们已经可以进入欧洲市场了，可以进到医院和科研机构，大家已经开始用我们的技术和设备了"，"当欧洲这些顶尖的科研机构和大学开始采用我们的技术、相信我们的技术的时候，虽然这几年因为疫情条件非常艰苦，但在这个过程中我感到非常自豪"。

这是他对基因技术发展的憧憬——"如果我们能把'读''写''存'结合起来，为每个人创造一个数字孪生的个体，我相信它对我们的健康、医疗、长寿等，都会有巨大帮助。归根结底'读'生命也好，'写'生命也好，都是为了大家活得更健康、更长寿，生命更美好"。

站在21世纪第3个10年，侯勇坚定看好未来："越是这个时候，越是这么坚定地认为（21世纪是生物学世纪）。国家现在鼓励科技创新，毫无疑问生命科学是重要的领域，看欧洲国家或美国在生命科学领域里面的战略性投入，生命健康肯定是'头号'的领域和产业。"

这是一个人的信仰和坚定，何尝不是无数人的共同信仰和坚定？

伴随群体性技术革命的叠加，生物学世纪、生物经济时代正在加速到来。

相信未来，期待生命！

从小就对自然比较感兴趣

问：能否介绍一下，您是怎么和生命科学结缘的？

侯勇：高中时，我就跟生物学结下了比较深的渊源。那时候江苏实行新高考方案，学理科可以三选二，物理学、化学、生物学，三门选两门，我当时就选了生物学和化学，2007 年就进了东南大学生物科学与医学工程学院。

问：那时候，有没有听人说 21 世纪是生物学世纪？

侯勇：有听说过。我从小就对自然比较感兴趣，很喜欢去自然里面接触各种各样稀奇古怪的昆虫，比较喜欢收集标本，特别像蝴蝶标本、树叶标本。那时候，很懵懂地产生了这种兴趣，对像恐龙这样的古生物也比较感兴趣，对恐龙的骨架、恐龙的分类、恐龙的化石，都比较感兴趣。

还是从小的兴趣，把我引到了生命科学领域

问：那时候学过基因吗？

侯勇：到了高中后，会针对选修生物学的人专门提供相关的教材，我记得有一本书叫《遗传学：基因与遗传》，专门就讲与基因相关的一些内容，书中介绍了孟德尔遗传定律等遗传规律，使我从以前认为的生物学仅仅是需要背诵的文科学科，逐渐过渡到理解它也是有理科的成分存在的。正好后来选大学专业的时候又能够跟工程学相结合，所以就选了东南大学的生物医学工程专业，7 年制的本硕连读。还是从小的兴

趣，把我引到了生命科学领域。生物医学工程涉及的学科很交叉、很综合，包括了生物学、医学、工程学、电子学。

为什么一个跟我年纪差不多甚至年纪比我还小的学生，就能够在这种顶尖的期刊上发表论文？

问：您是怎么和华大结缘的？

侯勇：机缘巧合。我们 7 年制本硕连读的学生没有考研的压力，也没有升学压力，很多同学都准备出国。要出国就肯定要去老师的实验室做一些课题，为以后出国做准备。我也利用寒假、暑假进入学院教授的实验室从事一些课题研究，参与到科研项目里面。

我印象非常深刻的是，有一次我在做实验的过程中，需要等待实验结果，然后就把手机打开看新闻，突然刷到一条新闻，就是华南理工大学的本科生在《自然》杂志以第一作者身份发表了论文，当时我就觉得非常了不起。因为我们学生物学的人都知道，能够在《自然》和《科学》杂志上发表顶尖的论文，在我们学校可能都没有几个。我在想：这是怎么回事？为什么一个跟我年纪差不多甚至年纪比我还小的学生，就能够在这种顶尖的期刊上发表论文？

比较巧合的是，2010 年 3 月，华大去东南大学做联合培养的招生。我当时印象很深，华大学院负责人、华大技术体系负责人进行了宣讲，我去的时候恰好就在讲华南理工的本科生怎么通过华大的平台在国际顶尖期刊上发表学术论文的事。

后来我一想既然 7 年才能毕业，毕业之后才能出国，我还不如先到华大实习。正好联合培养招生，我参加之后也有幸被录取，大三时就来到华大这个环境。当时心里想即使这个不成，照样还可以回去读书。再加上华大在深圳，我出生在江苏，上大学之前基本就没出过省，深圳是一个比较陌生的环境，我就想着来看一看、闯一闯，看看这边有什么比较新的东西，因为毕竟看到同龄人在这里做出了非常不一样的成绩。大概在 2010 年 3 月 14 日、15 日，我们坐火车，1 个班大概 9 个同学来到了华大，草拟"卓越工程师联合培养计划"。我们是第一届，第一个吃螃蟹的，课程、培养机制，甚至最后毕业，所有的都要由第一届学生去探索。

本硕连读 7 年制的好处，就是我们可以打通到研究生的培养，第一年我们需要回学校去上一些课，后面一年或两年时间可以继续在华大做相关课题。

所有的科研都是在实战项目里面完成的

问：等于您做了 5 年课题？

侯勇：对。在深圳四五年时间，大部分时间都在华大。

问：等于是在实践中、项目中联合培养？

侯勇：是的。来了华大后，最开始有几个月的培训，听一些课程，更多的还是实操，就是自己上手去编程，自己上手去读文献，然后去参与项目。所有的科研都是在实战项目里面完成的。

我看完球赛离开时，发现还有很多的办公室灯火通明

问：那个时候是什么感觉？

侯勇：那时第一是不太适应。原来想到深圳，按理说是改革开放的前沿，华大应该在繁华都市里，结果看着高楼大厦逐渐远去，一路就开到了盐田，而且是一个工业区，跟我想象的科研院所、顶尖公司还是有比较大的差距的。

当我真正进入团队、进入体系后，发现所有人的精神面貌都不一样，这一点我印象非常深刻。那时恰逢南非世界杯，当时我们所有叫"特种兵团"的同事，没有因为看球赛凌晨两三点钟才走的。因为我那时还是学生，我看完球赛离开时，发现还有很多的办公室灯火通明，那么晚了，项目负责人还在给大家讲数据分析里遇到的问题。我下班的时

候也亲耳在门口听到，给我非常大的震撼。我就担心自己跟不上。这么一帮人非常拼搏，我要是不努力，可能这个地方我就留不下来，或者说待不下去，这是后来第二阶段的直观感受。

2012 年，华大的单细胞测序成果首次登上《细胞》杂志

问：那时做什么项目？

侯勇：最开始的时候主要做一些微生物项目，像做大肠杆菌的演化分析。那时测序还比较贵，所以大量的系统发育研究集中在微生物领域。微生物相对来说比较简单，基因组比较容易解析，最大好处在于它是一个非常完整的项目，相当于一个独立课题。刚开始我就是通过这种微生物项目的训练，快速对基因组学有了整体了解，能迅速进入角色。2010 年我还是本科生，2014 年硕士毕业。后来就到丹麦哥本哈根大学读博士。华大当时跟哥本哈根大学建立了非常深厚的合作关系，联合培养了一批又一批基因组学和生物信息学人才。微生物项目之后我做了癌症基因组的研究，主要是从单细胞层面做相关疾病的研究和探索。2012年，华大的单细胞测序成果首次登上《细胞》杂志。

人体的每个细胞我都要把它研究清楚

问：您是第一作者是吧？

侯勇：是的。当时我们测了肾癌的一些癌细胞，以及正常组织的一些单细胞，通过对比去研究肿瘤的异质性，看通过基因测序能不能找到肿瘤异质性的一些规律。

肾癌整体的发病率倒不是特别高，但是它分不同的亚型。后来大家做的基因测序多了之后，发现实际上完全可以用基因的突变来把它分成不同的亚型，对应不同的治疗策略，这样会比较容易延长生存期。这项研究是和临床大夫，也就是深圳市第二人民医院原院长、现华大医疗负责人蔡志明一起合作的。

那时基因测序技术在国内兴起不久，单细胞测序技术也处在早期，一般基础科研比较强的医院、科研院所，不一定愿意去尝试。蔡院长因为在深圳，又比较了解华大，就比较信任华大开发的一些前沿技术。

这个研究也经过了一个很漫长的过程。印象中在我来华大之前，大概 2009 年，研究院徐讯院长就启动了单细胞测序技术的研发，一直到 2012 年相关成果才发表在《细胞》杂志上。第一次建立了一个单细胞测序的方法学，然后把这个方法学用到了像肾癌、慢性血液肿瘤的演化上，也是第一次把单细胞基因组测序的概念应用到了研究肿瘤的演化和异质性上，就是用测序仪研究一个个的肾癌细胞的基因组异同。单细胞测序相当于把每一个细胞解离出来，单独分析它的基因组。因为肿瘤是一个演化的过程、积累体细胞突变的过程，又有药物的选择、人体的免疫系统的选择，所以说它的异质性会非常强。

这种异质性特别适合做单细胞测序研究，因为每个肿瘤细胞在演化的过程中其实都不一样。我们要想搞清楚肿瘤为什么耐药、肿瘤为什么复发、肿瘤为什么转移，很多时候不是在大部分细胞里面都有突变，而是在一些小的细胞群里面有一些突变，运用单细胞测序技术就能把这些特有的突变捕获到。

当时我们就这么一个想法。确实也像后来汪老师讲到的，基因组测序可能只要测一次，这是一个维度。但是像我们的血液、尿液、粪便，就要每年都监测，这是另外一个维度。人体的每个细胞我们都要把它研究清楚。所以说，当时是基于这两个方向做一些早期的科研探索。

通过产品的方式进行产业化

问：这个研究后来还在持续吗？

侯勇：一直在持续，华大研究院在坚持做单细胞研究。最早 2009 年，开始做 DNA 的单细胞技术开发、RNA 的单细胞技术开发、表观遗传学的单细胞技术开发，后来这些技术也陆续用到了科技服务产业里，给高校老师、科研院所提供测序服务，再后来基于微流控等技术的高通量的单细胞研究，我们进一步产品化，去做高通量的单细胞产品。从 2010 年到 2015 年，那个时候我比较专注在这个方向上。

问：您说的单细胞技术的开发，包括设备设计和方法学，是吧？

侯勇：是的。我们现在看到的这个蓝色小盒子就是高通量单细胞样本制备仪。以前华大的主业是做服务，自己实验室能做了，把它开放出来给其他的老师、医生，大家都可以来用我们的平台。

当有了华大智造，有了自己的制造业团队后，我们才能去做一系列的产业化的东西，把以前在单细胞领域的积累，包括对生化的理解，通过产品的方式进行产业化。

不断探索、积累前沿技术

问：您在华大的历史分几个阶段？

侯勇：两个阶段。第一个阶段是在研究院的阶段，更多的是从事从 0 到 1 的研究，探索单细胞技术、单细胞的应用，发表顶尖的文章，同时会跟医院合作。后来到 2014 年、2015 年，汪老师讲精准医学，我们又借助已经建立的单细胞的技术和能力平台，陆续跟国内的一些医院进行合作和技术平台落地，包括复旦中山医院，当时是国内精准医学的高地。汪老师鼓励我们年轻人，做科研不要闭门造车，要出去，要跟临床的专家多去学习、交流、沟通。

实际上，后来我们也是把研究院开发的一些技术、平台，跟医院的顶尖专家去做对接。从 2018 年开始，到 2020 年跟医院合作的转化医学成果，陆续发表在《细胞》等顶尖期刊上，我认为这是第一个阶段。就是不断地探索、积累前沿技术，然后用建立的这种技术能力、大平台跟医院合作，当然更多的还是解决大家的科研问题。

在这个过程中，我的体会就是华大平台的优势，以及华大在前沿创新、前沿技术的优势是无与伦比的，因为不管是跟深圳本地的医院合作，还是跟国内顶尖的医院合作，用到的方法、技术、分析，都是华大自主完成的。

第二个阶段，是 2019 年被派驻到欧洲。那时候我已经成长为华大生命科学研究院的执行副院长，正好 30 岁。

就像一个接力赛一样，我们把哪里有"矿"告诉大家

问：当时哪些研究确实在临床上发挥作用，或者是在探索未知上能发挥作用？

侯勇：研究院里的这些成果，更多的是跑了第一棒，就像一个接力赛一样，我们把哪里有"矿"告诉大家。我们也挖出了一些"矿"，比如说像我们挖掘出来的一些单细胞的异质性分子，或者说通路。我们的合作伙伴不断招博士生，继续往下去做这个研究，不过需要长期的跟踪。我们可能更多的是利用技术平台优势，把海量的数据先筛出来，把一些可能的"金沙"给筛出来，后面炼成"金块"，还要有人不断地去接力这个基础研究。

就像有些教授 20 多年、30 多年、40 多年坚持一个方向、一个通路，不断地去把它做通。而我们更多的是把一个"矿"找出来，把里面的"金沙"淘出来，通过生物统计学的方法呈现给大家。这样一个好处是极大地加快和促进这种假说驱动的研究的素材库的发展，然后通过假说驱动的研究去反复测试、验证假说，两个模式之间是互补的。

复发肝癌里存在一些细胞的亚群，在原发肝癌里就已经存在了

问：能不能说具体一点，在哪个领域发现了"金沙"？

侯勇：我们跟复旦中山医院合作了一系列关于肝癌的异质性的单细胞研究，发现了在复发肝癌里存在一些细胞的亚群。这些细胞亚群实际上在原发肝癌里就已经存在了，不管是做手术还是放疗、化疗都没有把

它清除掉，导致它在肝癌复发时又长起来。伴随这些复发细胞的，就有一些基因通路，还找到一些组合，而且有些组合通过临床上标本的验证，去检测这些生物标记物，最后指标高的，复发的可能性就比较大。我们在这个研究里能找到一些对未来临床有价值的东西。

但这只是初步的统计学和小规模的临床验证，未来需要临床合作伙伴不断进行临床试验，甚至多中心的临床试验，或者说在动物模型上把这些功能和机制进一步挖掘出来。

单细胞技术还主要用在机理研究上

问：在癌症筛查上有进展吗？

侯勇：目前单细胞技术还主要用在机理研究上，用于早筛相对来说还比较难。因为早期肿瘤比较小，比较难发现，一旦取到样了，它可能就比较大了。取到样再做单细胞测序，就有完整的信息。但如果癌症早期取不到样，就会产生一定的限制，特别对未来去开发筛查的标记物来说会有一些限制。

问：就是说您至少做过肝癌的基因组研究？

侯勇：还有肾癌、膀胱癌、血液肿瘤。手术过程中切下来的肿瘤组织有正常的组织，也有坏死的组织，还有肿瘤组织。相对于实体肿瘤来说，血液肿瘤的背景相对干净，因为是从血液或者骨髓里面抽出来的。所以，很多做单细胞的或者说新技术开发的，往往都会先用血液肿瘤去验证自己的假说，然后下一步再用到实体肿瘤里面。

这些顶尖的科研机构和大学开始采用我们的技术，我感到非常自豪

问：从 2019 年就开始派驻欧洲？

侯勇：是的。现在做研究比较少，更多的是负责华大核心技术和产品的商业化，同时也负责"筑巢引凤"——引进顶尖的合作伙伴。我觉

得比较骄傲的，就是利用非常难得的出海机会，把我们自主可控的国产测序仪在欧洲的顶尖科学研究机构进行装机和销售，建立起一些基于国产测序技术和时空组学技术的先进科研平台，包括在瑞典的卡罗林斯卡医学院、比利时的 VIB 研究所、法国的巴斯德研究所等都建起了时空组学平台。我在研究院的科研积累，再加上后来到华大智造跟生命科学仪器商业化团队打交道的积累，使得我们去跟这些顶尖的高校和医学研究机构打交道时，人家首先认可的是我们的技术领先性，而不是传统欧洲人对中国产品性价比高的陈旧认知。

我在大学里面学的是生物医学工程，那时候老师就跟我们讲，高端的生命科学和医学仪器绝大部分都是进口的。我印象非常深，当时说 CT 可以国产化了，超声可以国产化了，但是像核磁共振、PET-CT 还不能国产化。那时我就在想，未来我是不是得出国？因为如果你要想真正进入高水平的研发领域就得出国，所以我一直在准备出国相关的东西。后来机缘巧合到了华大之后，特别到了欧洲后，当欧洲这些顶尖的科研机构和大学开始采用我们的技术、相信我们的技术的时候，虽然这几年因为疫情条件非常艰苦，但在这个过程中我还是感到非常自豪。

我们本来在研究院做了这么多年的基础研究和研发，后来又不断用华大智造的自主测序仪。最开始华大并购美国那家测序仪公司时，我是第一批从深圳派到加州去跟当地研发人员进行交流合作的人员之一。在过了近 10 年后，我非常高兴、非常激动地看到，在华大这些年的坚持，终于通过国产测序仪的商业化给了我一个自豪的交代。如果你是生物医学工程专业出身，你不仅可以在国内真正去做研发，而且你还有机会和平台把自己参与研发的东西卖到欧美，甚至是欧美顶尖的高校和科研机构里面。我掰着指头数了一下，因为我也会跟我们系毕业的师兄师姐去对比，他们以前可能选择去外企，还做不了研发。后来我们民营的一些医疗器械企业起来了，但是像测序仪这种非常高端的科研仪器设备，同时又能做临床的仪器设备，我觉得华大还真的是唯一一个。把复杂仪器产品摆到了欧美国家顶尖科研机构的实验室里面，起码在生命科学领域里面是唯一的。

在欧美实验室里面很少能够看到我们国产的品牌

问：影像设备算吗？

侯勇：影像设备更多的是进到临床、医院，科研上这种贵重的、复杂的精密设备，像生命科学里面常用的一些仪器，在欧美实验室里面很少能够看到我们国产的品牌。当然，有一些比如说超声机器，还有一些实验室的耗材会有，但是像测序仪这种高端的仪器非常少。

生命一定是能够被数字化描述的

问：2023 年是薛定谔发表"生命是什么"系列演讲 80 周年，是 DNA 双螺旋结构发现 70 周年、人类基因组图谱完成 20 周年，从您 2007 年进入大学学生物医学工程到现在研究生命，16 年了，站在今天这个时间节点，对"生命是什么"这个问题您怎么看？

侯勇：我个人还是比较相信生命能够被数字化描述，这也是生命科学的一个最根本的东西。首先生命是多样的，其次生命是可以被描述的，特别是进入 21 世纪。如果说 21 世纪就是生命科学世纪的话，首先生命一定是能够被数字化描述的。数字化描述其实为生命科学的进一步发展带来了非常重要的方向性的突破。

我们可以看到，最近这 10 年来生命科学技术在突飞猛进，我们看到国际上的比如说十大技术突破，很多跟生命科学相关，几乎所有这些跟生命科学相关的都是定量的，一定能够把它数学化、模型化，包括最近的 ChatGPT 就是最新最前沿的一些算法，其实都在帮助大家去解读生命里最本质的一些遗传信息、生命里最本质的一些多组学信息。我觉得，未来我们要更好地去认知生命，数字化应该是第一位的、是最核心的，这也是为什么这个行业、产业能够吸引我持续在里面发展。当然不是说每个人都是机器人，但是每个人首先要认识自己是能够被定量、被数字化描述的，生命的数字化已经变成未来可以期待的一个方向，这是一点。

第二点，我认为生命在不断迭代，在进化，在演化。从达尔文提出进化论，到现在可以通过非常简单的手段去获取任何一个物种的基因组，我们在 200 多年的历史里面看到生命在不断演化、不断进化。

除了数字化之外，我认为生命的内涵或者说本质，也是非常吸引我的一个地方。这就是每个人、每个个体、每个社会、每个组织都要进步，都要不断变化、不断演化，这就是生命之美，是生命最美的地方之一。

我们不断修正对生命的认识，就像《新华字典》每隔几年会有一个修订本

问：如果用形容词来形容生命，它是一个宇宙、一本"天书"，还是什么？

侯勇：生命是信息，也是信息的载体。特别是我刚才讲到数字化，当然可能说得比较唯物主义了，现在绝大部分的人体细胞都可以被数字化，唯一现在还不能被数字化的是意识。当意识也能够被数字化的时候，生命就是信息的一个载体。

问：80 年前在"生命是什么"演讲里面，薛定谔反复用"密码本"这个词来形容生命和基因。80 年后，您怎么看这个判断？

侯勇：其实归根结底，生命科学的中心法则是不变的，就是从 DNA 到 RNA，到蛋白质，再到其他的小分子，其基本规律是不变的。但是在不同发展阶段，随着科研成果不断涌现，我们不断修正对生命的认识，就像《新华字典》每隔几年会有一个修订本。但是这个字典的索引、提纲还是原来的索引、提纲，每个版本会随时代的科研成果不断增删、不断迭代，内核还是"密码本"或者"天书"。

特别在人类基因组图谱完成后，越来越多的实证证明了生命中心法则

问： 我们现在再回头看"生命是什么"，发现薛定谔真的值得尊敬。他说"平均来说，我现在身体内的每一个细胞都只是我那个最初的卵细胞的第 50 代或 60 代""当我讲到'密码本'，不管是原始版本还是突变版本，实际上已经采用了'等位基因'这一术语。两个个体可能在外观上十分相似，但它们的遗传特性却不相同，这个事实是非常重要的，所以需要精确地予以区分。遗传学家称它们具有相同的表现型，但具有不同的基因型""只有基因型是纯合的时候，隐性等位基因才能影响表现型""基因是假定的物质载体，决定一个特定的遗传性状""今天，基因是分子的推测，我敢说这已成为共识。几乎没有生物学家，不论其是否熟悉量子理论，不赞同这一点……"薛定谔在"生命是什么"系列演讲中阐述的一系列观点，今天读起来给您以怎样的启示、感悟？

侯勇： 薛定谔那时没有这么多的科研数据，很多是从比较抽象的哲学方面，针对可以获取的一些信息，做了比较高度的概括。"密码本"也好，"天书"也好，所有这些信息放到今天来看，特别是在人类基因组图谱完成后，我们只不过是给他找到了越来越多的实证证明生命中心法则。这就是从 DNA 到 RNA 到蛋白质的这条链路上，我们是可以"读取"，可以把它数字化、信息化，去支撑刚才讲到的那些论断的。

孟德尔开启了生命科学定量描述的先河

问： 薛定谔在"生命是什么"系列演讲中，向一系列前辈科学家致敬，包括孟德尔。他说："遗传定律，对连续几代人来说，父母不同的特性，尤其是关于显性—隐性之间的重要区别，都应归功于如今享誉全球的奥古斯汀修道士格雷戈尔·孟德尔。一开始，孟德尔对突变与染色体一无所知。在布隆（布鲁诺）修道院花园中，他用豌豆做实验，他培

育了很多不同品种的豌豆，让它们进行杂交，并注意观察它们的第一代、第二代、第三代……早在 1866 年，他就把实验结果发表在《布鲁诺自然研究会学报》上。当时，多数人对这个修道士的爱好不屑一顾，确实也没有人会想到，他的发现在 20 世纪竟会成为一个全新科学领域的'灯塔'，无疑也是当今最有趣的学科之一。"80 年后，您怎么看这段评价？

侯勇：从现在来看，无疑是孟德尔开启了生命科学定量描述的先河，而且他是用豌豆不断采集数据、采集样本，用了一个最简单的载体方式，就是观察 8 万个豌豆花的颜色、豌豆的性状，背后是收集起来的实验数据，都是可以数字化、可以定量分析的。

从我个人的切身体会来说，高中学生物学时，最开始就让我们背细胞是由什么组成的，细胞是由细胞膜、细胞质、细胞核组成的。这些我认为都像文科，就像学历史一样直接背就完了。但是只有当高中接触遗传学，到了讲孟德尔豌豆杂交实验时，我们开始做了数学的东西，当然这里用到的数学非常简单。最初的遗传学就是定量的生命科学，至今它依然是进入生命科学里的人必须去计算的入门的东西。核心是让你知道遗传学是可量化的，你要通过实验去积累证据、去证明生命科学里面的规律。

薛定谔像先知一样的判断，给后来特别是二战之后很多物理学家转行做生命科学带来了像"灯塔"一样的影响

问：在您眼中，薛定谔也是这个"全新科学领域"的"灯塔"吗？

侯勇：薛定谔本身是量子物理专家，不能高屋建瓴，没有任何实证，但他从一个非生物学家的角度，把对生命的本质的探索推进到很前沿的认知水平。每个学科发展到一定程度总会有一段时间停滞不前，薛定谔像先知一样的判断，也就是对生命的本质或者对生命的这些描述，毫无疑问还是给后来特别是二战之后很多物理学家转行做生命科学带来

了像"灯塔"一样的影响。

人类基因组计划这种大科学工程是"灯塔"性质或者里程碑性质的

问：在您看来，80年来还有哪些成就或者哪些人可以称之为"灯塔"？

侯勇：毫无疑问，人类基因组计划这种大科学工程是"灯塔"性质或者里程碑性质的。因为它确实是把一个大家想都不敢想，或者是想了也做不成的事情，通过这种超级工程的方式实现了，引领了所有在生命科学领域里面的人未来的发展和进步。

在生命科学特别是组学这个领域里面，工具的迭代、科学的发现层出不穷

问：人类基因组图谱完成，究竟意味着什么？是意味着一个大数据时代的到来，还是科学范式的变革？

侯勇：第一点，从工具上让生命科学研究特别是组学研究突飞猛进，从一个以前可能20年、30年不变的领域，变成了每10年甚至每5年、每2年就会迭代的一个行业，只有当工具快速迭代时，科学发现才会跟着加速。可以看到从人类基因组计划完成之后，在生命科学特别是组学这个领域里面，工具的迭代、科学的发现层出不穷，这是第一点。

第二点，正是因为迭代得太快了，我们原来的教育体系、科研体系都还不适应。特别是组学，它的范式是数据驱动。生命科学工具的突飞猛进，给研究范式带来了变化，从假说驱动或者假说驱动为主导，到数据驱动这样一个彻底的范式的转变。当然从现在来看，假说驱动和数据驱动还是有结合的，就像汪老师最近讲到的第五范式，就是要把这些范式都结合起来，未来才能产生更多更有用的知识和价值。

人类基因组计划完成以来，组学产业、生命科学产业呈爆发式的增长

问：这种影响能说是革命性的吗？还是颠覆性的？

侯勇：肯定是革命性的。我举个大家比较容易听懂的例子，现在我经常遇到行业里一些前辈跟我说，他们读博士时花三五年做的一个课题，我们现在可能一天就做完了。而且他们读博士的时候可能也就是十几年前，十几年前要花三五年做的工作现在一天就做完。所以我认为影响真是革命性的，反馈在产业上，实际上也是自从人类基因组计划完成以来，整个组学产业、生命科学产业其实呈爆发式的增长。

DNA 双螺旋结构的发现，告诉我们薛定谔所说的"密码本"是可知可测的

问：70 年前 DNA 双螺旋结构的发现，标志着人类在认识生命的道路上迈出了怎样的一步？

侯勇：在基因组学这个领域里，DNA 双螺旋结构的发现，在遗传学上的意义不亚于孟德尔的豌豆实验。孟德尔第一次教育我们，不要只是去描述、去背诵，还可以去分析，可以通过实验设计分析遗传学到底是怎么回事。

DNA 双螺旋结构的发现，实际上告诉我们"密码本"——就是您刚才讲到薛定谔说的"密码本"——是可知可测的，双螺旋结构带来了现代分子生物学的全新领域。

DNA 双螺旋是一个无尽的天梯

问：DNA 双螺旋结构的发现，开启了分子生物学的时代。有人说 DNA 双螺旋是一个生命天梯，有人说它是一个长长的双轨火车道，您看它像什么？

侯勇：从我自己目前的理解，我认为它还是一个无尽的天梯。因为如果我们讲火车道的话，往往都有起点、终点，而从目前组学分析发现，我们认知的基因、"天书"还仅仅是非常小的一部分，可能1%或者说5%不到。DNA双螺旋结构里面还有非常多的没有基因编码的区域，人类的认知还非常少，当然现在有了一些新的技术去认知它、理解它，但是也仅仅处在初步阶段。所以说，在我看来这部"生命天书"越读越厚，越读问题越多，意味着我们还要有新的工具、新的技术，还要不断变革，才能把这本"天书"读得更清楚。

生命是可感知、可量化分析的

问：记得人类基因组做完了，又开始做单体型图，后来又做千人基因组，基因组、蛋白质组、转录组、表观组、代谢组，真是感觉无穷无尽。生命太复杂了，但生命是有规律可循的，对吧？

侯勇：对。特别是像我们做组学和生物信息学的，还是认为生命是可以被感知的，能把生命的基本结构、元件描述清楚，A、T、C、G 4个碱基的排列可以破译出来。从生物信息学角度，生命是可感知、可量化分析的。

底板也好，底色也好，DNA毫无疑问是所有生命信息的载体

问：所以从这个层面讲，能说基因是生命的底板或者底图吗？或者说生命是一幅画，基因是底板、底色。

侯勇：至少对目前绝大部分生命来说，DNA都是它的遗传物质。底板也好，底色也好，DNA毫无疑问是所有生命信息的载体。如果我们狭义地讲基因，它其实只是DNA上面的一小部分，DNA上面还有很多没有基因编码的区域，人类到现在认知还不足。存在即合理。放眼生命史，从单细胞进化到人类，在这个漫长过程中，生命的信息保留下来，DNA确实是生命科学的根，所有的遗传物质、遗传信息都是从

DNA 开始转化到其他的层面。

"生命天书"：就像破译敦煌或者一些古代文字一样，是能够破译其中一小部分的

问：2023 年是人类基因组图谱完成 20 周年。您怎么看人类基因组计划和"生命是什么"的关系？基因和生命之间是什么关系？

侯勇：不管是科学家，还是普通民众，生命复杂无比，是一本"天书"。以人类现有的科学技术，大家如果联合起来，是能把"天书"的一部分破译的，就像我们破译一些古代文字一样。

人类基因组图谱完成后，人们快速把很多单基因遗传病鉴定出来了，把一些癌症相关基因也快速定位出来。随着技术的推动，又有更多的微生物基因序列得到分析。就像人类基因组图谱绘制完以后，又陆续做了家蚕、家猪、水稻等动植物的基因图谱。当我们"读"了越来越多的物种之后，我们对生命的认识又进一步丰富，所以说最近几年国际上开展的"数字地球"项目，就是要把地球上的主要生命的基因组测出来，在这种情况下再去看一看生命是什么，会不会有新的认知。

提问薛定谔：意识是什么？

问：假如您对面坐的是薛定谔，请您对薛定谔说点什么，或者提点问题，您会怎么说？

侯勇：刚才讲到了薛定谔在实验证据不充分的情况下，能提前去给生命定义。我最想知道，他怎么认识"意识"？他回答了"生命是什么"，"意识"这个东西他怎么去看？意识是什么？是不是可以把意识数字化，或者量子化？

从我的角度看，我们能搞懂基因组、搞懂 DNA 序列，但是意识到底是量子还是什么，我们还不能下结论。

20 多年间基因组学领域研究：心气儿不一样了

问：25 年前，中国遗传学会青年委员会第一次会议在张家界召开，40 多位青年遗传学家在张家界会议上形成共识：中国应该参与人类基因组计划，参与绘制序列图。从 25 年前张家界会议，到后来拿到 1% 项目、挤上人类基因组计划"末班车"，再到现在，在您看来，中国科学家在基因组学领域的研究发生了怎样的变化？

侯勇：不论是老一辈科学家，还是青年一代，不论是像我们这些国内自己培养的青年科技工作者，还是从海外留学回来的，大家对科学探索的精神都是不变的。

心气儿不一样了。特别是当我们这个学科在老一辈带动下平台、起点很高时，就像我来华大做基因组相关科研，跟我去美国任何一个高校，没有代际差距甚至没有差距的时候，对我们这些年轻人或者说从事科技工作的人来说，我觉得心气儿是一个最大的变化。以前我们读文献可能会觉得老外做得就是好，然后我们去 Follow。但是华大现在参与的生命起源研究、脑科学研究，是在真正自主的工具、自主的平台上去提出一些比较有前瞻性的科学计划。我们这个时代从事科学研究，确确实实跟以前相比不太一样。

其实这一路走来，正是因为有这么一帮有前瞻性的科学家在基因组领域打下了技术基础、平台基础，以及跟国际对话的资源、网络和机制，才能让我们今天在考虑很多问题时比较从容，起码不用把国外的什么实验室的机器搬回来。不然的话，就做不出像国外一样的科学成果，这真的是非常大的变化和改进。

基因组这个学科，能跟海外齐头并进

问：就是说以前对国际同行是仰视或者跟随，现在能说是平视吗？

侯勇：起码在基因组这个学科里面，不管是华大，还是国内其他科

学家发表的科研成果，是能跟海外齐头并进的。当然如果要把生命科学全部展开，不仅仅是基因组，我不敢说同样的话。

核心就是把产学研一体化一路贯穿下来

问：回头看华大走过的 24 年的道路，这条华大之路究竟是一条怎样的道路？

侯勇：20 多年来，华大把产学研一直贯穿下来，初心不改。由于整个基因组科学比较新，需要特别前瞻，中间只要任何一个环节脱离掉了，这条路就没办法走下来，或者说没办法走成今天的华大。

我的切身体会就是，当外部环境还没有准备好时，一个新的技术必须通过研究、产业、教学，从整体去打造一个有利于技术发展的大环境。华大这些年走下来，就是从最开始参与人类基因组测序到后来的高通量测序，核心就是把产学研一体化一路贯穿下来。这种模式在其他行业很难见到。如果横向比较，像英国、美国的基因组科研机构，它们有很完善的经济支持，不需要考虑下游的产业应用；而国内很多机构又过于看重研究能不能马上赚钱、能不能马上产生实际效果。华大恰恰把短期、中期、长期的研发和教育、产业全部整合到一起，而且这么多年来从来没有变过，从来没有偏离过基因组的核心主航道，也从来没有偏离过生命科学的主业，是非常难能可贵的。

华大可能是一艘"诺亚方舟"

问：在"生命天书"无尽的探索之路上，有很多人或团队都在前行，华大是一个怎样的团队，或者是怎样一个"人"？

侯勇：在我理解，华大可能是一艘"诺亚方舟"，在生命科学无尽的探索之路上，任何一条小船或者说一个独木舟，很容易被一个浪，或者其他什么东西打翻了。无尽的前沿，无尽的探索，就像去北极南极探险一样，可能遇到极夜什么都看不见；但是华大就像"诺亚方舟"一样。正是产学研资这些整合到一起才构建了"诺亚方舟"，让我们首先有好的技术，有好的技术就能产生好的科研，好的科研又能够反推技术的迭代和进步。所有这些东西在华大这艘"诺亚方舟"上，都保存了基本的生存能力、产学研结合的能力，遇到一个合适的环境，又可以生长出来。

生命科学非常复杂，更不用说又把产业放进来。本身国内生命科学产业其实是比较薄弱的，恰好我们就是在这么一个环境下，又要探索前沿，又要探索产业。我认为可能通过这么一艘"诺亚方舟"，能够让大家都顺利抵达胜利的彼岸，不管中间经历什么样的极端环境。

基因科技已经在造福人类了

问：华大创始人为什么要将"基因科技造福人类"作为一个愿景？是因为他们看到了基因科技有可能实实在在地用在人身上吗？

侯勇："基因科技造福人类"，这是汪老师一直提的大目标，也是这个组织存在的意义。作为专业从事基因科技这个行业的人来说，就是要能够产生知识，能够去服务大家的健康、医疗。从人类基因组计划实施以来，我们确确实实能看到从人类基因组产生的这些知识、技术，已经大大改善了某些疾病的诊断、治疗或者说某些疾病的筛查，像无创产前诊断，像单基因遗传病的诊断、治疗。我们看到基因科技已经在造福人类了，只不过更多的是先进技术在发达国家造福一小部分人，汪老师提出"基因科技造福人类"，更多的是思考能不能通过发挥国情优势，能不能通过我们自身科技的自立自强，不要把基因技术做成贵族技术，只是少数人能够享有，而是要大家都能接受，所有人都能够从中收获益处，收获对未来健康的好处，这一点就是华大的组织愿景。我们不是迷信技术，而是有了造福人类的目标，再根据目标去改进技术、推动基因技术的发展。

用基因这个手段、技术给大家提供公共性服务，而不只是高端的服务

问：您能否讲一讲具体的例子？

侯勇：我刚才也提到了，像无创产前检测技术，已经在全球范围内帮助很多家庭得到了相应的产前关怀。我们这些筛查技术，包括像 HPV、遗传性耳聋，已经给很多家庭都带去比较及时的、跟基因相关的信息，然后通过医生给出非常好的产前或孕前的咨询、建议。

除此之外，可以看到基因组学已经成为农业、畜牧业育种、司法等各领域底层研发的一种驱动性技术。实际上它不仅仅是在健康领域，也在其他更多领域开始造福人类了。华大要做的就是让其更加普及，通过技术创新、模式创新、工程化手段，不断去推进解决现在大家面临的一些健康问题，用基因这个手段、技术给大家提供公共性服务，而不只是高端的服务。

在欧洲，一些顶尖的科研机构和高校已经开始用我们的测序仪

问：在科研层面和应用层面，华大在欧洲的合作情况怎么样？

侯勇：刚才也讲到了，在欧洲，科研层面上，一些顶尖的科研机构和高校已经开始用我们的测序仪做比如像肿瘤的研究、脑科学的研究，像一些基因发育的研究。在南欧，像西班牙、意大利等国家，已经在用我们的技术去做无创产前检测，做一些罕见病、单基因遗传病的筛查，基因技术已经进入他们的日常临床和科研系统里面去了，医院、高校都有合作，这两个是我们主要的客户。

问：华大集团在欧洲现在有多少人？

侯勇：目前我们应该有 200 多人，分布在十几个国家，丹麦和英国最多，然后是拉脱维亚、德国、法国，还有西班牙、意大利、瑞典，在

健康领域、医疗领域的应用还刚开始。

欧洲人对基因技术的接受程度比较高，已经广泛应用基因组技术去做罕见病的研究和筛查。目前市场上的测序仪肯定还是以美国品牌为主，但是我们已经可以进入欧洲市场了，可以进到医院和科研机构，大家已经开始用我们的技术和设备了。

晚了一步，可能以后就是步步都晚

问：2023 年，是人类基因组图谱完成 20 周年，在 4 月份的一次纪念会议上，一位院士讲了一个故事，说瑞典人后悔当初没有参与人类基因组计划。要知道瑞典在创新型国家中排名第一，对瑞典人的后悔您怎么看？习近平总书记曾说："抓住新一轮科技革命和产业变革的重大机遇，就是要在新赛场建设之初就加入其中，甚至主导一些赛场建设，从而使我们成为新的竞赛规则的重要制定者、新的竞赛场地的重要主导者。"回顾中国参与人类基因组计划以来的 20 多年历程，是不是对习近平总书记这段话的最好印证？要不是中国人参与到人类基因组计划这个新赛场最初的建设，怎么会有中国人在基因组领域的今天？

侯勇：其实之前也听汪老师讲过最早参与人类基因组计划的故事，记得汪老师说当时的情景是叫 buy one or get one free，意思是你要么花钱买，要么就等着人家做完然后把结果拿来用。

任何技术都不是天上掉下来的。当真正加入人类基因组计划时，也听汪老师讲过，我们派人去英国、美国学习相关的技术，这是日积月累的。如果你真比人家晚了好多年再加入，那么很多技术、人才、团队方面的东西都会落下。所以说如果最初没有跟上，可能整体要晚 20 年。

现在的科技，比如生命科学技术每几年就迭代一次，你最初那个时候晚了一步，可能以后就是步步都晚。从我个人的体会，包括结合在华大的感受来看，一定要对一些前瞻性的、战略性的领域和方向及早布局、及早介入，哪怕去"交学费"，可能也比你在那等着、等到开花结果要好得多。人类基因组计划就是一个非常典型的正面例子。正是因为当年华大创始人的魄力、决策，才有了整个后面基因科学，特别是跟基因组相关的，不管是产业、教育、人才、技术，可以跟上其他的欧美国家，这跟当初的及时加入是分不开的。

高速上开车要换轮子：这个过程现在回过头看也是必须经历的

问： 在您参与生命科学研究的路上，或者"基因科技造福人类"的路上，有没有印象特别深的或者是难忘的故事？

侯勇： 举一个例子，我自己亲身经历的。应该是收购美国另一家测序仪公司 CG 的前后，我们被上游测序仪公司"卡脖子"。我们当时在做无创产前检测这个产品，所有的资源都"押宝"在这上面了，但恰恰这个时候上游供应商卡我们脖子，不让我们用买来的机器去提供未来的临床服务。

这个时候华大的应对特别快速和果断，立马就把一路卡我们脖子的这家企业的仪器换成了另外一家，就是赛默飞的。不管怎么样，作为一个机构，华大存活下去是第一步。第二步最难的就是要下决心往上游走。可能那个时候退一步会轻松很多。那时因为我们做科技服务，实际利润不是很高，很难去养活一个庞大的组织。但是华大下了决心。我的直观感受就是收购美国 CG 那几年非常痛苦，不管你是在哪个体系，因为一下子进入了一个不熟悉的领域，原来我们用的都是欧美最成熟的产品，像我们做研究的不需要关心数据质量什么的，但是当一切都要自己做的时候，就经历了一个非常痛苦的过程，甚至包括我自己最初可能还不太理解这个事儿，真的能做成吗？那个时候华大很多员工都有一定的质疑。从创始人到所有团队成员，把资源、精力都投入国产化项目上后，就发现如果那个时候想轻松一点，今后早晚还是会被人家卡住脖子。这相当于高速公路上开车要换轮子，当时确确实实就是为了大目标。这个过程现在回过头看也是必须经历的。

生命本质上是多样化的

问：回到生命这个话题，在您看来，生命的本质是什么？生命的本质就是数据化吗？

侯勇：生命的本质还有更丰富的意义。除了量化之外，还包括意识、感情，所以生命是一个非常综合的概念。

生命本质上是多样化的，人文关怀、理性跟感性都要有，这样才组成了丰富多彩的生命。

DNA 和基因组是根，表观组就是进行修饰或者调色的过程

问：有一本书叫《遗传的革命：表观遗传学将改变我们对生命的理解》，英国伦敦帝国学院客座教授内莎·凯里写的，她在书中指出，"毫无疑问 DNA 蓝图是起点，是一个非常重要而且绝对必需的起点。但它并不能充分解释那些时而精彩、时而可怕的生命的复杂性"，表观遗传学将改变"我们对生命的理解"，究竟怎么看基因组和多组学的关系？

侯勇：从生命科学的中心法则来看，基因组是您刚才讲到的底色，表观组是在上面调色，不断地加颜色或者说调和不同的颜色。DNA 和基因组是根，表观组就是进行修饰或者调色的过程，让我们的生命更加丰富。就像刚才讲到 30 亿个碱基对里面只有 2 万多个基因，这些基因如何执行这么复杂的生命的过程？它其实需要很多的调色板，表观遗传应该就是其中的一个调色板。

探索建立一个前瞻性的理论体系

问：达尔文在创立进化论的时候根本不知道什么是基因。孟德尔在奥地利的修道院花园里种着豌豆，发展他关于遗传因子代代相传的理论

时，还对 DNA 一无所知呢。这不是问题。他们看到了别人没见过的东西，突然，我们有了一个观察世界的新途径。作为一个集体，华大在"生命天书"的探索之路上已经奔跑了 20 多年，华大有没有开辟一个"观察世界的新途径"？

侯勇：我理解可能汪老师讲的"518"工程——生老病死、先利其器、万物生长、生命起源、意识起源等五大超级工程就是华大要探索或者说要建立的一个观察世界的新途径，里面确确实实包含了现代生命科学里面最重要、最前沿的问题，也是利用华大平台最有可能支撑或者说能够实现的五个问题。我们有了大的多维基因组学平台，在万物生长上肯定能提出前瞻性的理论，五大方向里面具体的策略或者说具体的实现形式，目前还不太清楚。

我理解，起码在这几个方向里面，当我们把基因组学数据积累得足够多时，一定会产生像孟德尔一样的超前理论，这些项目其实就是在探索怎么去建立一个前瞻性的理论体系。时空组学只是其中一项。

只要在法律、伦理范围内，这些前沿技术的发展能够增进人类福祉

问：人类技术的不断进步，以及不断增加的人口数量，共同翻开了生命史诗中最具破坏性的一页。最早生命形式的出现经历了数十亿年，高等动物和陆地植物的进化又花费了几百万年。但与此鲜明对比的是，一种直立行走的灵长类动物，只用了 1 万年，就成了霸占全球一半多陆地生态系统的物种。今天，不少学者提议将全新世更名为"人类世"。11700 年前，正好是精致的石质矛尖——克洛维斯文化中的石质工具首次出现在北美洲的考古遗迹中的时间，也正好是许多新世界的大型哺乳动物开始灭绝的时间。您怎么看"人类世"和生物多样性之间的关系？人类真的能"不可一世"吗？

侯勇：随着时代的发展，矛盾是会变的，现在国内特别强调生态，

强调生物多样性，我印象中前两年还召开了国际生物多样性会议。当经济发展到了一定程度的时候，特别结合一些前沿的先进技术，我们可以把地球的生物多样性保护得更好，其中基因技术也能起到一定的作用。比如说细胞冻存、基因组技术、基因编辑技术，一定会有助于我们保护和保存地球上的生物多样性。基因编辑、合成生物学等技术的关注度很高，只要在法律、伦理范围内，这些前沿技术的发展能够增进人类福祉，应该可以起正向作用，而不是以破坏环境为代价。

为每个人创造一个数字孪生的个体

问：刚才说到合成生物学，怎么突然有一天人类就从"读"生命到了"写"生命的时代了？

侯勇：基因组计划带来的这种技术上的突破很容易评估，就是当基因组改变时，有没有对细胞产生危害。其实"读"基因的过程，我们一般都叫边合成边测序，实际上已经在合成DNA了。现在前沿的技术突破，包括基因编辑、长片段的基因合成，原来还有一个瓶颈，就是"读"得太快了之后去理解时，原来的一些技术和工具跟不上。这个时候就呼唤有更高通量、更大范围的办法可以在体外模拟很多生物学过程，这就加速了合成生物学的到来。

问：所以您预测一下，从"读"生命到"写"生命，下一步是什么？

侯勇：我觉得更关键的还是首先能做到数字孪生，是因为每个个体不一样，之前老讲精准医学（或者叫个性化医学），我们每个人只是测一个基因组，价值并不是特别大。如果我们能把"读""写""存"结合起来，为每个人创造一个数字孪生的个体，我相信它对我们的健康、医疗、长寿等，都会有巨大帮助。归根结底"读"生命也好，"写"生命也好，都是为了大家活得更健康、更长寿，生命更美好。

解读生命奥妙，进一步体验精彩的人生和生命

问：您下一步有什么打算？

侯勇：华大文化很吸引我的地方，是希望每个人都活到 99 岁。我爷爷现在大概 95 岁了，我估计到 99 岁以上肯定没问题。我不说超过他，能够健康达到爷爷的岁数，就很知足了。

至于说汪老师给我们绘制的"13311i"路径，我相信随着不断挑战自己、不断丰富自己，解读生命奥妙，我会进一步体验精彩的人生和生命，最后有一个健康长寿的身体。

会有更多的量化指标帮助我们，及时预警

问：您具体怎么做？您要控制饮食吗？要适量运动吗？还要把自己的菌群伺候好？

侯勇：生命体是个非常复杂的东西，一定要注意饮食、菌群、免疫、心情所有这些东西。更关键的是，我们这代人比上一代人好的是会有更多的量化指标帮助我们，及时预警。

生命在于运动或者说在于折腾。华大做的这些有助于未来健康的事情恰恰就是这么一个警示，或者说像一个镜子一样，照一下就警示你最近要改变一下生活方式。并不是说你要每天像僧侣一样生活，而是更多地通过组学、量化、运动、营养等，让自己保持一个健康的心态、健康的状态，这个可能就是未来实现健康的比较好的途径。

最核心的一点是给了我警示

问：华大给员工做的一些检测，您都做了吗？

侯勇：都做了，每年都会有那些数据。

问：数据上发出什么警告了吗？

侯勇：像之前有一些免疫指标、BMI 指标超标，体重超标的时候

有脂肪肝，菌群也比健康人低一些。最核心的一点是给了我警示，最后还是要把体重控制下来，至于说未来怎么去精准干预，下一步要持续去探索。

在华大这几年，随着岗位变化、生活节奏的变化，体重数据能对上了，BMI 也正常了。

越是这个时候，越是这么坚定地认为

问：20 世纪，老有人说 21 世纪是生命科学世纪，我们站在 21 世纪第 3 个 10 年的开头，您还是这么认为吗？

侯勇：对。越是这个时候，越是这么坚定地认为。国家现在鼓励科技创新，毫无疑问生命科学是重要的领域，看欧洲国家或美国在生命科学领域里面的战略性投入，生命健康肯定是"头号"的领域和产业。

高校被"忽悠"进生命健康产业，当时很多人毕业后就是去做销售而不是去做研发，因为国内没有这个产业，没有这个行业。但是这么多年下来之后，你会发现其实国内的很多生命科学领域、生物科技产业都在蓬勃发展，原来可能想都不敢想、提都不敢提的一些新想法、新公司在国内不断涌现出来。

习近平关于生物技术、健康中国的有关论述

　　未来几十年，新一轮科技革命和产业变革将同人类社会发展形成历史性交汇，工程科技进步和创新将成为推动人类社会发展的重要引擎。信息技术成为率先渗透到经济社会生活各领域的先导技术，将促进以物质生产、物质服务为主的经济发展模式向以信息生产、信息服务为主的经济发展模式转变，世界正在进入以信息产业为主导的新经济发展时期。生物学相关技术将创造新的经济增长点，基因技术、蛋白质工程、空间利用、海洋开发以及新能源、新材料发展将产生一系列重大创新成果，拓展生产和发展空间，提高人类生活水平和质量。绿色科技成为科技为社会服务的基本方向，是人类建设美丽地球的重要手段。能源技术发展将为解决能源问题提供主要途径。

　　——2014 年 6 月 3 日，习近平主席在 2014 年国际工程科技大会上的主旨演讲

新形势下，我国卫生与健康工作方针是：以基层为重点，以改革创新为动力，预防为主，中西医并重，把健康融入所有政策，人民共建共享。

…………

这个方针的根本点是坚持以人民为中心的发展思想，坚持为人民健康服务，这是我国卫生与健康事业必须一以贯之坚持的基本要求。

…………

无论社会发展到什么程度，我们都要毫不动摇把公益性写在医疗卫生事业的旗帜上，不能走全盘市场化、商业化的路子。政府投入要重点用于基本医疗卫生服务，不断完善制度、扩展服务、提高质量，让广大人民群众享有公平可及、系统连续的预防、治疗、康复、健康促进等健康服务。

——2016 年 8 月 19 日，习近平总书记在全国卫生与健康大会上的讲话

预防是最经济最有效的健康策略。要坚决贯彻预防为主的卫生与健康工作方针，坚持常备不懈，将预防关口前移，避免小病酿成大疫。

——2020 年 2 月 14 日，习近平总书记在中央全面深化改革委员会第十二次会议上的讲话

这次抗击新冠肺炎疫情的实践再次证明，预防是最经济最有效的健康策略。要总结经验、吸取教训，在做好常态化疫情防控的同时，立足更精准更有效地防，推动预防关口前移，改革完善疾病预防控制体系，完善公共卫生重大风险评估、研判、决策机制，创新医防协同机制，健全联防联控机制和重大疫情救治机制，增强早期监测预警能力、快速检测能力、应急处置能力、综合救治能力，深入开展爱国卫生运动，从源

头上预防和控制重大疾病。

——2021年3月6日，习近平总书记在参加全国政协十三届四次会议医药卫生界、教育界委员联组会时的讲话

重大传染病和生物安全风险是事关国家安全和发展、事关社会大局稳定的重大风险挑战。要把生物安全作为国家总体安全的重要组成部分，坚持平时和战时结合、预防和应急结合、科研和救治防控结合，加强疫病防控和公共卫生科研攻关体系和能力建设。要统筹各方面科研力量，提高体系化对抗能力和水平。平时科研积累和技术储备是基础性工作，要加强战略谋划和前瞻布局，完善疫情防控预警预测机制，及时有效捕获信息，及时采取应对举措。要研究建立疫情蔓延进入紧急状态后的科研攻关等方面指挥、行动、保障体系，平时准备好应急行动指南，紧急情况下迅速启动。

——2020年3月2日，习近平总书记在北京考察新冠肺炎防控科研攻关工作时的讲话

生命安全和生物安全领域的重大科技成果也是国之重器，疫病防控和公共卫生应急体系是国家战略体系的重要组成部分。要完善关键核心技术攻关的新型举国体制，加快推进人口健康、生物安全等领域科研力量布局，整合生命科学、生物技术、医药卫生、医疗设备等领域的国家重点科研体系，布局一批国家临床医学研究中心，加大卫生健康领域科技投入，加强生命科学领域的基础研究和医疗健康关键核心技术突破，加快提高疫病防控和公共卫生领域战略科技力量和战略储备能力。要加快补齐我国高端医疗装备短板，加快关键核心技术攻关，突破这些技术装备瓶颈，实现高端医疗装备自主可控。

——2020年3月2日，习近平总书记在北京考察新冠肺炎防控科研攻关工作时的讲话

公共卫生安全是人类面临的共同挑战，需要各国携手应对。当前，新冠肺炎疫情在多个国家出现，要加强同世卫组织沟通交流，同有关国家特别是疫情高发国家在溯源、药物、疫苗、检测等方面的科研合作，在保证国家安全的前提下，共享科研数据和信息，共同研究提出应对策略，为推动构建人类命运共同体贡献智慧和力量。

——2020年3月2日，习近平总书记在北京考察新冠肺炎防控科研攻关工作时的讲话

我国经济社会发展和民生改善比过去任何时候都更加需要科学技术解决方案，都更加需要增强创新这个第一动力。

……

希望广大科学家和科技工作者肩负起历史责任，坚持面向世界科技前沿、面向经济主战场、面向国家重大需求、面向人民生命健康，不断向科学技术广度和深度进军。

……

我国广大科学家和科技工作者有信心、有意志、有能力登上科学高峰。

——2020年9月11日，习近平总书记在科学家座谈会上的讲话

生物科学基础研究和应用研究快速发展。科技创新精度显著加强，对生物大分子和基因的研究进入精准调控阶段，从认识生命、改造生命走向合成生命、设计生命，在给人类带来福祉的同时，也带来生命伦理的挑战。

——2021 年 5 月 28 日，习近平总书记在中国科学院第二十次院士大会、中国工程院第十五次院士大会、中国科协第十次全国代表大会上的讲话

《"十四五"生物经济发展规划》
关于"基因"的论述

提到"十四五"生物经济"发展目标"时，指出："生物药物和医疗服务社会普及程度明显提升，基因检测技术覆盖率持续提高，生物领域第三方服务机构数量稳步增长。"

"加快提升生物技术创新能力"部分，指出："开展前沿生物技术创新。加快发展高通量基因测序技术，推动以单分子测序为标志的新一代测序技术创新，不断提高基因测序效率、降低测序成本。加强微流控、高灵敏等生物检测技术研发。推动合成生物学技术创新，突破生物制造菌种计算设计、高通量筛选、高效表达、精准调控等关键技术，有序推动在新药开发、疾病治疗、农业生产、物质合成、环境保护、能源供应和新材料开发等领域应用。发展基因诊疗、干细胞治疗、免疫细胞治疗等新技术，强化产学研用协同联动，加快相关技术产品转化和临床应用，推动形成再生医学和精准医学治疗新模式。部署开展中医药治疗重大疾病作用机制及针灸作用原理研究。鼓励发展生物计算、脱氧核糖核酸（DNA）存储等新技术。"

"深化生物经济创新合作"部分，指出："鼓励国内生物领域科研机构主动发起和参与国际大科学计划，主动参与生物资源保护利用、医药卫生、生物制造等领域的国际规则和标准制定。推进创新药、高端医疗器械、基因检测、医药研发服务、中医药、互联网诊疗等产品和服务走出去，鼓励生物企业通过建立海外研发中心、生产基地、销售网络和服务体系等方式加快融入国际市场。加快建设对外合作生物产业园。"

"生物经济创新能力提升工程"专栏第二条是："关键共性生物技术创新平台建设。紧扣支撑服务国家重大战略任务和重点工程，以推动应用和产业转化为目标，在重大传染病防控、重大疾病防治、新型生物药、新型生物材料、精准医学、医学影像和治疗设备、核酸和重组疫苗、生物制造菌种、林源医药、中医药、主粮等重要农产品种源、生物基环保材料、生物质能等重点领域，布局建设临床医学研究中心、产业创新中心、工程研究中心、制造业创新中心、技术创新中心、企业技术中心、生物医药检验检测及技术标准研究中心、中医药传承创新中心等共性技术平台，支撑开展关键共性技术创新和示范应用。围绕加快创新药上市审批、强化上市后监管，建设药品监管科学研究基地，建设抗体药物、融合蛋白药物、生物仿制药、干细胞和细胞免疫治疗产品、基因治疗产品、外泌体治疗产品、中药等质量及安全性评价技术平台。"

"推动医疗健康产业发展"部分，指出："助力疾病早期预防。推动基因检测、生物遗传等先进技术与疾病预防深度融合，开展遗传病、出生缺陷、肿瘤、心血管疾病、代谢疾病等重大疾病早期筛查，为个体化治疗提供精准解决方案和决策支持。加快疫苗研发生产技术迭代升级，开发多联多价疫苗，发展新型基因工程疫苗、治疗性疫苗，提高重大烈性传染病应对能力。""提高临床医疗水平。发展微流控芯片、细胞制备自动化等先进技术，推动抗体药物、重组蛋白、多肽、细胞和基因治疗产品等生物药发展，鼓励推进慢性病、肿瘤、神经退行性疾病等重大疾病和罕见病的原创药物研发。"

"生物医药技术惠民工程"专栏第一条是:"早筛与精准用药。以高通量基因测序、质谱、医学影像、生物信息诊断等技术为主,重点开展肿瘤早期筛查及用药指导,继续推动耳聋、唐氏综合征、地中海贫血等出生缺陷基因筛查,推动个体化医疗实现突破。"

"推动生物农业产业发展"部分,指出:"提高粮食等重要农产品生产能力和质量。在尊重科学、严格监管、依法依规、确保安全的前提下,有序推动生物育种等领域产业化应用,保障粮食、肉蛋奶、油料等重要农产品供给。有序发展全基因组选择、系统生物学、合成生物学、人工智能等生物育种技术,着力提升良种培育、生产加工、推广应用等能力,加快构建商业化育种创新体系。""提高农业生产效率。发展绿色农业,开发农业废弃物生物制剂、天然农业生物药物、精准多靶标生物农药、土壤改良生物制品等农业制品。促进前沿生物技术在农业领域融合,推动饲用抗生素替代品、木本饲料、动物基因工程疫苗、生物兽药、植物免疫调节剂、高效检测试剂、高效固碳和固氮产品等技术的创制与产业化,提高土地和资源利用效率。发展酶制剂、微生物制剂、发酵饲料、饲用氨基酸等生物饲料,解决饲料安全、原料缺乏和环境污染等养殖领域重大问题。"

"现代种业提升工程"专栏第一条是:"保护种质资源。以国家农作物种质资源长期库和中期库(资源圃)、畜禽基因库和保护场(区)、水产种质资源库和资源场等为重点,着力打造具有国际先进水平的种质资源保护体系,支持科研院所、高校和企业开展种质资源搜集、保存、鉴定评价和开发利用,为科研育种提供优质资源材料。"

"生物技术与信息技术融合应用工程"专栏第三条是:"远程医疗服务。支持发展'互联网+卫生健康',建设区域性远程医疗服务中心、基因技术服务中心、第三方影像信息中心等,完善'互联网+医疗服务'的医保支付政策。"

"健全生物资源开发利用体系"部分，指出："加强生物资源科学评价。建立生物资源科学评价体系和标准规范，推动我国生物资源开发由收集、监测向全面评价和综合利用转变。制定森林、草原等生物资源的评价标准。加强优质基因的繁育利用及品种改良，建设种质资源筛选平台，标记一批抗病虫、抗旱、耐寒、耐高温、营养价值高的优质功能基因，高效、快速、定向培育一批优质种质资源，提升我国生物种质国际竞争力。"

"生物资源保藏开发工程"专栏第二条是："优化种质资源。建立优异种质资源的筛选和创新利用评价体系，支撑繁育和新品种培育。创新生物资源利用技术，提升优质基因标记开发、极端环境微生物获取、基因优化及工程化改造等技术，实现高效、快速、定向培育一批优质种质资源。"

生物革命：创新改变了经济、社会和人们的生活

编者按：2020 年 5 月，麦肯锡全球研究院（McKinsey Global Institute，MGI）发布了报告——《生物革命：创新改变了经济、社会和人们的生活》（*The Bio Revolution: Innovations transforming economies, societies, and our lives*）。报告详细介绍了生物科学的进步及其应用对经济和社会的影响；通过 400 个案例分析，总结了未来生物创新的 4 个关键领域：生物分子（Biomolecules）、生物系统（Biosystems）、生物机器界面（Biomachine interfaces）和生物计算（Biocomputing）；提出了在未来短期（2020—2030 年）、中期（2030—2040 年）和长期（2040 年以后）可能的创新应用方向。

生物领域的研究已经进入了新阶段。近几年一系列创新（如 CRISPR–Cas9 基因编辑和干细胞重编程）正在为该领域提供新的理解、新的材料、新的工具，以及更低的成本。2016 年启动的人类细胞图谱计划（Human Cell Atlas Project），旨在创建人体所有细胞的综合参考图谱，并为研究、诊断、监测和治疗提供基础。生物科学的发展也对经

济和社会产生了极大的影响。麦肯锡的报告详细研究了生物科学进步带来的实际应用，以及对经济和社会发展的影响。报告指出："生物革命"的新时代已经来临，这是个充满机遇和不确定性的时代。

生物创新正在 4 个关键领域中进行

生物科学正在随着计算、数据分析、机器学习、人工智能以及生物工程的发展而不断进步，这也加速了创新的浪潮。报告将创新方向分为 4 个领域：生物分子（Biomolecules）、生物系统（Biosystems）、

表 1　生物创新的 4 个关键领域

	生物分子	生物系统	生物机器界面	生物计算
研究	组学研究中，通过细胞内分子（如 DNA、RNA 和蛋白质）的监测研究细胞过程和功能	复杂的生物组织和过程，以及细胞间的相互作用	神经系统的结构和功能	细胞内通路或细胞网络根据特定条件反馈输出（用于计算）
工程	细胞内分子（如利用基因组编辑）	细胞、组织和器官，包括干细胞技术和移植	连接生物神经系统和机器的混合系统	用于计算过程（存储、检索、处理数据）的细胞和细胞组件
实例	利用基因治疗单基因疾病	在实验室中培养肉	用于人类或机器人的肢体运动控制的神经修复技术	DNA 中成串的数据存储

注：工程是指设计、从头合成或修改。

该表对生物分子的定义涵盖了组学研究中细胞内成分（如 DNA、RNA 和蛋白质）的映射和测量，还包括细胞内成分的工程化（如利用基因组编辑）。对生物系统的定义涵盖了细胞、组织或器官层面的工程化，包括干细胞技术和移植。生物机器界面是生物学领域范畴，主要是生命体神经系统与机器的连接，包括脑机接口。生物计算也是生物学领域范畴，主要是利用细胞和细胞组件进行计算的过程（存储、检索、处理数据）。

生物机器界面（Biomachine Interfaces）和生物计算（Biocomputing）
（表1）。

4个领域的重大突破正在相互促进和加强。生物分子和生物系统中，组学和分子技术的进步，例如细胞内分子和途径的映射与测量及其工程化，不断提升人们了解生物过程和设计生物的能力。例如，科学家利用CRISPR技术，可以更快、更精确地编辑基因。生物机器界面和生物计算的发展都涉及生物学和机器之间的深度连接，未来可能实现神经信号的测量以及精准的神经修复，也使利用DNA存储数据成为可能。

基因组学是组学技术最先发展的分支，可以追溯到人类基因组计划（1990年开始、历经13年、花费30亿美元），并且已经有相关应用。此后，其他组学技术也开始快速发展。目前，DNA测序成本的下降速度已经快于摩尔定律（图1）。2003年绘制人类基因组图谱耗费约30亿美元；2019年仅需花费不到1000美元；未来10年甚至更短时间内，成本可能会降到100美元以下。

新的生物学创新能力可以带来经济、社会和生活的变革

新的生物学创新能力有可能给经济和社会带来巨大变革：从研发范式到生产的实际投入，再到药品和消费品的交付与消费方式，整个价值链都会受到影响。这些能力包括：

生物学手段可以用于生产大部分的全球经济物质，具有改善性能和可持续性的潜力，包括改善材料特性、减少制造和加工过程的排放、缩短价值链等。数百年来，发酵一直用于制作面包和啤酒，而如今也可以用来制造人造蜘蛛丝等纺织品。越来越多利用生物学创造的新颖材料具有高品质、全新功能、可生物降解，以及通过显著减少碳排放方式生产等特性。例如，利用蘑菇根而不是动物皮毛制作皮革；用酵母代替石油化学生产塑料等。

精准和个性化贯穿从开发到消费的整个价值链。生物科学的进步使

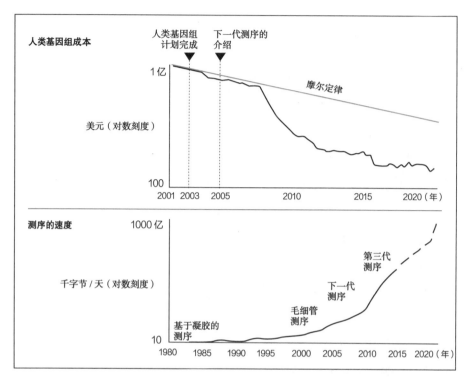

图1 计算、生物信息学和人工智能等的快速进步推动组学数据的分析

注：图中标注的数据和成本不包含基因组测序的所有成本，仅包括与生产相关的成本（如劳动力、仪器、信息学、数据提交等）。数据来源：美国国家人类基因组研究所。

研发和交付都更加精准和可预测；研发也正在从偶然发现向合理设计转变。对人类基因组以及某些基因与疾病之间联系的理解不断加深，推动了个性化或精准医疗的实现，这或许比以前那种"千篇一律"的疗法更为有效。精准同样适用于农业，对植物和土壤微生物的了解和改造可以优化产量，并为消费者提供基于基因测试的个性化营养计划。

对人类和非人类生物进行工程设计和重新编程的能力不断提高。基因疗法首次提供了一些疾病的全新治疗。类似技术也用于开发有价值的新特性，例如，提高微生物、植物和动物等的产量。对农作物的基因改造可以获得更高的产量或抗性（耐热或抗旱）。虽然可能存在潜在的生态风险，但通过永久改变传播疾病的媒介（如蚊子）的基因，基因驱动可以用来预防病媒传播的疾病，例如疟疾、登革热、血吸虫病和莱姆病等。

自动化、机器学习以及大量生物数据的汇聚正在提高研究的通量和产量等。生物和计算技术正在共同推动研发进而可能解决生产力的挑战。麦肯锡 2017 年的分析发现，生物制药行业生产力的收入与研发支出比率在 2008 —2011 年达到最低点。随着测序技术成本下降，大量的生物数据产生，越来越多的生物技术公司和研究机构开始在实验室中使用机器自动化和传感器，将吞吐量提高了 10 倍。此外，高级分析、强大的计算技术和人工智能的使用，也在一定程度上加快了研发进程。

生物系统和计算技术之间接口的潜力正在增长。新一代生物机器接口依赖于人与计算机的紧密交互。此类接口，如神经义肢，包括可恢复感觉功能（仿生视力），或是使大脑信号可控制假肢和瘫痪肢体进行身体运动等。目前正在研究利用生物学模仿硅的生物计算机，包括利用 DNA 存储数据。DNA 的密度大约是硬盘的 100 万倍；从技术上讲，一公斤 DNA 就可以存储世界上全部的数据（截至 2016 年）。

未来 20 年内对广泛领域产生深远影响的可预见的应用管线

报告排除了目前科学上无法想象或到 2050 年不可能产生重大商业影响的案例，收集到大约 400 个实用案例，并以此为基础构建未来初步可预见的管线。主要通过 4 个价值增益驱动因素评估直接影响，包括减少疾病负担、提高质量、降低成本、增强环境效益。分析表明，未来 10 —20 年，预计这些应用可能对全球每年产生 2 万亿—4 万亿美元的直接经济影响。下面总结了这些关键领域中的应用案例。

人类健康和性能。新一波的创新浪潮已经来临，包括用于治疗或预防疾病的细胞、基因、RNA 和微生物组；创新的生殖医学；药物开发和交付的改进。通过这些应用，未来 10 —20 年可以减轻全球疾病总负担的 1%—3%，大致相当于消除肺癌、乳腺癌和前列腺癌的全球疾病负担。麦肯锡预计，随着技术创新及充分应用，未来或将解决全球疾病总负担的 45%。该领域未来在全球范围内每年直接产生的潜在影响约 0.5 万亿—1.3 万亿美元，占总额的 35%；主要应用范围可能是提高治疗的精准度和个性化程度，以及加快研发步伐。

农业、水产养殖和食品。诸如低成本、高通量的微阵列等技术的应用使动植物测序相关数据激增，从而能够基于更全面的遗传标志物，人工选择所需性状，这种标记辅助育种比传统育种方法更快速和便捷。20 世纪 90 年代基因工程的商业化应用，以超越传统育种方式来改善植物性状。该领域的其他创新还包括利用植物、土壤、动物和水中的微生物提高农业生产的质量和产量；开发替代蛋白质减轻传统畜牧和水产业对环境的压力，例如实验室中培养的肉。未来 10—20 年，该领域年度直接经济影响可能在 0.8 万亿—1.2 万亿美元之间，占总额的 36%。

消费品和服务。大量生物数据的产生有助于为消费者提供个性化的产品和服务。相关应用包括直接面向消费者（DTC）的基因测试、基于微生物群落的美容和个人护理，以及人和宠物的创新养生。其中一些应用也可能对人类健康产生间接影响，例如健身应用程序等。该领域未来 10—20 年的年度直接经济影响可能在 0.2 万亿—0.8 万亿美元之间，占总额的 19%；其中大约 2/3 可能来自个性化服务。

材料、化学品和能源。新生物方法可以改进材料、化学品和能源的制造和加工过程，进而改变人们的日常生活。此外，创新生物线路可能产生全新的材料；能源获取的改善和储能技术的发展也为生物燃料的应用带来了更多前景。未来 10—20 年该领域年度直接经济影响可能在 0.2 万亿—0.3 万亿美元之间，占总额的 8%。这种经济潜力中约 3/4 与新生产方式带来的资源效率提高有关。

生物学还有许多其他潜在应用，例如通过生物碳固存（利用生物过程捕获大气中的碳排放物）和生物修复（去除土壤、水和大气中可能的有害无机物和有机物）技术保护环境。报告指出，生物分子和生物系统

领域与案例	创新领域	转化能力	年度潜在直接经济影响（2030—2040年）（万亿美元）（占总影响百分比）	溢出到上游、下游和辅助部门（案例）	价值链转变并调整业务战略（案例）
人类健康和性能 子孙后代的健康改善｜基因驱动减少媒介传播疾病｜基于细胞、基因、RNA的疾病预防、诊断和治疗｜药物开发和交付的改善	生物分子 生物系统 生物机器界面	控制和精准度提高 改造和重编程人类和非人类生物的能力增强 研发通量和产量增加 生物系统和计算机之间接口的潜力越来越大	**人类健康和性能** 0.5—1.3 （35%）	健康保险（更好的风险预测和治疗效果） 辅助服务（存储和移动的细胞疗法基础设施）	即时诊断的推广（如囊性纤维化的基因测序）或将分散化护理 制药公司会适应治愈而不是一直在治疗药的商业模式
农业、水产养殖和食品 动植物的选择性育种｜植物的CRISPR基因工程化｜微生物数据帮助优化农业投入｜植物基蛋白质和实验室培养肉的增加	生物分子 生物系统 生物机器界面	利用生物手段的物质投入 控制和精准度提高 改造和重编程人类和非人类生物的能力增强 研发通量和产量增加	**农业、水产养殖和食品** 0.8—1.2 （36%）	食品零售和饭店（有新特性的食品，植物基蛋白质和新型的蛋白质） 房地产（更有效的农业会节养减少了土地使用） 运输物流会调整以生产具有新特性的产品（更长保质期） 环境（碳足迹较小的肉类生产）	肉类价值链将从饲养、喂养、屠宰、加工、分配、转变为组织采样、培养、基因产、活细胞培养产生 整合价值链，单个参与者可在其中做很多步骤 出现精养收益目标的商业模式，进而替代种子或农药包装等产品
消费品和服务 DTC基因测试｜基于微生物的美容产品｜基因工程化宠物｜基于组学数据的个性化健康、营养和健身服务	生物分子 生物系统 生物机器界面	控制和精准度提高 生物系统和计算机之间接口的潜力越来越大	**消费品和服务** 0.2—0.8 （19%）	健康保险（基于消费者DTC基因测试更好地预测风险） 食品（个性化设计驱动需求变化） 医疗保健（DTC基因测试计划需要遵循向同更多的支持）	价值链向上移动（DTC基因测试公司开发临床产品和服务） 数字货币的新途径（出于研发目的的将消费者数据出售给制药公司）
材料、化学品和能源 为药物和燃料开发新的细胞生物线路｜改进现有工业酶发和生产工艺｜开发新型材料，例如生物聚合物｜利用微生物提取原料	生物分子 生物系统	利用生物手段的物质投入 改造和重编程人类和非人类生物的能力增强 研发通量和产量增加	**材料、化学品和能源** 0.2—0.3 （8%）	时装和化妆品（可持续更高的材料，如有微生物而非石油化学材料制成的尼龙） 电子（基于生物的光学显示器） 消费者（可以改善消费者生活质量的新颖材料）	价值链压缩（设计、制造、定制都在同一地内完成） 基于平台的公司成立，为各行各业提供服务

的创新将产生更大的经济影响；目前，生物机器界面和生物计算技术的发展还处于早期阶段，但其未来应用前景非常广阔，正在开发的应用包括利用神经修复技术恢复听力和视力等。

利用生物创新的速度和程度因应用领域不同而有所差异

利用生物创新的速度和程度会因应用领域的不同而不同（表2）。

表2　不同时间段不同领域的应用差异

应用领域（举例）	通过应用案例评估时间范围内的加速点（加速点是利用率开始快速增长的时间）			
	现状 2020年初	短期 2020—2030年	中期 2030—2040年	长期 2040年以后
人类健康和性能	病原体筛查 无创产前检查	液体肿瘤的 CAR-T 细胞疗法 液体活检	基因驱动预防媒介传播疾病 实体瘤的 CAR-T 细胞疗法	干细胞产生的可移植器官 用于医学目的的胚胎编辑（如 CRISPR）
农业、水产养殖和食品	标记辅助育种（用于食品的作物和动物）食品来源、安全性和真实性的遗传追踪（如过敏原、物种、病原体）	植物基蛋白质 农作物微生物组诊断和益生菌治疗	培养肉 可以更快生长的基因工程动物	通过增强光合作用加快生长的基因工程作物
消费器和服务	DTC 基因测试	基于遗传和微生物组的个性化膳食服务 DTC 基因测试：关于健康和生活方式的个人见解	基于组学数据的个人健康、营养和健康状况的生物监测传感器	基因治疗，如皮肤衰老
材料、化学品和能源	药物生产的新生物路线（如肽）	新型材料：生物农药/生物肥料（如 RNAi 农药） 改善现有发酵工艺：食品和饲料成分（如氨基酸、有机酸）	新型材料：生物聚合物（如 PLA、PET）	生物太阳能电池和生物电池
其他应用	用于法医的 DNA 测序		封存 CO_2 生物修复污染	

注：1. 人类健康和性能领域的应用包括减少个人和群体疾病负担的创新，延长寿命的抗衰老治疗，生殖健康（如携带者筛查）的应用，药物开发和制造的创新。

2. 农业、水产养殖和食品领域的应用包括用于与食品生产、食品运输和食品存储的动植物相关的应用。

3. 消费品和服务领域的应用包括直接面向消费者的基因测试、美容和个人护理、保健（如健身）和宠物。我们将营养和健身归类为消费品而非健康领域，因为它们不是直接减轻全球疾病负担，也不是选择性地有益于成年人，例如脱发和化妆品。尽管其中一些应用可能会对疾病负担产生间接影响，如可穿戴设备，但它们不是直接的治疗方法。

4. 材料、化学品和能源领域的应用包括与材料生产相关的创新（如发酵工艺的改进、新的生物线路或新型材料），以及能源生产和存储。

一些应用已经显示出早期商业应用的前景，例如 CAR-T 细胞疗法已经证实商业上可行，虽然还在初期阶段，但未来 10 年可能会迅速发展。还有一些应用，例如通过基因工程植物隔离 CO_2，虽然在科学研究中显示出了希望，但距离其商业可能性的实现还有很长的路要走。

（本文由中国科学院上海营养与健康研究所战略情报团队供稿）

仅仅知晓基因，在如今被认为并不足以解释生命，也无法应对医学的挑战。定量实验科学技术与对生物学的数学描述，共同促使科学家敢于下定决心拥抱生命的所有复杂性，演奏一场"基因、细胞、组织、身体和环境交织而成的交响乐"。

——《纳米与生命：攸关健康的生命新科学》，[西班牙] 索尼娅·孔特拉

生命世界既是一棵"树"，也是一张"网"。一方面所有生物体具有清晰的代际遗传关系，传递着源自其亲代和远祖的遗传信息；另一方面彼此之间利用质粒或基因平行转移等方式编织出高度缠结的基因网络，让遗传信息在不同的物种之间广泛流动。这两种遗传信息交流的方式使得现存的与逝去的、此地的与彼地的各种生物体形成了一个超越时空存在的整体。

——《生物学是什么》，吴家睿

后 记

华大，究竟是一个怎样的存在？

李 斌

生命，犹如另一个浩瀚宇宙，无边无际。

"生命天书"，永远无尽的前沿，永远无尽的探索。

诞生 25 载的华大，究竟是一个怎样的存在？

作为一家以"解码生命"为己任，旨在"基因科技造福人类"的全球生命科学前沿机构，作为一个生命体的华大集团，也亟待被全面、立体、客观、正确地"解读"，一系列问号亟待寻找正确答案：

——全球迄今最高通量——超高通量测序仪 T20 竟然是"中国造"？

——竟然在美国本土，让全球垄断企业被迫和解、净补偿 3 亿多美元？

——在生物科学产业机构中，何以自然指数排名连续 8 年位居亚太第一，甚至全球第五？

——何以连续多年遭到竞争对手乃至大洋彼岸各种方式的"封杀"？

——为什么说它在很大程度上孕育和催生了中国基因检测行业？

——华大，究竟是一家企业，还是一家研究院，或者说一所学校？

抑或三者兼具?

——华大，仅仅是测序的吗?

——世界上第一个人工合成的真核生物染色体，是怎样实现的?

——高通量基因合成仪这个合成生物学的底层工具，是如何突破的?

——新冠疫情暴发后，"火眼"实验室何以能如此快速驰援全国乃至全球?

——华大的时空组学技术和平台，是怎样领先全球的?

…………

2023 年 9 月 9 日，华大 24 岁诞辰到来之际，我和我的同事鲁明江、龚碧婧、项飞、杨利华、梁财瑞、郭程，快速行动，完美配合，既站在华大这个组织 24 岁的节点，也放在 2023 年薛定谔发表"生命是什么"系列演讲 80 周年、发现 DNA 双螺旋结构 70 周年、人类基因组图谱完成 20 周年这个特定历史节点，列问题清单，迅速完成了特定对象的深度访谈……

一部华大 25 年发展史，半部中国基因技术史……

对很多人物、事物、事件的认知，一方面，不识庐山真面目，只缘身在此山中；而欲识"庐山"真面目，还得从"山中人"开始，让我们走近华大人，"解码"神秘、传奇的华大集团和华大人，倾听他们的"答案"……

——一问：如果华大也是一个生命体的话，它是一个怎样的生命体?

汪建认为，**华大是一个随时与时俱进、把生存放在第一位的生命体。活下去，才是硬道理。**华大必须以对社会的贡献和社会对其的回馈活下去。华大是自养型，只要有点阳光就灿烂，可以自我发电，而且非常节约。

刘斯奇认为，如果华大是一个生命体，到了 24 岁，是应该大放异彩的时候。华大现在做的事情应该是作为 24 岁的青年人应该做的事情。青年人是创造业绩，具有丰富创造力，而且要引起全世界瞩目的这样一群人。

尹烨表示，华大是强筛选下快速突变并适应甚至引领环境、善于去挑战所谓社会极限的生命体。这种选择压力极大，所以能存活下来也会变得特别强大。华大发展的本质特别接近生命奋斗的本质，首先是努力去适应环境，如果实在不行，就换个方式，再努力去改变环境。

梅永红说，如果所有的机构都是生命体，华大具有区别于其他生命体的独特性——向着生命之海不断前行、百折不回的内在活力。

在徐讯看来，作为一个生命体，华大就像是一棵砧木，根深蒂固，主干强壮；而且它的文化和精神传承是持续的。当有新的方向、领域、应用和技术"嫁接"上去时，它能够快速适应并使其开花结果。

在新冠疫情开始后不久就被派驻沙特的马喆看来，华大覆盖了整个行业的全价值链。从华大教育中心的人才培养和储备，再到华大智造核心工具的生产制造；从面向临床应用、面向人类健康，到面向万物，还有最底层的科研平台——华大生命科学研究院和国家基因库这样公益性的国家大科研创新型平台，华大做到了全产业链全要素覆盖，有了面向 21 世纪"生命是什么"科学终极之问的能力储备。

——二问：华大之路，是一条怎样的道路？

汪建认为，**人类进化史就是科学和技术、经济互相作用的历史。华大的发展过程，是一段以技术变迁或者技术进步作为核心驱动力的历史。**从 20 多年前的旁观者、受益者、学生，中国逐步成长为一个参与者，在某些领域里面还成为一个实践者、同行者，甚至变成引领者。

赵立见认为，过去 20 多年间，华大逐渐从一家科研机构转化成今天产学研一体化的机构，以科研促进学科发展，又以学科发展推动产业转化，实现自力更生。这个过程中，华大走了一条前人没走过的路径。

在杜玉涛看来，华大是非常勇敢的，按照自己的理想和发展方向走。在这个过程中，它的创新点非常强，也是敢为人先的。华大其实走过一段很孤独的路，直到大家开始意识到我们走的这条路是对的，是为普罗大众服务的。

张国成说，华大之路第一个是预防，就是为了未来不发生疾病。还有一部分人，是治欲病，改变不良的生活习惯，通过健康生活方式，让疾病的发展过程向着健康方向走。还有就是已经得了某种疾病，要得到很好的治疗、治愈。从华大自身来讲，就是将基因技术应用在这三个方向上。解决老百姓的"切身"问题，华大的道路就会越走越宽，前景也会非常光明。

在金鑫看来，华大之路是一条科技创新之路。这意味着在科技研发上的投入，以及人才培养和储备方面必须要有足够的战略判断和定力。华大之路是一条非常励志的路。最开始，很多发达国家的研究团队可能觉得中国研究团队能跟上就不错了，但后来发现，中国科学家竟然可以参与甚至引领一些国际大合作项目。

刘龙奇认为，华大兼具科研院所和企业双重性质，是目标导向制，而不是 PI 的兴趣导向制。技术研发方面追求的是技术能否转化为人人可用的工具，就是提高通量、降低成本，让所有人都用得起。华大不仅仅是科技创新，而是创新科技，是范式上的创新。

在陈奥看来，华大之路就是从跟跑，到并跑，再到个别领域领跑。这也是中国科研的发展道路。在与华大共同成长的这 10 年里，他个人最大的感悟就是：希望不是别人给的，希望是自己干出来的。也许眼前会遇见各种各样的问题，但只要目标明确，终将有一天会迎来胜利。

侯勇认为，整个基因组科学都比较新，需要特别前瞻，中间只要任何一个环节脱离掉了，这条路就没办法走下来，或者说没办法走成今天的华大。华大这些年走下来，就是从最开始参与人类基因组测序到后来的高通量测序，核心就是把产学研一体化一路贯穿下来。

——三问：如果有一种华大精神，它的内核是什么？

汪建认为，人类发展史是一部科技进步史。华大世界观的第一观就是科学观。一个事物的科学性，可能要用十年、百年、千年去探索，但你不能否定它，不能把科学规律不当回事。

在尹烨看来，华大精神就是联合创始人汪建形象总结过的三句话："解读生命奥妙""谱写产业华章""体验精彩人生"。他说："这几句话就是华大的精神。不是要大家很苦地去做事，而是深刻理解大目标以后，可以边走边唱，即使这个过程也有风吹浪打，却胜似闲庭信步。开开心心地工作、学习、生活，把'造福'的事情做好。"

徐讯表示，华大精神首先是"基因科技造福人类"，其次是始终坚持科技创新，最后是始终坚持大科学工程的组织范式。无论是参与人类基因组计划，还是进行仪器开发，以及主导或参与各种国际合作，华大始终坚持以大科学工程的组织方式来开展科研工作。在华大做科研和在一般实验室做科研不一样，我们会根据不同项目的需要组建由不同背景人员组成的多学科交叉团队，像工程管理一样设置关键节点，项目预算也是按照工程管理的方式来执行的。

赵立见认为，华大创始人希望中国能够掌握基因组学领域的最新技术，并服务于老百姓。过去 20 多年，这样的一个初心逐渐演化为核心目标"基因科技造福人类"。最近这几年，核心技术和产品得到大规模推广和应用，大家也越来越坚信能够真正实现"基因科技造福人类"这个大目标。

杜玉涛说，如果有一种精神是华大精神，就应该是"穷棒子精神"。做人类基因组计划时，没有经费也没有很多资源，但是大家靠着不怕苦、能吃苦的奋斗精神把这个任务完成了。希望这种艰苦奋斗的精神能刻在所有华大人的骨子里，持续传承和发扬下去。

金鑫认为，有一句非常契合华大精神的话——Science Will Win，科学最终会取得胜利。我们要相信科学，敢想敢干。华大之前做的很多事情是有争议的，包括最早参与人类基因组计划，以及后来做大量测序工作。但这些其实并不是蛮干，而是源于对生命科学领域科学问题的深刻思考和认识。可能在当时不被人理解，但科学就是科学，科学最终会取得胜利。

对华大精神的理解，沈玥的回答简洁明了："好奇心加坚持。"她说，最初几位华大创始人参与人类基因组计划，尝试对生命密码进行解析，并不断追求技术的进步，探索生命底层的规律，这就是一种好奇心，是对技术极限的好奇心和对生命科学发展的好奇心。而能够实践这些好奇心，靠的是坚持，是即便外部有不同的声音也依然能够坚持下来，从而形成了一种范式，走出了一条不一样的路。

——四问：现在华大在国际顶级学术期刊发表文章的第一作者，基本上都是30岁左右的年轻人。是一个什么样的机制，让年轻人在华大发展当中做出世界级的成果？

在梅永红看来，华大的研究是典型的大科学范式。每一项研究都是从科学或产业大目标出发，将内外部各种优质资源组合起来，形成完整、协同的研究架构。华大是一个大平台，以往的研究积累都在这里，而且不断通过新的研究与合作加以提升。为什么华大的年轻人能够有那么多优秀的科研产出？就是因为他们站到了这个独一无二的平台上，依托着无数科学家长期积累起来的理论、方法、数据和工具。高度开放式的研究，更为他们突破固有思维、大胆创新超越提供了新的天地和生态。在这种研究范式下，也许科学家个体贡献并不突出，但这个研究体系和整体能力无可替代。

尹烨指出，这归根到底是大目标的问题。目标足够大，意味着做这件大事的过程中科学技术产出特别多。看遍科学史，一个人最有创造力的时间，以诺贝尔奖获得者举例是25岁到40岁。今天华大这批"85后"就在这个点上，只不过华大让这些人"浮"了出来。我们一代一代让贤，下一代就一定会良将如潮，人才辈出。正是因为大目标牵引，大家觉得只要一直跟着走，自己也有机会成为能够改变这个领域，甚至改变世界、造福世界的人。论功行赏，推功揽过，这就是华大能够确保年轻人英才辈出的根本。

赵立见认为，华大从成立到现在始终坚持的，叫"以项目带人才"，愿意投入更多资源到年轻人的培养中，使他们有能力去管理好一个项目，管理好一个课题组，甚至是管理好一个非常庞大的团队。

金鑫表示，年轻人最大的特点就是初生牛犊不畏虎，带来不一样的声音，带来不一样的思考，带来新的冲击。不会的就自己去学，有不明白的就跟大家一起讨论。在这个过程中，不一定每个年轻人都能取得巨大的成就，但华大愿意给更多年轻人平等的机会，让大家在这里充分发展。

沈玥感同身受："当你提出一个新的方向，敢于去尝试的时候，华大会愿意在你什么都不懂的情况下，给你一片空间，让你自由地去成长、去探索。生命科学需要自由探索的空间，很多突破可能并不是当下主要研究方向的产出，而是一个偶然。那个时候，华大更多是给了我们空间去尝试、去试错，这可能是华大和其他机构很不一样的地方。"

刘龙奇的感受是："我们做测序仪、单细胞、时空、合成等工具，没有一个项目是因为我们有很牛的专家所以事情做成了，而是你把事情做成了，所以成了专家。这种大目标驱动的创新科技组织形式，决定了只要华大去做，就一定能做成。"

陈奥说，为什么像我们这样一群二三十岁的年轻人，能够将一些最初可能是"异想天开"的东西变成现实？我认为主要归功于华大创新的育人模式。华大鼓励所有有想法的人，一步步验证自己的想法，并将其转化为具体的成果。不仅是我们自己，我们所带领的团队是一群更年轻的人，我们也会去激发他们产生一些"异想天开"的想法，帮助他们实现。

…………

华大，究竟是一个怎样的存在？

华大，不仅仅是测序的，也就是说不仅仅是"读"生命的，还能"写"生命、"存"生命、"算"生命。

华大，不仅仅是科学家的摇篮，从这里成长、走出了一批科学家，分布在国内很多高校；还走出了一批基因产业的中坚力量，一批上市公司里都有华大人的身影……

华大，更是生物制造这条黄金赛道上卓越工程师的培养地，从测序仪到自动化设备，再到移动医疗器械，培育出不少既懂生物技术又懂制造的人才……

华大，是把一个个不可能变成可能的"神奇之地"。如今的华大时空中心，犹如"神仙谷"：各路"神仙"会聚于此，一方面各展神通，另一方面朝着一个特定大目标，集结成"巨型舰队"，整装前进……

2024年4月8日，"世界大健康博览会·长寿时代高峰论坛"在武汉举行，作为圆桌论坛环节主持人，为了写主持词，我找到了18年前本人当记者时采访DNA双螺旋结构发现者之一、诺贝尔奖得主詹姆斯·沃森的新闻稿件，重新认真阅读，才发现18年前沃森提出了3个预言：一是"估计"绘制人类全基因图谱成本"10年以后"可能降低到1000美元；二是迟早有一天每个人都能拥有一张含有个人遗传信息的全基因组图谱，从而为人类健康造福；三是他在用"非常不错"4个字评价18年前的中国基因组学研究后，话锋一转说"但还不是领导者"，希望中国能努力在基因组学领域成为NO.1（第一名），以自己的高效激励其他国家进一步推动基因组学和生物学的研究。

18年后，回望岁月，不禁感慨万千：伴随着几十年来生命科学的积累和技术工具的进步，伴随着信息技术和生物技术的深度融合，也就是传统上说的"IT+BT"，人类对自身的了解、对生命的了解越来越深入，而伴随着对生命认识的加深和技术成本呈指数级也就是超摩尔定律式的下降，沃森18年前的3个梦想，竟然都在逐步成为现实：

——现在，利用中国国产超高通量测序仪，一个人的深度全基因组测序试剂成本不到 100 美元。要知道就在短短 20 年前，这个数字是 30 多亿美元！

——拥有全基因组图谱的人越来越多，仅华大提供过基因检测服务的就有 3500 多万人，按 14 亿人口计算，中国人群覆盖率达 2.5%！不要小看这 2.5%，它是否意味着拐点的到来？

——中国在基因组学领域还不敢说是 NO.1，但正如中国科学院成都文献情报中心从事生物经济研究 10 多年的陈方博士所评价的，说"跻身世界前列"是没有任何问题的，尤其是中国成为继美国之后全球第二个能够实现量产临床级高通量测序仪的国家，给世界多了一个选择，其意义怎样说都不为过！

上面这一切，是谁干的？是华大！

华大真的是硬科技、硬实力。科技向善，华大真的是实实在在用"基因科技造福人类"，助力人类生命健康事业。

2 亿多例高血压、1 亿多例糖尿病、1 亿多例听力障碍、1 亿多例肾病……夯实健康底座、构筑健康防线，已成为我国的当务之急甚至燃眉之急，而伴随疾病谱变化和经济条件改善、生活水平提高尤其是医疗条件变化、公众健康意识觉醒，健康长寿甚至长命百岁成为很多人的期盼和愿望。

而在我看来，健康长寿之道就是 6 个精准——精准预防、精准检测、精准营养、精准运动、精准医疗、精准健康！实现了前面 5 个精准，才能实现最后一个精准。

精准预防，就是要通过基因检测、影像分析等手段充分了解自己，防患于未然。130 多亿年的宇宙史、40 多亿年的地球史、30 多亿年的生命史、数百万年的人类史，无论什么生命，动植物还是微生物，都是由 A、T、C、G 4 种碱基也就是 4 个字母组成的。基因图谱是每个人的"底图"，每个人都应该拥有自己的基因图谱，那是你生命的"密码本"和"说明书"啊！正因如此，运用"超级生命显微望远镜"——高通量测序仪等设备，基因技术在生育健康、肿瘤和传感染病防控以及慢病管理等领域正在发挥越来越显著的作用。这方面，以华大为代表的基因检测机构，完全可以提供支撑和服务。

预防出生缺陷，"天下无唐""天下无聋""天下无贫"不是梦！2016 年发布的健康中国目标之一是，肿瘤 5 年生存率到 2030 年提高 15 个点，达到 46.6%。这关键路径之一就是肿瘤早筛早查，除了传统检测方法，像肠癌、乳腺癌、宫颈癌等就可以进行基因检测，可以更早发现。肿瘤、高血压，甚至有的皮肤病、糖尿病等，因果关系明确、需要做基因检测的就应该去做基因检测，该精准用药的就精准用药，"靶向"用药，不仅提高疗效，更节省国家医疗资源！

精准预防，才能防患于未然；精准医疗，才能药到病除。精准营养、精准运动，实际上就是改变生活方式。归根结底：主动健康，才有可能"主动长寿"！华大文化倡导"三好"文化，即身体好、工作好、学习好，设立"无梯日"、登山队，每年体测，华大时空中心 9 层楼的过道都是跑道，都是追求主动健康的表现。

特别感谢被访谈对象的鼎力支持，感谢华景时代的特别支持，感谢华大内部伙伴们的通力合作，使这本深度对话录能够以书的方式"问世"，让世人全面、立体、客观了解华大……

了解自己，从了解"生命天书"开始！

改变自己，从改变生活方式开始！

了解华大这个传奇的组织，从这本小书开始！

希望这本小书能帮助您认识一个从诞生之日起就有伟大情怀、怀着"为了祖国的荣誉"的朴素梦想，25 年历程中"九伤一生"创造一个个奇迹的组织，一个并不完美却堪称"了不起"的组织……